普通高等教育"十二五"规划教材

汽车构造（第二版）

主　编　侯占峰

副主编　韩进玉　伏　军

中国水利水电出版社
www.waterpub.com.cn

内 容 提 要

全书共分十四章，包括：概述、汽车发动机总体结构与工作原理、曲柄连杆机构、配气机构、汽油机燃油供给系统、柴油机燃油供给系统、发动机点火系统、润滑系统、冷却系统、启动系统、传动系统、行驶系统、转向系统、制动系统。

本书可作为车辆工程、交通工程、汽车修理及汽车运用工程、机械制造及其自动化和农业机械及其自动化等本、专科专业的教材；也可供从事汽车运输管理、汽车设计制造、汽车维修管理的工程技术人员以及职业技术学院学生和汽车驾驶员学习参考。

图书在版编目（ＣＩＰ）数据

汽车构造 / 侯占峰主编. -- 2版. -- 北京 : 中国水利水电出版社，2015.2(2017.12重印)
普通高等教育"十二五"规划教材
ISBN 978-7-5170-2827-7

Ⅰ. ①汽… Ⅱ. ①侯… Ⅲ. ①汽车－构造－高等学校－教材 Ⅳ. ①U463

中国版本图书馆CIP数据核字(2014)第311222号

书　　名	普通高等教育"十二五"规划教材 **汽车构造（第二版）**
作　　者	主编　侯占峰　副主编　韩进玉　伏军
出版发行	中国水利水电出版社 （北京市海淀区玉渊潭南路1号D座　100038） 网址：www. waterpub. com. cn E-mail：sales@waterpub. com. cn 电话：(010) 68367658（营销中心）
经　　售	北京科水图书销售中心（零售） 电话：(010) 88383994、63202643、68545874 全国各地新华书店和相关出版物销售网点
排　　版	中国水利水电出版社微机排版中心
印　　刷	北京瑞斯通印务发展有限公司
规　　格	184mm×260mm　16开本　16.5印张　391千字
版　　次	2009年6月第1版　2009年6月第1次印刷 2015年2月第2版　2017年12月第2次印刷
印　　数	3001—5000册
定　　价	**37.00元**

前 言

　　本书是普通高等教育"十二五"规划教材之一。本书力求编排新颖，内容力图反映当代汽车技术发展状况，注重专业基础理论和实践运用相结合，其特点是：以基础知识点为主，结合国内外典型汽车实例，介绍汽车的结构、性能和工作原理；以轿车内容为主，介绍近年来已成熟的新结构和新技术。作为再版教材，本书更新了配气机构、汽油机燃油供给系统、柴油机燃油供给系统、发动机点火系统等章节的内容，使本书更符合实际，便于使用。本书可作为车辆工程、交通工程、汽车修理及汽车运用工程、机械制造及其自动化和农业机械及其自动化等本、专科专业的教材；也可供从事汽车运输管理、汽车设计制造、汽车维修管理的工程技术人员以及职业技术学院学生和汽车驾驶员学习参考。

　　全书共分十四章，包括：概述、汽车发动机总体结构与工作原理、曲柄连杆机构、配气机构、汽油机燃油供给系统、柴油机燃油供给系统、发动机点火系统、润滑系统、冷却系统、启动系统、传动系统、行驶系统、转向系统、制动系统。

　　本书由内蒙古农业大学侯占峰任主编，内蒙古农业大学韩进玉和湖南邵阳学院伏军任副主编。具体编写分工如下：第一、十三、十四章由内蒙古农业大学侯占峰编写。第二、三章由湖南邵阳学院伏军编写；第四、七章由内蒙古农业大学薛晶编写；第五、十章由湖南大学王曙辉编写；第六章由内蒙古农业大学闫建国编写；第十一章一～四节由内蒙古农业大学冬梅编写；第十一章五～七节由内蒙古农业大学韩进玉编写；第八、九、十二章由内蒙古农业大学崔红梅编写。

　　由于作者水平有限，书中难免有疏漏或不妥之处，请读者给予批评指正。

编 者

2014 年 10 月

第一版前言

　　本书是高等学校"十一五"精品规划教材之一。全书共分七章，包括：概述、汽车发动机、汽车传动系统、汽车行驶系统、汽车转向系统、汽车制动系统及汽车电子控制技术等。本书力求编排新颖，内容力图反映当代汽车技术发展状况，注重专业基础理论和实践运用相结合，其特点是：以基础知识点为主，结合国内外典型汽车实例，介绍汽车的结构、性能和工作原理；以轿车内容为主，介绍近年来已成熟的新结构和新技术。本书可作为车辆工程、交通工程、汽车修理及汽车运用工程、机械制造及其自动化和农业机械及其自动化等本、专科专业的教材；也可供从事汽车运输管理、汽车设计制造、汽车维修管理的工程技术人员以及职业技术学院学生和汽车驾驶员学习参考。

　　本书由内蒙古农业大学韩进玉任主编，内蒙古兴安盟职业技术学院金景海和内蒙古农业大学侯占峰任副主编。全书由韩进玉统稿。具体编写分工如下：前言、第二章的第一节～第四节由韩进玉编写；第二章的第五节～第六节由金景海编写；第二章的第七节～第十节由冬梅编写；第二章的第十一节～第十二节、第三章的第五节～第七节由韩巧丽编写；第三章的第一节～第四节由张兴磊编写；第四章、第五章由侯占峰编写；第一章、第六章、第七章由王新编写。

　　由于作者水平有限，书中难免有疏漏或不妥之处，谨请读者给予批评指正。

作　者

2009 年 4 月

目 录

第一章 概　述

一、汽车类型

按照最新国家标准 GB 7258—2012，汽车定义为由动力驱动，具有四个或四个以上车轮的非轨道承载的车辆，主要用于：

（1）载运人员和/或货物（物品）；

（2）牵引载运货物（物品）的车辆或特殊用途的车辆；

（3）专项作业。

自从进入多种类汽车的时代后，我们依据车辆底盘、大小、功用、性能等对汽车进行各种类型的区分。

1. 按动力装置类型分类

（1）活塞式内燃机汽车：现代汽车上广泛采用活塞式汽油内燃机（简称汽油机）和柴油内燃机（简称柴油机）。为解决石油资源不足的能源问题，各种代用燃料的开发方兴未艾，目前的代用燃料主要有合成液体石油、液化石油气（LPG）、压缩天然气（CNG）、醇类等。

（2）电动汽车：以电动机为驱动机械并以蓄电池为能源的车辆（不包括依靠架线供电行驶的车辆）。电动汽车的主要优点是不需要石油燃料、零排放以及可在特殊的环境下（太空、海底、真空）工作。由于蓄电池的比能量低、充电时间长、寿命短，使电动汽车的车速和续驶里程等性能无法与轻巧强劲的内燃机汽车相媲美。

针对电动汽车续驶里程短和车速低的缺点及内燃机汽车油耗大和排放污染严重的缺点，国外正在大力研制装有发动机和储能器两套动力源的"复合车"。

（3）燃气轮机汽车：与活塞式内燃机相比，燃气轮机功率大、质量小、转矩特性好、对燃油无严格限制，但耗油量、噪声和制造成本均较高。燃气轮机汽车从未有过大批量商品化的产品。

（4）喷气式汽车：依靠航空发动机或火箭发动机，以及特殊燃料，并以喷气反作用力驱动的轮式汽车，因而最高行驶速度高。

2. 按行驶道路条件分类

（1）公路用车：适用于公路和城市道路上行驶的汽车。它的外廓尺寸和单轴负荷等参数均受交通法规限制。

（2）非公路用车：分为两类。一类是其轮廓尺寸和单轴负荷等参数超过公路用车法规的限制，只能在矿山、机场、工地、专用道路等非公路地区使用；另一类是能在无路地面上行驶的高通过性汽车，称为越野汽车。越野汽车可以是轿车、客车、货车或其他用途的汽车。根据 GB/T 3730.1—2001 的规定，越野汽车按其总质量可分为轻型（≤5t）、中型（5~13t）、重型（>13t）等。

3．按行驶机构的特征分类

（1）轮式汽车：可按驱动型式分为非全轮驱动和全轮驱动两种。汽车的驱动型式常用汽车的全部车轮数乘以驱动车轮数（$n \times m$）表示，装在同一轮毂上的双轮胎仍算一个车轮。普通汽车一般只有两个后轮驱动，如东风 EQ1141G（4×2）汽车，全部车轮为 4，驱动车轮为 2；延安 S×2190（6×6）汽车，全部车轮为 6，且全部为驱动车轮。

（2）其他类型行驶机构的车辆：如履带式、雪橇式车辆，广义上讲，可包括气垫式、步行式等无车轮的车辆。

4．按用途分类

根据原国家标准 GB/T 3730.1—1988 的规定，按用途不同，汽车分为普通运输汽车、专用汽车和特殊用途汽车等类型。现行国家标准 GB/T 3730.1—2001《汽车和挂车类型的术语和定义》将汽车分为乘用车和商用车。

所谓乘用车是指在设计和技术特性上主要用于载运乘客及其随身行李和临时物品的汽车，包括驾驶员座位在内最多不超过 9 个座位，它也可以牵引一辆挂车。乘用车包括普通乘用车、活顶乘用车、高级乘用车、小型乘用车、敞篷车、舱背乘用车（这 6 种俗称轿车）、旅行车、多用途乘用车、短头乘用车、越野乘用车、专用乘用车等。

所谓商用车是指在设计和技术特性上用于运送人员和货物的汽车，并且可以牵引挂车。商用车包括客车（小型客车、城市客车、长途客车、旅游客车、铰接客车、无轨电车、越野客车、专用客车）、半挂牵引车、货车（普通货车、多用途货车、全挂牵引车、越野货车、专用作业车、专用货车）等。

二、汽车组成

汽车是由上万个零件组成的结构复杂的机动交通工具。根据其动力装置、运送对象和使用条件的不同，汽车的总体构造可以有很大差异，但它们的基本结构都由发动机、底盘、电气与电子设备和车身四大部分组成。

（1）发动机是使输送进来的燃料燃烧而发出动力的装置，现代汽车上广泛采用活塞式内燃机。汽油机由两大机构和五大系统组成，即曲柄连杆机构、配气机构、燃料供给系统、润滑系统、冷却系统、点火系统和启动系统；柴油机由除汽油机点火系统外的两大机构和四大系统组成。

（2）底盘是接受发动机动力，使汽车运动并按驾驶员的操纵而正常行驶的部件。底盘作为汽车的基体，发动机、车身、电器与电子设备及各种附属设备都直接或间接地安装在底盘上。底盘包括传动系统、行驶系统、转向系统及制动系统四大部分。

1）传动系统是发动机动力与汽车车轮负载之间的动力传递装置，并将发动机的动力传给各驱动车轮。按动力传递方式的不同，传动系统可分为机械式传动、液力机械式传动、液力传动、电传动等几种，目前广泛采用机械式传动和液力机械式传动。

2）行驶系统由汽车的行走机构和承载机构组成，它包括车轮、车桥和桥壳、悬架、车架等部件。汽车发动机提供的动力，经过汽车传动系统和行驶系统，才能产生足以克服行驶阻力的驱动力而使汽车行驶。行驶系统的功用是接受传动系统传来的动力，通过驱动轮与路面的作用产生驱动力，从而克服外界阻力使汽车正常行驶。行驶系统还支承整车质量，传递和承受路面作用于车轮的各种力和力矩，并缓和冲击、吸收振动，以保持汽车行驶的平顺性。行驶系统还与转向系统配合，共同保证汽车行驶方向的稳定性。

3）转向系统使汽车按驾驶员选定的方向行驶。它是通过对左、右转向车轮不同转角之间的合理匹配来保证汽车沿着设想的轨迹运动的机构，由转向操纵机构、转向器和转向传动机构组成，采用动力转向时还应有转向加力装置。

4）制动系统使汽车减速和停车，并可保证驾驶员离去后汽车可靠地停驻，包括行车、驻车、应急和辅助等制动系统。

转向系统、制动系统与行驶系统一起共同保证汽车的高速、稳定、安全行驶。

（3）电器与电子设备：电器设备由电源（蓄电池、发电机）、汽油机点火设备、发动机启动电动机、照明与信号设备、仪表、空调、刮水器、收录机、门窗玻璃电动升降设备等组成。电子设备有：电控燃油喷射及电控点火、进气、排放、急速、增压等装置，变速器的电控自动换挡系统，制动系统的电子防抱死装置（ABS），车门锁的遥控及自动防盗报警装置等。

（4）车身是驾驶员工作及容纳乘客和货物的场所。它包括车前板制件（车头）、车身及副车架，还包括货车的驾驶室和货箱以及某些汽车上的特种作业设备。

轿车和客车车身一般是整体壳体，有承载式车身和非承载式车身之分。

载货车车身由驾驶室和货厢（或封闭式货厢）两部分组成。

三、汽车总体布置

汽车的布置型式主要与发动机位置及汽车的驱动型式有关。为了适应不同使用要求及改善汽车某方面的使用性能，汽车的总体构造和布置型式可作某些变更。

1. 发动机前置后轮驱动（FR）

发动机置于汽车前部而后轮作为驱动轮，如图1-1所示。这是"4×2"型汽车常见的布置方案，大部分载重车、部分轿车及客车上都采用这种布置。FR布置的发动机纵置，它的优点是发动机散热好，驾驶员易于根据发动机工作响声判断发动机工况。操纵和管路机构简单，上坡和加速时，质量后移，加大了后驱动轮的附着重量，使汽车的驱动力增大，提高了汽车克服行驶阻力的能力。

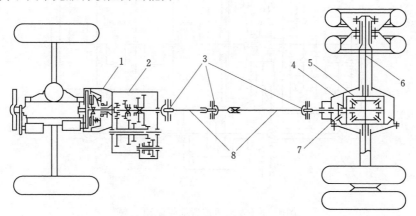

图1-1 发动机前置后轮驱动示意

1—离合器；2—变速器；3—万向节；4—驱动桥；5—差速器；6—半轴；
7—主减速器；8—传动轴

3

FR 布置的缺点是发动机前置增加了前轴的负荷；发动机与驱动桥间距较大，传动系统复杂且不紧凑，同时增加了车辆质量。对于公共汽车来说，还缩小了车厢的利用面积。因此在一些大型公共汽车及客车上采用了发动机后置后轮驱动的总体布置型式。

2. 发动机后置后轮驱动（RR）

发动机位于后桥之后，发动机可以横置或纵置，常常采用卧置。这是目前大、中型客车盛行的布置型式。

如图 1-2 所示，发动机 1、离合器 2 和变速器 3 都横置于驱动桥之后，驱动桥采用非独立悬架。主减速器和变速器之间距离较大，其相对位置经常变化。由于这些原因，有必要设置万向传动装置 5 和角传动装置 4。这种布置型式具有室内噪声小、有利于车身内部布置等优点，使汽车质量较合理地分配到前后两轴上，能更充分利用车厢面积。由于没有纵贯前后的传动轴，可以使汽车地板

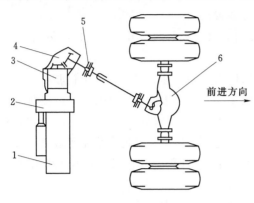

图 1-2 发动机后置后轮驱动示意
1—发动机；2—离合器；3—变速器；4—角传动装置；
5—万向传动装置；6—驱动桥

高度降低，这对于客车是有利的。但是，发动机后置散热比较困难，由于发动机远离驾驶员，驾驶员难以根据发动机工作响声判断发动机工况。远距离操纵使操纵杆件管路等比较复杂。

3. 发动机前置前轮驱动（FF）

发动机位于前桥之前，发动机可以横置或纵置，一般前桥采用独立悬架，如图 1-3 所示。这是现代大多数轿车盛行的布置型式。

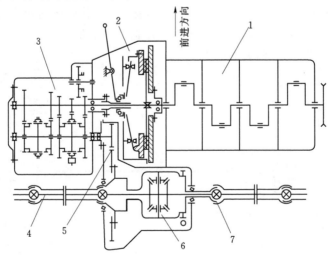

图 1-3 发动机前置前轮驱动示意
1—发动机；2—离合器；3—变速器；4—半轴；5—主减速器；
6—差速器；7—万向节

这种传动系统布置型式，与发动机后置后轮驱动的布置有共同的特点：传动系统结构布置紧凑而简化，汽车质量减少；同样可降低车厢底板高度，汽车转弯时稳定性好，而且操纵机构布置也较简单，在现代轿车（因为轿车一般为承载式车身，质心低）上应用日益增多。其缺点是：由于上坡时汽车的重量后移，使前驱动轮的附着重量减小，所以载货车不宜采用。

4.发动机中置后轮驱动（MR）

这是方程式赛车和大多数跑车采用的布置型式，将功率和尺寸很大的发动机布置在驾驶员座椅与后轴之间，有利于获得最佳的轴荷分配和提高汽车的性能。少数大、中型客车也采用这种布置型式，把卧式发动机安装在地板下面。

5.全轮驱动（NWD）

为了提高汽车的通过性能，越野汽车做成全部车轮驱动，这时所有车桥都成为驱动桥并在传动系统中相应地增设分动器等总成。这是全轮驱动的越野车特有的布置型式。如图1-4所示，越野汽车为了把发动机经变速器传出的动力分配给前后桥，在变速器与前后驱动桥之间装有分动器。从分动器传出的动力分别经两套万向传动装置传到前、后驱动桥。分动器虽然也固定在车架上，但与变速器相距一段距离，考虑到补偿安装误差和车架变形的影响，在变速器与分动器之间也装有一套万向传动装置。图1-5分别为"6×6""8×8"型越野汽车布置型式。

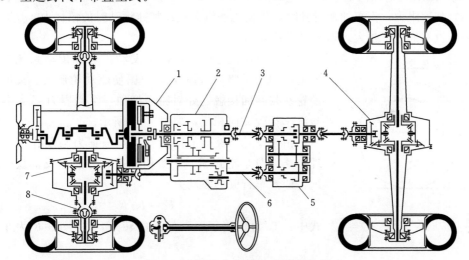

图1-4 "4×4"越野汽车布置示意

1—离合器；2—变速器；3、6—万向传动轴装置；4、7—驱动桥；5—分动器；8—万向节

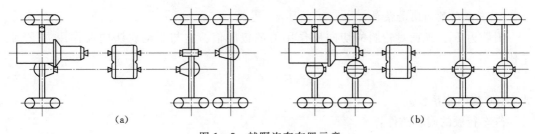

图1-5 越野汽车布置示意

（a）"6×6"布置型式；（b）"8×8"布置型式

四、汽车行驶原理

1. 汽车行驶的驱动力与行驶阻力

欲使汽车行驶，必须对汽车施加一个驱动力以克服各种阻力。在汽车行驶时，其阻力由滚动阻力、空气阻力、加速阻力和上坡阻力组成。

（1）滚动阻力 F_f。由车轮滚动时轮胎与路面发生变形而产生的，计算公式为

$$F_f = W_t f \tag{1-1}$$

式中：F_f 为滚动阻力，N；W_t 为车轮载荷，N；f 为滚动阻力系数。

滚动阻力系数与轮胎结构、轮胎气压、车速和路面性质等有关。

（2）空气阻力 F_w。汽车行驶时受到空气作用力在行驶方向上的分力称为空气阻力。

影响空气阻力的因素主要有汽车形状、迎风面积和车速。在汽车行驶的速度范围内，空气阻力与车速的平方成正比，当车速很高时，空气阻力是行驶阻力的主要部分。

（3）坡度阻力 F_i。当汽车上坡行驶时，汽车重力沿坡道的分力称为汽车坡度阻力，即

$$F_i = G\sin\alpha \tag{1-2}$$

式中：G 为汽车重力，N，$G = mg$；α 为坡度角。

上坡阻力只是在汽车上坡时才存在，但汽车克服坡度所做的功并未白白地耗掉，而是以位能的形式被储存。当汽车下坡时，所储存的位能又转变为汽车的功能，促使汽车行驶。

（4）加速阻力。汽车加速行驶时，需要克服汽车质量加速运动时的惯性力，这就是加速阻力。汽车的质量越大，加速阻力越大。

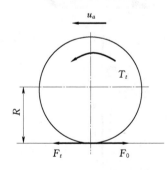

图 1-6　汽车驱动力产生
示意图

为了克服上述阻力，汽车发动机通过传动系统在驱动轮上施加一个驱动力矩 T_t，力图使驱动轮旋转。此时，驱动轮在与路面接触之处对路面施加一个圆周力 F_0，其方向与汽车行驶方向相反，如图 1-6 所示。

由于车轮与路面的附着作用，根据力与反作用力的原理，路面对车轮施加一个数值相等、方向相反的反作用力 F_t，即汽车行驶的驱动力。

$$F_t = T_t / R \tag{1-3}$$

式中：T_t 为作用于驱动轮上的转矩，N·m；R 为车轮半径，m。

汽车行驶的驱动条件：

$$F_t \geqslant F_f + F_w + F_i \tag{1-4}$$

2. 汽车行驶的附着条件

附着力 F_ϕ：地面对轮胎的切向反作用力的极限值。它与驱动轮法向反作用力 F_z 成正比：

$$F_\phi = F_z \phi \tag{1-5}$$

式中：ϕ 为附着系数。

汽车行驶的附着条件：

$$F_t \leqslant F_\phi = F_z \phi \tag{1-6}$$

第二章　汽车发动机总体结构与工作原理

第一节　发动机的结构与分类

一、发动机的整体结构

发动机是给汽车提供动力的部件，是汽车的核心总成，发动机外观与剖视图如图2-1所示。它先将燃料燃烧，使燃料的化学能转化成热能，最终转变为机械能并输出。目前汽车广泛使用的是往复活塞式四冲程内燃式发动机。

随着科学技术的进步，尤其是电子技术的发展，汽车发动机已经由最原始的机械总成演变成了机电一体化总成，目前大多数发动机不但包括多种电子控制系统（如电子点火系统、电子节气门机构），而且还通过 CAN 网络技术与其他控制系统（巡航控制系统、ABS防抱死控制和车身控制系统等）相连，实现了全车智能化。

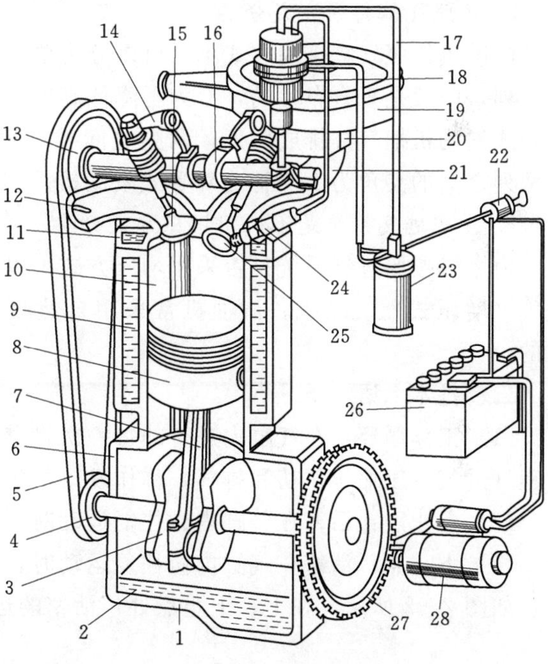

二、发动机分类

内燃机的分类方法很多，按照不同的分类方法可以把内燃机分成不同的类型。

1. 按照所用燃料分类

内燃机按照所使用燃料的不同可以分为汽油机和柴油机。使用汽油为燃料的内燃机称为汽油机；使用柴油为燃料的内燃机称为柴油机。汽油机与柴油机各有特点：汽油机转速高，质量小，噪音小，启动容易，制造成本低；柴油机压缩比大，热效率高，经济性能和排放性能都比汽油机好。

2. 按照行程分类

内燃机按照完成一个工作循环所需

图 2-1　发动机的基本结构

1—油底壳；2—机油；3—曲轴；4—曲轴同步带轮；5—同步带；6—曲轴箱；7—连杆；8—活塞；9—水套；10—气缸；11—气缸盖；12—排气管；13—凸轮轴同步带轮；14—摇臂；15—排气门；16—凸轮轴；17—高压线；18—分电器；19—空气滤清器；20—化油器；21—进气管；22—点火开关；23—点火线圈；24—火花塞；25—进气门；26—蓄电池；27—飞轮；28—启动机

的行程数可分为四行程内燃机和二行程内燃机。把曲轴转两圈（720°）活塞在气缸内上下往复运动四个行程，完成一个工作循环的内燃机称为四行程内燃机；而把曲轴转一圈

（360°），活塞在气缸内上下往复运动两个行程，完成一个工作循环的内燃机称为二行程内燃机。汽车发动机广泛使用四行程内燃机。

3. 按照冷却方式分类

内燃机按照冷却方式不同可以分为水冷发动机和风冷发动机。水冷发动机是利用在气缸体和气缸盖冷却水套中进行循环的冷却液作为冷却介质进行冷却的；而风冷发动机是利用流动于气缸体与气缸盖外表面散热片之间的空气作为冷却介质进行冷却的。水冷发动机冷却均匀，工作可靠，冷却效果好，被广泛地应用于现代车的发动机。

4. 按照气缸数目分类

内燃机按照气缸数目不同可以分为单缸发动机和多缸发动机。仅有一个气缸的发动机称为单缸发动机；有两个以上气缸的发动机称为多缸发动机，如双缸、三缸、四缸、五缸、六缸、八缸、十二缸等都是多缸发动机。现代车用发动机多采用四缸、六缸、八缸发动机。

5. 按照气缸排列方式分类

内燃机按照气缸排列方式不同可以分为单列式和双列式。单列式发动机的各个气缸排成一列，一般是垂直布置的，但为了降低高度，有时也把气缸布置成倾斜的甚至水平的；双列式发动机把气缸排成两列，两列之间的夹角＜180°（一般为90°）称为 V 形发动机，若两列之间的夹角为 180°称为对置式发动机。

6. 按照进气系统是否采用增压方式分类

内燃机按照进气系统是否采用增压方式可以分为自然吸气（非增压）式发动机和强制进气（增压式）发动机。汽油机常采用自然吸气式；柴油机为了提高功率有采用增压式的。

三、基本术语

（1）工作循环：在气缸内进行的每一次将燃料燃烧的热能转化为机械能的一系列连续过程（进气、压缩、作功和排气）称作发动机的工作循环。

（2）上止点：活塞在气缸内做往复运动时，活塞顶部距离曲轴旋转中心最远的距离。

（3）下止点：活塞在气缸内做往复运动时，活塞顶部距离曲轴旋转中心最近处为下止点，如图 2-2 所示。在上、下止点处，活塞的运动速度为零。

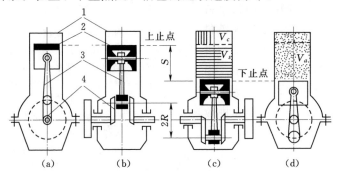

图 2-2　内燃机基本术语示意图

（a）、（b）活塞位于上止点；（c）、（d）活塞位于下止点

1—气缸；2—活塞；3—连杆；4—曲轴

（4）活塞行程：活塞从一个止点到另一个止点移动的距离 S 称为活塞行程。

（5）曲柄半径：曲轴的回转半径 R 称为曲柄半径。显然，曲轴每回转一周，活塞移动两个活塞行程。对于气缸中心线通过曲轴回转中心的内燃机，其 $S=2R$。

（6）气缸工作容积：活塞从一个止点运动到另一个止点所经过的容积，称为气缸工作容积 V_s。

$$V_s=\frac{\pi D^2}{4\times 10^6}S \tag{2-1}$$

式中：D 为气缸直径，mm；S 为活塞行程，mm。

（7）发动机排量：多缸发动机各气缸工作容积的总和，称为发动机排量，记作 V_L（L），即

$$V_L=iV_s \tag{2-2}$$

式中：i 为气缸数；V_s 为气缸工作容积，L。

（8）燃烧室容积：活塞位于上止点时，其顶部与气缸盖之间的容积，称为燃烧室容积，记作 V_c。

（9）气缸总容积：气缸工作容积与燃烧室容积之和为气缸总容积，记作 V_a。

$$V_a=V_s+V_c \tag{2-3}$$

（10）压缩比：气缸总容积与燃烧室容积之比称为压缩比，记作 ε，即

$$\varepsilon=\frac{V_a}{V_c}=1+\frac{V_s}{V_c} \tag{2-4}$$

压缩比的大小表示活塞由下止点运动到上止点时，气缸内的气体被压缩的程度。压缩比越大，压缩终了时气缸内的气体压力和温度就越高。一般汽油机的压缩比为 7～10（轿车可达 9～11），柴油机的压缩比为 15～22。

（11）工况：发动机在某一时刻的运行状况简称工况，以该时刻发动机输出的有效功率和曲轴转速表示。曲轴转速即为发动机转速。

第二节　发动机工作原理

一、四冲程汽油机工作原理

四冲程汽油机在四个活塞行程内完成进气、压缩、作功和排气四个过程，即在一个活塞行程内只进行一个过程。

1. 进气行程

进气行程如图 2-3（a）所示。活塞 3 在曲轴 6 的带动下从上止点向下止点运动。此时排气门 8 关闭，进气门 2 开启。气缸 4 的容积逐渐增大，气缸内压力减小。当压力低于大气压力时，新鲜空气和汽油的混合物被吸入气缸，并在气缸内进一步混合形成可燃混合气，直到活塞运动到下止点，进气门关闭。由于在进气过程中，受空气滤清器、进气管道、进气门等阻力的影响，所以进气终了时气缸内的气体压力低于大气压力，约为0.078～0.09MPa。由于进气门、气缸壁、活塞等高温零件以及上一个循环残留在气缸内的高温废气对混合气的加热，使进气终了时气缸内的气体温度高于大气温度，约为 370～

400K。表示气缸内的气体压力随气缸容积或曲轴转角的变化关系的示功图，能直观地显示气缸内气体压力的变化，图2-4（a）所示，示功图上 ra 线表示进气过程中气缸内气体压力随容积变化的关系。在实际进气过程中，进气门早于上止点开启，迟于下止点关闭，以便吸进更多的新鲜空气。

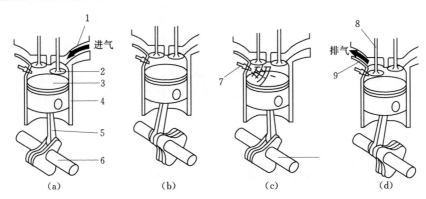

图2-3　四冲程汽油机工作原理示意图
(a) 进气行程；(b) 压缩行程；(c) 作功行程；(d) 排气行程
1—进气管；2—进气门；3—活塞；4—气缸；5—连杆；6—曲轴；
7—火花塞；8—排气门；9—排气管

2. 压缩行程

压缩行程如图2-3（b）所示，曲轴继续旋转，活塞由下止点移至上止点。这时，进、排气门均关闭。气缸内的混合气被压缩，其压力和温度不断升高。压缩终了时，气缸内气体的压力约为0.6～1.2MPa，温度约为600～700K。压缩行程的示功如图2-4（b）所示，c点为压缩行程终点，也是压缩行程上止点。压缩行程有利于混合气的迅速燃烧，并可提高发动机的有效热效率。压缩比太大容易发生爆燃和表面点火等不正常燃烧现象。

3. 作功行程

作功行程如图2-3（c）所示。这时进排气门都关闭，安装在气缸盖上的火花塞产生电火花，将气缸内的可燃混合气点燃，火焰迅速传遍整个燃烧室，同时放出大量的热能。燃烧气体的体积急剧膨胀，压力和温度迅速升高。燃烧气体的最大压力可达3.0～6.5MPa，最高温度可达2200～2800K。在气体压力的作用下，活塞由上止点向下止点运动，并通过连杆推动曲轴旋转作功。在作功行程中，随着活塞向下止点移动，气缸容积不断增大，气体压力和温度逐渐降低。在作功行程结束时，压力约为0.35～0.5MPa，温度约为1300～1600K。在示功图2-4（c）上的曲线 czb 表示作功行程气缸内气体压力的变化情况。

4. 排气行程

排气行程如图2-3（d）所示。曲轴继续旋转，活塞由下止点向上止点运动，燃烧产生的废气在其自身剩余压力和在活塞的推动下，经排气门、排气管9排出气缸。当活塞到达上止点时，排气行程结束，排气门关闭。排气行程终了时，在燃烧室内尚残留少量残余废气。因为排气系统有阻力，所以残余废气的压力比大气压力略高，约为0.105～0.12MPa，温度约为900～1100K。在示功图2-4（d）上的曲线 br 代表排气行程。在排

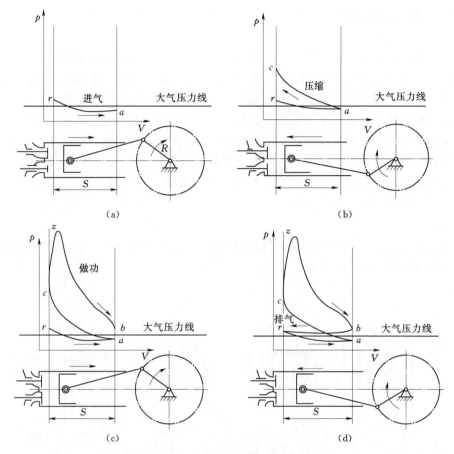

图 2-4 四冲程汽油机的示功图
(a) 进气行程；(b) 压缩行程；(c) 作功行程；(d) 排气行程

气过程中，排气门早于下止点开启，晚于上止点关闭，以便排出更多的废气。

至此，四冲程汽油机经过进气、压缩、作功和排气等四个行程而完成一个工作循环。这期间活塞在上、下止点间往复运动四个行程，曲轴旋转两周，即每一个行程有 180°曲轴转角。只有进、排气过程所占的曲轴转角均超过 180°。

二、四冲程柴油机工作原理

四冲程柴油机的工作循环同样包括进气、压缩、作功和排气等四个过程。在各个活塞行程中，进、排气门的开闭和曲柄连杆机构的运动与汽油机完全相同，只是由于柴油黏度比汽油大，不易蒸发，自燃温度比汽油低，因此，柴油机在混合气形成方法及点火方式上不同于汽油机。

1. 进气行程

在柴油机进气行程［图 2-5 (a)］中，吸入气缸的只是纯净的空气。由于柴油机进气系统阻力较小，残余废气的温度较低，因此进气行程结束时气缸内气体的压力较高，约为 0.085～0.095MPa，温度较低，约为 310～340K(37～67℃)，低于汽油机的进气终了温度。

2. 压缩行程

因为柴油机的压缩比大，所以压缩行程［图 2-5 (b)］终了时气体压力可高达 3.5～

4.5MPa，温度可高达 750～1000K(477～727℃)。

3.作功行程

在压缩行程结束时，喷油泵 3 将柴油泵入喷油器 1，并通过喷油器喷入燃烧室 4，见图 2-5(c)。因为喷油压力很高，喷孔直径很小，所以喷出的柴油呈细雾状。细微的油滴在炽热的空气中迅速蒸发汽化，并借助于空气的运动，迅速与空气混合形成可燃混合气。由于气缸内的温度远高于柴油的自燃点，因此柴油随即自行着火燃烧。燃烧气体的压力和温度迅速升高，体积急剧膨胀。在气体压力的作用下，推动活塞下行做功，并通过连杆带动曲轴旋转对外输出。在作功行程中，燃烧气体的最大压力可达 6～9MPa，最高温度可达 2200～2800K(1927～2527℃)。作功行程结束时，压力约为 0.3～0.5MPa，温度约为 1000～1200K(727～927℃)。

4.排气行程

排气行程［图 2-5(d)］终了时气缸内残余废气的压力约为 0.105～0.12MPa，温度约为 900～1200K(627～927℃)。

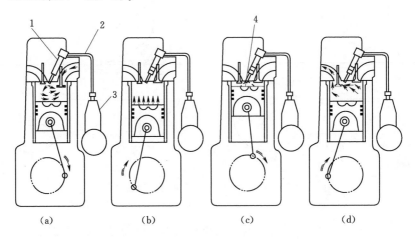

图 2-5　四冲程柴油机工作示意图
(a)进气行程；(b)压缩行程；(c)作功行程；(d)排气行程
1—喷油器；2—高压油管；3—喷油泵；4—燃烧室

柴油机与汽油机相比，各有特点。柴油机因压缩比高，燃油消耗率平均比汽油机低 30%左右，故燃油经济性较好，且柴油机没有点火系统的故障。一般载 7t 以上的载货汽车多用柴油机。但柴油机转速较汽油机低（一般最高转速在 2500～3000r/min 左右）、质量大、制造和维修费用高（因为喷油泵和喷油器加工精度要求较高）。目前柴油机的这些弱点正在逐渐得到克服，它的应用范围正在向中、轻型载货汽车扩展。国外有的轿车也采用柴油机，其最高转速可达 5000r/min。

汽油机具有转速高（目前轿车用汽油机最高转速达 6000～7000r/min，载货汽车可达 4000r/min 左右）、质量小、工作噪声小、启动容易、工作稳定、操作省力、适应性好、制造和维修费用低等特点，故在轿车和中、小型载货汽车上得到广泛的应用。但汽油机燃油消耗率较高，因而其燃料经济性差。

第三章 曲柄连杆机构

第一节 机 体 组

曲柄连杆机构是发动机产生动力和输出动力的主要部件。它的功用是：把燃气作用在活塞顶上的力转变为曲轴的扭矩，输出机械能。曲柄连杆机构由机体组、活塞连杆组和曲轴飞轮组三大部分组成。

发动机机体组包括气缸体、气缸套、气缸盖、气缸盖罩、油底壳等零件，发动机机体是发动机的装配基体，它支承着发动机的运动件，安装着各种附件，承受着发动机工作时产生的内、外作用力。因而机体应有足够的强度，以承受在标定负荷甚至在一定超载负荷下的各种作用力；它有足够的刚度，使发动机在工作时各部分的变形小，且对于冷却液、润滑油和燃气体有良好的耐腐蚀性。

一、气缸体

汽车发动机多为水冷发动机，其气缸体与曲轴箱常铸成一体，通常称为气缸体曲轴箱（简称为气缸体）。气缸体上半部有一个或若干个为活塞在其中运动导向的圆柱形空腔，称为气缸；下半部为支承曲轴的曲轴箱。

水冷式发动机气缸体中布置有许多的水套，通过冷却液在其中循环流动，带走由活塞、活塞环传给气缸，再传给冷却液的大量热量，从而保证发动机连续工作的正常温度。气缸体通过相对应的孔道与气缸盖中的水套相通，形成循环水路。

风冷式发动机的气缸体与曲轴箱多分开铸造，然后再装配到一起。在气缸体和气缸盖的外表面铸有许多散热片来提高发动机的散热强度。

气缸工作表面经常与高温、高压燃气接触，并且活塞在其中作高速往复运动，同时还要承受各种力的作用，所以气缸体材料要有足够的强度和刚度，导热性、耐磨性要好，质量要轻，同时从气缸体的加工工艺上也应采取措施满足发动机的要求。现在多采用优质合金铸铁（为了提高气缸的耐磨性，在铸铁中加入少量合金元素，如：镍、铂、铬、磷等）作为气缸体材料，气缸内壁按 2 级精度并经过研磨加工，使其工作表面的表面粗糙度、形状和尺寸精度都达到比较高的要求。

近年来，出现了一种新型的气缸体材料镁合金，它具有质量轻、比强度和比刚度高、减振性好、易于切削加工、导热性好等优点。然而发动机的气缸体采用优质合金铸铁制造，将使发动机的成本提高。所以，考虑气缸体的工作条件、成本、工作可靠性等因素，现在广泛采用在气缸内镶入气缸套的形式形成气缸工作表面。气缸套可用耐磨性较好的合金铸铁或合金钢制造，气缸体其余部分则采用价格较低的普通铸铁或铝合金制造。对于耐磨性较差的气缸体（如铝合金气缸体），必须镶气缸套。气缸体根据不同汽车发动机的要求，结构主要分为三种，如图 3-1 所示。

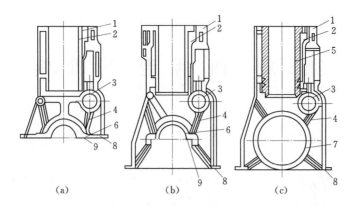

图 3-1 气缸体结构形式

（a）一般式；（b）龙门式；（c）隧道式

1—气缸体；2—水套；3—凸轮轴座孔；4—加强肋；5—湿式气缸套；6—主轴承座；

7—主轴承座孔；8—安装油底壳的加工面；9—安装主轴承盖的加工面

一般式气缸体见图 3-1（a），气缸体和油底壳的结合面与曲轴轴线在同一平面上。它的特点是高度低，重量轻，便于机械加工。夏利 372Q、马自达 MAZDAB6 型发动机多采用这种结构形式的气缸体。

龙门式气缸体见图 3-1（b），气缸体和油底壳的结合面低于曲轴轴线。这种气缸体刚度和强度较好，与油底壳的安装配合简单，缺点是重量较大，工艺性较差。高速、强化的轿车汽油机和柴油机多采用这种形式。

隧道式气缸体见图 3-1（c）上的曲轴轴承座为整体式，如同隧道一样，便于安装用滚动轴承支承的组合式曲轴。这种缸体结构刚度最好，但比较笨重，6135Q 等发动机则采用此种结构形式的气缸体。

二、气缸套

气缸直接镗在气缸体上叫做整体式气缸，整体式气缸有较好的强度和刚度，能承受较大的载荷，这种气缸对材料要求高，成本高。如果将气缸制造成单独的圆筒形零件（即气缸套），气缸套可采用耐磨的优质材料制成，气缸体可用价格较低的材料制造，从而降低了制造成本。目前几乎所有的发动机都采用了这种镶入式缸套取代气缸体充当气缸的工作表面，同时，气缸套可以从气缸体中取出，便于修理和更换，并可大大延长气缸体的寿命。

水冷式发动机根据缸套是否与冷却水接触，将其分为干式和湿式两种。

干式气缸套见图 3-2（a）气缸套装入气缸体后，其外壁不直接与冷却水接触，而和气缸体的壁面直接接触，壁厚较薄，一般为 1~3mm。它具有整体式气缸体的优点，强度和刚度都比较好，但加工比较复杂，内、外表面都需要进行精加工，拆装不方便、散热不良。缸套可通过上端凸肩进行轴向定位，也可用缸套下端定位，如图 3-3 所示。此种气缸套与气缸孔配合紧密，不易漏水、漏气，但此种缸套的冷却效果较差。

湿式气缸套见图 3-2（b），外圆面与冷却液直接接触，壁厚一般为 5~9mm。气缸套的上端或下端由凸肩作轴向定位，装配后的气缸套应高出气缸体顶面 0.05~0.15mm，以便压紧密封。气缸套下部装有橡胶密封圈以防漏水。此种气缸套铸造方便，易拆卸更换，冷却效果较好；但是气缸体刚度差，容易漏水、漏气。多用于大功率柴油机上。

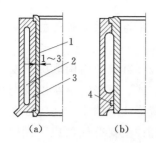 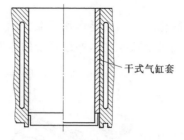

图 3－2 发动机气缸套

（a）干式气缸套；（b）湿式气缸套

1—气缸套；2—水套；3—气

缸体；4—橡胶密封圈

图 3－3 下端定位干式气缸套

轿车发动机大多采用刚度高的不镶缸套或镶干式缸套的形式。发动机在使用一段时间后，若气缸磨损严重，则可以将气缸经多次镗削后，更换气缸套而恢复到标准尺寸。

发动机的气缸排列形式决定了其外形结构，对发动机气缸的刚度和强度有影响，同时关系到轿车的总体布置。发动机气缸排列形式基本上有单列式和双列式两种，如图 3－4 所示。

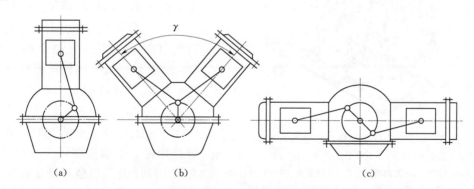

图 3－4 多缸发动机气缸排列形式

（a）单列式；（b）V 形；（c）对置式

单列式见图 3－4（a）发动机各气缸排成一列，一般是垂直布置的，但为了降低高度，也有把气缸布置成倾斜的甚至是水平的（通常称为卧式发动机）。此种发动机加工较简单，但长度较长，所以六缸以下发动机常用。

双列式发动机左右两列气缸中心线的夹角 $\gamma < 180°$，为 V 形见图 3－4（b）。其优点是大大缩短了发动机的长度，降低了发动机的高度，增加了气缸体的刚度，结构十分紧凑，重量轻，尺寸小，多用在大排量高功率的高级轿车上。缺点是形状复杂，加工较为困难，发动机的宽度有所增加。双列式发动机左右两列气缸中心线的夹角 $\gamma = 180°$ 时为对置式，见图 3－4（c）。它的优点是高度更低，轿车总体布置更为方便，缺点是发动机的宽度大

大增加。风冷发动机多采用此种形式，轿车上应用不多。

三、气缸盖和气缸衬垫

1. 气缸盖

气缸盖简称缸盖，主要作用是封闭气缸体上部，并与活塞顶和气缸壁一起构成燃烧室。它是发动机中除气缸体外最复杂的零件。

缸盖的结构取决于发动机的冷却方式、燃烧室形状以及配气机构的布置形式等因素。在气缸盖上布置的零部件主要有气门组、气门传动组、进排气道、火花塞（汽油机）或者喷油器（柴油机）、各种传感器等。对于水冷发动机还布置有冷却水套以及与气缸体相通的水道和燃烧室等。发动机气缸盖及其零部件如图3-5所示。

近年来，多气门在轿车发动机中得到广泛应用，使得气缸盖的结构变得更加复杂化和多样化。图3-6所示为日本马自达公司生产的带可变进气系统的轿车发动机的单顶置凸轮轴四缸12气门轿车发动机具有主、副进气道的气缸盖。根据气缸盖的工作条件，气缸盖一般采用铸铁或铝合金制造，如东风 EQ6100、解放 CA6102型发动机气缸盖使用灰铸铁制成，它的优点是强度高，不易变形，缺点是导热性差。南京依维柯 SOFIM8142、北京 BJ492 及一些轿车发动机气缸盖采用铝合金铸成，其优点是质量小、导热性好，有利于提高压缩比，但铝合金缸盖刚度小，使用中容易变形。

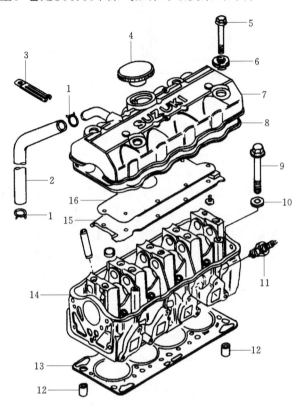

图 3-5　JL462Q 发动机气缸盖及其零部件
1—弹簧卡圈；2—软管；3—卡子；4—机油加注口盖；5—气缸盖固定螺栓；6—密封胶圈；7—气缸盖罩；8—密封衬垫；9—螺栓；10—垫圈；11—火花塞；12—定位销；13—气缸垫；14—气缸盖；15—导气垫；16—导气板

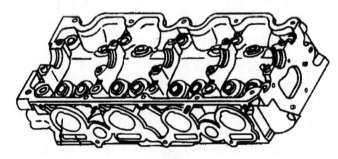

图 3-6　单顶置凸轮轴 12 气门气缸盖

气缸盖的结构形式主要有三种：单体式、块状式和整体式。前二者由于缸盖较短，所以缸盖的密封性、刚度较好，制造和维修方便，但发动机长度增加，多用于缸径较大、气缸数较多的发动机，如东风 EQ1090 汽油机、6135Q 柴油机等。整体式缸盖则可以缩短发动机长度，减少缸盖零件数目。风冷发动机为了便于铸造和加工，大多采用整体式气缸盖。

2. 气缸衬垫

气缸垫安装在气缸盖和气缸体的结合面之间。它的主要功用是弥补加工误差，保证气缸体与气缸盖结合面的密封性，防止漏气、漏水和漏油。为此，气缸垫要有一定的强度和弹性，能补偿结合面的不平度，同时要有良好的耐热、耐压、耐腐蚀性，在高温高压下不烧损、不变形。

目前在汽车发动机上使用的气缸垫主要有以下几种：

（1）金属-石棉衬垫。金属-石棉衬垫是在石棉中间夹有金属丝或金属屑，外覆铁皮或

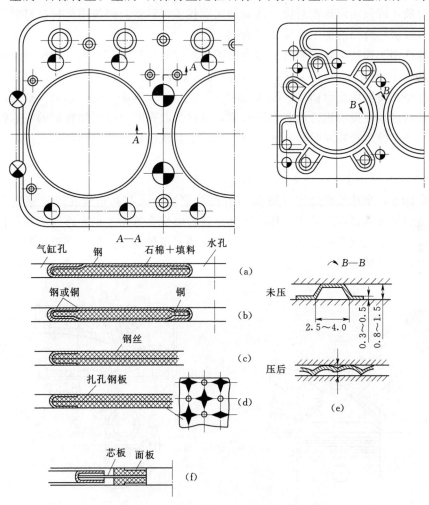

图 3-7 气缸垫的构造

（a）、（b）、（c）、（d）金属石棉气缸垫；（e）冲压钢板气缸垫；（f）无石棉气缸垫

铜皮，如图3-7（a）、（b）所示。此种衬垫具有很好的弹性和耐热性，能重复使用，但厚度和质量分布的均匀性较差。有的发动机还采用金属网或带孔的钢板为骨架，两面用石棉及橡胶黏结剂压成的气缸垫，如图3-7（c）、（d）所示。此种气缸垫弹性好，但易黏结，一般只能使用一次。

（2）纯金属气缸垫。一些强化发动机采用纯金属气缸衬垫，它由单层或多层金属片（铜、铝或低碳钢）制成。为了增强密封，在缸口、润滑油道、冷却水道口处，冲有弹性凸筋，如图3-7（e）所示。

（3）加强型无石棉气缸垫。此类较先进的气缸垫被解放CA6102发动机采用，结构如图3-7（f）所示。它是在气缸密封部位采用五层薄钢板组成，并设计成圆形，无石棉夹层，从而消除了气囊的产生，也减少了工业污染。在油孔和水孔周围均包有钢护圈，以提高密封性。

（4）其他新型密封材料。随着新型密封材料的研制，一些发动机开始使用单层金属片加耐热密封胶，或只用耐热密封胶，从而彻底取代了气缸垫，但使用此种材料的发动机对气缸体和气缸盖结合面的加工精度要求较高。

缸盖螺栓用于连接气缸盖和气缸体为标准件。拧紧螺栓时，必须按由中央对称地向四周扩散的顺序分2～3次进行，最后一次使用扭力扳手按工序规定的拧紧力矩值拧紧，以免损坏气缸垫和使缸盖变形而发生漏水现象。拧松与拧紧顺序相反。如果气缸盖由铝合金制成，则最后必须在发动机冷的状态下拧紧，这样热起来时可以增加密封的可靠性。

在对缸盖螺栓进行装配时，必须注意保护燃油系统的输油管和回油管，同时要放空冷却液。

3. 燃烧室

（1）半球形：半球形燃烧室（图3-8）结构紧凑，火花塞布置在燃烧室中央，火焰行程短，故燃烧速率高，散热少，热效率高。这种燃烧室结构上也允许气门双行排列，进气口直径较大，故充气效率较高，虽然使配气机构变得较复杂，但有利于排气净化，在轿车发动机上被广泛地应用。

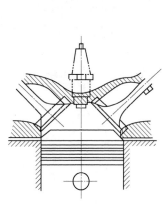 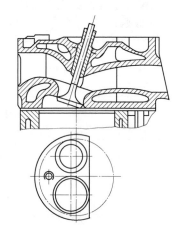

图3-8 半球形燃烧室　　　　　图3-9 楔形燃烧室

（2）楔形：楔形燃烧室（图3-9）结构简单、紧凑，散热面积小，热损失也小，能保证混合气在压缩行程中形成良好的涡流运动，有利于提高混合气的混合质量，进气阻力小，提高了充气效率。气门排成一列，使配气机构简单，但火花塞置于楔形燃烧室高处，火焰传播距离长。切诺基轿车发动机采用了这种形式的燃烧室。

（3）盆形：盆形燃烧室（图3-10）的气缸盖工艺性好，制造成本低，但因气门直径易受限制，进、排气效果要比半球形燃烧室差。捷达轿车发动机、奥迪轿车发动机采用盆形燃烧室。

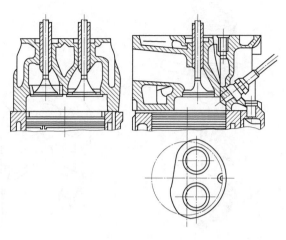

图3-10　盆形燃烧室

4. 油底壳

气缸体下部用来安装曲轴的部位称为曲轴箱，曲轴箱分上曲轴箱和下曲轴箱。上曲轴箱与气缸体铸成一体，下曲轴箱用来储存润滑油，并封闭上曲轴箱，故又称为油底壳，如图3-11所示。

结构特点：受力很小，一般采用薄钢板冲压而成，其形状取决于发动机的总体布置和机油的容量。油底壳内装有稳油挡板，以防止汽车颠动时油面波动过大。油底壳底部还装有放油螺塞，通常放油螺塞上装有永久磁铁，以吸附润滑油中的金属碎屑，减少发动机的磨损。在上下曲轴箱接合面之间装有衬垫，防止润滑油泄漏。

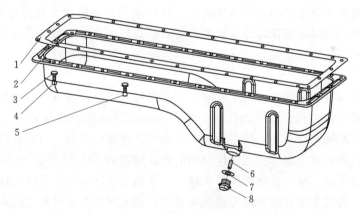

图3-11　油底壳
1—密封垫；2—油底壳；3—垫圈；4、5—螺栓；6—放油螺塞
磁铁；7—组合密封垫圈；8—螺塞

第二节　活塞连杆组

一、活塞连杆组

活塞连杆组包括活塞、活塞环、活塞销、连杆和连杆轴承等，如图3-12所示。其作

用是将燃烧过程中获得的动力传递给曲轴。

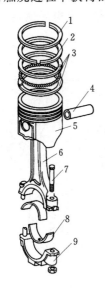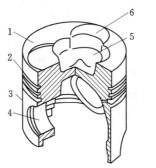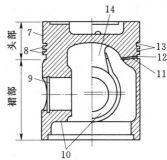

图 3-12 活塞连杆组

1、2—气环；3—组合油环；4—活塞销；5—活塞；6—连杆；7—连杆螺栓；8—连杆轴瓦；9—连杆盖

图 3-13 活塞各部分名称

1—活塞顶部；2—活塞头部；3—活塞裙部；4—活塞销孔；5—燃烧室凹坑；6—气门坑；7—活塞顶岸；8—活塞环岸；9—卡环槽；10—活塞销座；11—回油孔；12—油环槽；13—气环槽；14—加强肋

（一）活塞

活塞的主要功用是在作功行程承受燃烧气体作用力，并将此力通过活塞销传给连杆，以推动曲轴旋转；同时活塞顶部与气缸盖、气缸壁共同组成燃烧室。活塞不仅具有足够的强度、刚度、密度，而且重量轻、导热性好，且耐热、耐腐蚀和耐高温。活塞的各部分名称如图 3-13 所示。

活塞的工作条件非常恶劣。在工作时，活塞顶部与高温、高压、具有腐蚀性的燃气直接接触，承受着气体力和惯性力的作用，在高速运动时活塞表面与缸壁之间不断发生摩擦，正是由于活塞的高速运动，使得活塞的冷却和润滑非常困难。目前，汽油机广泛采用铝合金活塞。它具有质量轻（约为同样结构的铸铁活塞的 $50\%\sim70\%$）、导热性好（约为铸铁的 3 倍）的优点。缺点是热膨胀系数较大，高温下强度和硬度下降较快。这些缺点可通过结构设计、机械加工和热处理等措施来克服。活塞用铝合金材料根据不同的元素或成分，分为共晶铝硅合金和铝铜合金两大类。前者具有耐磨性好，热膨胀系数较小，耐腐蚀，硬度、刚度和疲劳强度好的优点，应用较为广泛，本田 F3A3、一汽奥迪 100、天津夏利 TJ376Q、解放 CA488-3 和解放 CAL6102 等发动机均采用此种活塞；后者则由于密度大、热膨胀系数大，在轿车发动机中已基本不采用。

另外，强化发动机活塞为了达到高强度、耐热性好的要求，常采用高级铸铁和耐热钢作为材料。金属陶瓷具有耐高温的性能，作为活塞的一种新型材料在汽车发动机上已开始使用。

活塞的基本结构由顶部、头部、裙部三部分组成，如图 3-13 所示。活塞顶部的形状与发动机燃烧室结构形式有关，通常有平顶、凹顶和凸顶等。汽油机活塞顶部多采用平顶，如图 3-14（a）所示，此种结构简单，加工容易，受热面积小。有些汽油机为了改善混合气的形成和燃烧而采用凹顶活塞，如图 3-14（b）所示。凹坑的大小还可以用来调节发动机的压缩比。柴油机活塞顶部为各种形式的凹坑，如图 3-14（d）、（e）、（f）所示，其形状、位置和大小必须与混合气的形成和燃烧要求相适应。二冲程汽油机活塞顶部的形状多采用凸顶，如图 3-14（c）所示。从活塞本身来讲，不管是凹顶、凸顶或带燃烧室的顶部，由于吸热面积都比平顶大，所以顶部温度较高，热负荷较大。

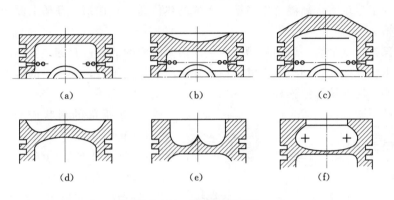

图 3-14 活塞顶部形状
(a) 平顶；(b) 凹顶；(c) 秃顶；(d)、(e)、(f) 凹坑

在活塞顶部除有燃烧室凹坑外，为了避免气门和活塞顶部不发生碰撞，有的活塞顶还加工有气门坑，如图 3-13 所示。活塞顶部刻有方向标记，安装时应注意按规定方向安装，绝对不允许装反。

在无特殊冷却装置的情况下，顶部的热量通过活塞环和裙部，经气缸将热量传给冷却液。对于增压发动机，为降低活塞顶部温度负荷，有专门的油道通过润滑油循环冷却活塞顶部，如图 3-15 所示。

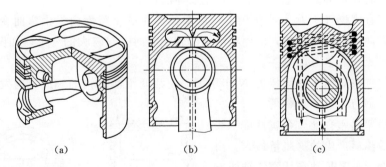

图 3-15 油冷活塞
(a) 铸有冷却油腔的活塞；(b) 振荡冷却活塞；(c) 喷油冷却活塞

活塞头部是指活塞最后一个环槽以上的部分。头部的主要作用是承受气体压力，与活塞环一起实现对高温、高压燃气的密封，将活塞顶所吸收的热量通过活塞环传给气缸壁，再传给冷却液，所以头部又叫防漏部。

　　头部加工有安装活塞环的环槽，有径向油孔的为油环槽，其余为气环槽。从减少发动机摩擦损耗的角度考虑，环槽不应太多。环槽的形状应与活塞环的断面形状一致。

　　活塞头部在工作时，第一环槽所受的热负荷最高，特别是在强化柴油机中，随着热负荷的增加，第一环槽会产生严重的磨损和热裂纹。当第一环槽被烧坏后，燃气直接下窜入第二环槽，将对第二环槽造成损坏。因此，在第一环槽铸入耐热护槽圈。护槽圈多用热膨胀系数与铝十分接近的高锰奥氏体铸铁制造。镶圈后环槽使用寿命可提高 3～10 倍。CA6110、SOFIM8142 等发动机的活塞头部第一道环槽就镶有奥氏体铸铁耐磨圈。

　　另外，为了尽量减缓高温燃气对第一环槽的热传递，常在第一环槽上面切出一道较环槽窄的隔热槽。

　　活塞裙部是指从最后一道油环槽下缘起至活塞底面的部分。它的主要作用是引导活塞在气缸内上下往复运动，同时承受气缸壁施加给活塞的侧压力，并将头部传下来的气体力通过活塞销座、活塞销传给连杆。

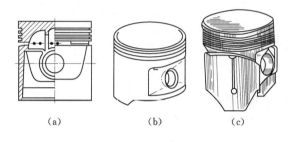

图 3-16　不同裙部类型的活塞

(a) 全裙活塞；(b) 半拖板式活塞；(c) 拖板式活塞

　　活塞裙部的形状应与气缸相适应，它们之间的间隙应适当，同时具有一定的长度以保证足够的承压面积和较小的比压。但裙部较长时会使活塞高度、重量、发动机高度值都比较大。因此通常在保证允许的比压下，取最小长度，现代发动机活塞裙部有 3 种类型，如图 3-16 所示。

　　现短行程的轿车发动机多采用拖板式或半拖板式活塞。拖板式活塞重量小，裙部具有一定的弹性，在下止点时不会与曲轴平衡块产生运动干涉，从而使发动机连杆减短，发动机高度减少。而一些载货车汽油机或柴油机常采用全裙式，主要目的是保证活塞的强度。

　　活塞工作时，裙部会产生椭圆变形，主要原因如下。

　　(1) 在气缸内燃气压力 p 的作用下，活塞顶部在销座跨度内发生弯曲变形，使销座在轴线方向有向外扩张的趋势，从而在沿销的轴线方向引起较大的变形，如图 3-17 (a) 所示。

　　(2) 在气缸壁对活塞的侧压力 N 作用下，使活塞沿活塞销的轴线方向发生变形，如图 3-17 (b) 所示。

　　(3) 在活塞销座孔处，金属量堆积较多，所以在受热后产生的膨胀量最大，由此引起椭圆变形，其长轴在活塞销轴线方向，如图 3-17 (b) 所示。活塞一旦产生椭圆变形，就破坏了和气缸壁之间的正常配合，使发动机工作异常。因此常采取以下一些措施来预防和控制裙部的椭圆变形：

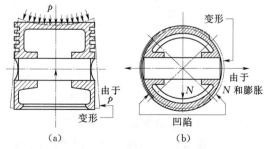

图 3-17　活塞裙部的椭圆变形

(a) 由于 p 的变形；(b) 由于 N 和膨胀的变形

1）尽量减少活塞的受热。如使用平顶活塞，采用传热型活塞，加工隔热槽等。

2）采用椭圆锥裙。将裙部断面制成椭圆形，椭圆的长轴在垂直活塞销轴线方向，短轴在活塞销方向。裙部轴向呈锥形，上小下大。这样活塞在工作过程中，受力受热膨胀变形时，形成圆柱形，以保证活塞和气缸壁之间的正常配合，如图3-18所示。

3）对汽油机活塞，在裙部开 T 形槽或 Ⅱ 形槽，达到"横槽隔热，纵槽防胀"的目的，如图3-19所示。纵向槽一般不开到底，以免强度削弱太大。对于柴油机，则不能开纵向槽，以免过度削弱其强度。

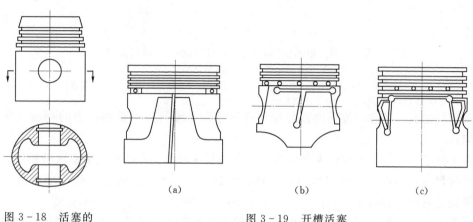

图 3-18　活塞的
　　　椭圆结构

图 3-19　开槽活塞
（a）、（b）T 形槽；（c）Ⅱ 形槽

4）在铝合金活塞上镶铸恒范钢片或筒形钢片等，限制活塞的变形量，如图3-20所示。钢片的材料用含镍33%～36%（质量分数）的低碳钢制成，受热后的线膨胀系数约为铸铝合金的1/10。

5）在保证活塞强度的前提下，削掉销座周围的一些金属，或者采用"拖板式活塞"，如图3-16（c）所示。这种方法主要适用于汽油机。对于柴油机，在强度保证的前提下可以适当削掉销座处的金属。

活塞销座孔中心线通常与活塞中心线垂直相交。但有些高速汽油机的销座孔中心线向作功行程中受侧压力的一面（主推力面）偏离活塞中心线平面约1～2mm，如图3-21所示。其目的是为了使活塞能较平稳地从压向气缸的一面过渡到另一面，从而减轻活塞"敲缸"，减少噪声，改善发动机工作的平顺性。但这种活塞销偏置的结构，使活塞裙部两端的尖角负荷增大，容易刮伤气缸壁。这种活塞的偏心量不易观察出来，一般都有标记，安装时方向不能弄错。

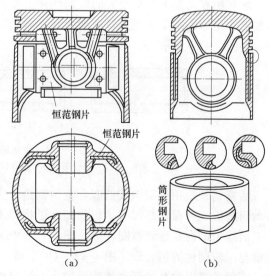

恒范钢片

恒范钢片

筒形钢片

（a）　　　　　　（b）

图 3-20　铸有恒范钢片和筒形钢片的活塞
（a）恒范钢片式活塞；（b）筒形钢片式活塞

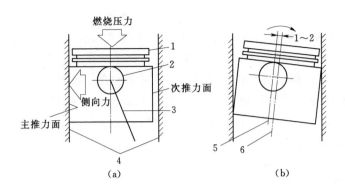

图 3 - 21 销孔位置对侧向力变向时活塞运动的影响

(a) 活塞销对中布置; (b) 活塞销偏移布置

1—活塞; 2—活塞销孔; 3—连杆; 4—气缸壁; 5—销孔轴线; 6—活塞轴线

对于柴油机, 考虑到改善磨损, 销座孔通常向压缩行程中受侧压力的一面 (次推力面) 偏移。

为了保证活塞销座处的强度和刚度, 通常在销座处加工有肋片与活塞内壁相连。在活塞工作时, 活塞销若发生轴向窜动, 会划伤气缸壁, 因此, 在销座孔的卡环槽内安装卡环, 限制活塞销的轴向窜动。

活塞表面应进行一定的表面处理, 以提高其表面的各项性能。如对活塞顶进行硬膜阳极氧化处理, 形成高硬度的耐热层, 增大热阻, 减少活塞顶部的吸热量; 为了改善铝合金的磨合性, 汽油机铸铝活塞的裙部进行镀锡处理, 柴油机铸铝活塞的裙部表面进行磷化处理, 对于锻铝活塞, 则在裙部的外表面涂石墨。

（二）活塞销

活塞销的功用是连接活塞和连杆小头, 将活塞承受的气体作用力传给连杆。

活塞销在高温下承受很大的周期性冲击载荷, 润滑条件很差 (一般靠飞溅润滑), 因而要求有足够的刚度和强度, 表面耐磨, 质量尽可能小。为此, 活塞销通常做成空心圆柱体, 如图 3 - 22 所示。

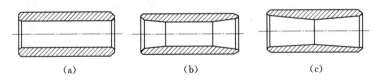

图 3 - 22 活塞销的内孔形状

(a) 圆柱形; (b) 组合形; (c) 两段截锥形

活塞销一般用低碳钢或低碳合金钢制造, 先经表面渗碳处理以提高表面硬度而获得良好的耐磨性, 并保证芯部有一定的韧性以抗冲击, 然后再进行精磨和抛光。

活塞销的内孔形状有圆柱形 [图 3 - 22 (a)]、两段截锥形 [图 3 - 22 (c)] 以及两段截锥与一段圆柱的组合形 [图 3 - 22 (b)] 等。圆柱形内孔容易加工, 但活塞销的质量较大。两段截锥形内孔的活塞销质量较小, 又接近于等强度梁的要求 (因活塞销所承受的弯矩在中部最大, 距中部越远越小), 但孔的加工较复杂。组合形内孔的结构则介于两者之间。

活塞销与活塞销座孔和连杆小头衬套孔的连接配合，一般多采用"全浮式"（图 3 - 23），即在发动机运转过程中，活塞销不仅可以在连杆小头衬套孔内转动，还可以在销座孔内缓慢地转动，以使活塞销各部分的磨损比较均匀。

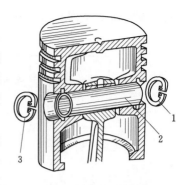

图 3 - 23　活塞销的连接方式
1、3—卡环；2—活塞销

当采用铝活塞时，活塞销座的热膨胀量大于钢活塞销。为了保证高温工作时有正常的工作间隙（0.01～0.02mm），在冷态装配时活塞销与活塞销座孔为过渡配合。装配时，应先将铝活塞放在温度为 70～90℃ 的水或油中加热，然后将活塞销装入。为了防止活塞销轴向窜动而刮伤气缸壁，在活塞销两端用卡环嵌在销座孔凹槽中加以轴向定位。

（三）活塞环

1. 气环

活塞环是具有弹性的开口环，按照其功用，可分为气环和油环两类。

气环的作用主要是保证活塞与气缸间的密封，防止气缸中的高温、高压气体大量窜入曲轴箱，同时还将活塞顶部吸收的大部分热量传给气缸壁，再由冷却水带走。其中密封作用是主要的，因为密封是传热的前提，如果密封性不好，高温燃气将直接从活塞与气缸之间的间隙进入曲轴箱，这样不但由于环面和气缸壁面贴合不严而不能很好地散热，而且由于其外圆表面吸收了附加热量还会导致活塞和气环烧坏。

活塞环在高温、高压、高速和润滑困难的条件下工作，尤其是第一道环的工作条件最为恶劣。活塞环工作时受到气缸中高温、高压燃气的作用，在气缸内随活塞一起做高速运动，在与缸壁间高速摩擦的同时，还与环槽侧面产生上下冲击；另外，由于活塞环的径向张缩动作，使环承受交变应力作用而容易折断。加上高温下机油可能变质，难以保证良好的润滑。因此，要求活塞环弹性好、强度高、耐磨损。目前，广泛采用的活塞环的材料是合金铸铁，第一道环镀铬，其余环一般镀锡或磷化。

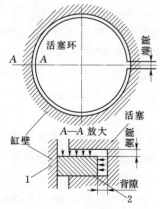

图 3 - 24　气环的密封面
1—第一密封面；2—第二密封面

气环开有切口，具有弹性，在自由状态下其外径大于气缸直径，它与活塞一起装入气缸后，气环以一定的弹力与缸壁压紧，形成第一密封面，如图 3 - 24 所示。被封闭的气体不能从环周与气缸壁之间通过，便进入了环与环槽之间。把环向环槽侧面压紧，形成第二密封面，而作用在环背的气体压力又大大加强了第一密封面的密封作用。此时，缸内气体仅能通过切口泄漏。

气环密封效果一般与气环数量有关，通常在保证密封的前提下，尽可能减少气环数量，一般采用 2～3 道。并使活塞环的切口按一定要求相互错开，构成迷宫式封气装置，以减少漏气量。活塞环的切口形状如图 3 - 25 所示。切口间隙过大，漏气量增大；切口间隙过小，活塞环受热膨胀后容易

25

卡死。康明斯 B 系列和斯泰尔 WD615 系列柴油机均采用了两道气环。

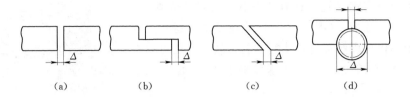

图 3-25 气环的切口形状

（a）直角口；（b）阶梯形；（c）斜口；（d）带防转销钉槽

气环的断面形状很多，最常见的有矩形环、扭曲环、锥面环、梯形环和桶面环，如图 3-26 所示。

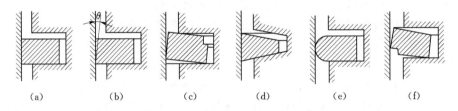

图 3-26 气环的断面形状

（a）矩形环；（b）、（d）梯形环；（c）、（f）扭曲环；（e）桶面环

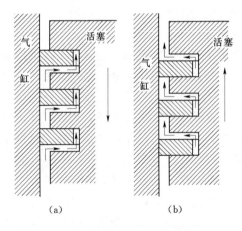

图 3-27 活塞环的泵油作用

（a）活塞下移；（b）活塞上移

（1）矩形环：断面为矩形，其结构简单，制造方便，导热效果好。但矩形环随活塞往复运动时，会把气缸壁面上的机油不断送入气缸，这种现象称为"泵油作用"，如图 3-27 所示。

活塞下行时，在环与气缸壁的摩擦阻力和环的惯性作用下，气环紧靠在环槽的上端面，气缸壁面上的油被刮入侧隙和背隙中；活塞上行时，环又紧靠在环槽的下端面，结果第一道环侧隙和背隙里的机油就被泵入燃烧室，造成燃烧室积炭和机油消耗量的增加。另外，环槽内形成的积炭可能使环在环槽内卡死而失去密封作用，甚至划伤气缸壁或使环折断。可见泵油作用是非常有害的。为了抑制泵油作用，常见的办法是采用非矩形断面的扭曲环。

（2）扭曲环：扭曲环是在矩形环的内圆上边缘或外圆下边缘切去一部分，使断面呈不对称形状。在环的内圆部分切槽或倒角的称内切环，在环的外圆部分切槽或倒角的称外切环。装入气缸后，由于断面不对称，受力不平衡，使活塞环发生扭曲变形，如图 3-28 所示。活塞上行时，扭曲环在残余油膜上浮动，可以减小摩擦；活塞下行时，则有刮油效果，避免机油烧掉。同时，由于扭曲环在环槽中上、下跳动的行程缩短，可以减轻"泵油作用"。目前扭曲环得到了广泛的应用，安装时必须注意断面形状和方向，注意内切口朝上，外切口朝下，不能装反。康明斯 B 系列柴油机第二道环采用了内切口锥面扭曲气环。

（3）锥面环：在外圆工作面上加工了一个很小的锥面（0.5°～1.5°），减小了环与气缸壁的接触面，提高了表面接触压力，有利于磨合和密封。活塞下行时，便于刮油；活塞上行时，由于锥面的"油楔"作用，能在油膜上浮起，布油效果好。安装时，锥面环不能装反，否则会引起机油上窜。第一道活塞环一般不采用锥面环。斯泰尔 WD615 系列柴油机第二道环采用了锥面气环。

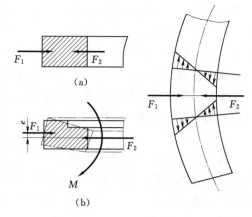

图 3-28　扭曲环作用原理
（a）矩形环；（b）扭曲环

（4）梯形环：断面呈梯形，工作时，梯形环随着活塞受侧压力的方向不同而不断地改变位置，这样会把沉积在环槽中的积炭挤出去，避免了环被豁在环槽中而折断，可以延长环的使用寿命。其主要缺点是加工困难，精度要求高。柴油机的第一道活塞环常采用梯形环。

（5）桶面环：桶面环的外圆为凸圆弧形，较多见于强化发动机的第一道环。当桶面环上下运动时，均能与气缸壁形成楔形空间，使机油容易进入摩擦面，能形成较好的润滑。由于它与气缸呈圆弧接触，对气缸表面的适应性和对活塞偏摆的适应性均较好，有利于密封。其缺点是凸圆弧表面加工较困难。目前在高速强化柴油机中广泛用作第一道活塞环。玉柴 YC6105QC 柴油机、一汽奥迪 100JW 型发动机和广本 F23A3 发动机的第一道环均采用此环。

2. 油环

油环有普通油环和组合油环两种，如图 3-29 所示。

油环起布油和刮油的作用。刮掉气缸壁上多余的机油，并重新在气缸壁上涂一层均匀的油膜，这样既可以防止机油窜入气缸燃烧，又可减少活塞、活塞环与气缸的磨损和摩擦阻力。此外，油环还能起到密封的辅助作用。

（1）普通油环：普通油环又叫整体式油环，环的外圆柱面中间加工有凹槽，槽中有狭缝或钻有小孔。当活塞运动时，油环将缸壁上多余的机油刮下，通过小孔或狭缝流回曲轴箱。油环的外侧上边普遍制有倒角，使环在随活塞上行时形成油楔，起到均布润滑油的作用，且下行刮油能力强，减少了润滑油的上窜。

有的发动机将油环减薄，在其背后加装弹性衬簧，这样既保证了对缸壁的压力，又

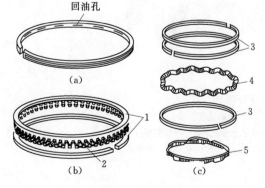

图 3-29　油环
（a）普通油环；（b）、（c）组合油环
1、3—刮片；2、4、5—衬簧

改善了油环对缸壁贴合的适应性，延长了环的使用寿命。

（2）组合油环：组合油环由 2～3 片起刮油作用的刮片和产生径向、轴向弹力作用的衬簧组成。衬簧可将刮片紧紧压向气缸壁。这种油环的接触压力高，对气缸壁面适应性好，而且回油通路大，重量轻，刮油效果明显，但油环需用优质钢制造，成本较高。近年来汽车发动机上越来越多地采用了组合式油环。康明斯 B 系列和斯泰尔 WD615 系列柴油机均采用了内胀圈组合油环。

（四）连杆

接受活塞通过活塞销传来的力，并将力传给曲轴，推动曲轴转动，从而使活塞的往复直线运动转变为曲轴的旋转运动。现在的连杆一般采用中碳钢或合金钢经模锻或辊锻加工而成，由连杆小头、杆身、连杆大头和连杆轴承盖组成，连杆小头内压有减磨的青铜衬套和铁基粉末冶金衬套，连杆结构如图 3-30 所示。连杆在正常使用情况下，一般不会损坏，如果连杆损坏，应将连杆轴承盖和连杆杆身一起更换。

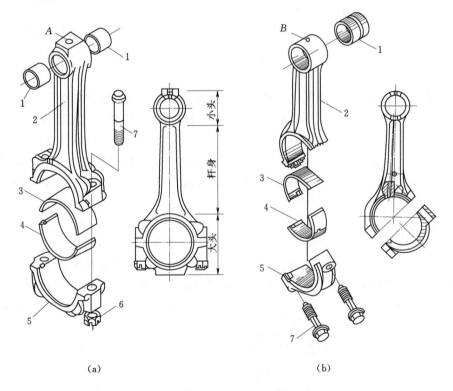

（a）　　　　　　　　　　　　　（b）

图 3-30　连杆组件
（a）平剖连杆；（b）斜剖连杆
1—连杆衬套；2—连杆体；3—连杆轴承上轴瓦；4—连杆轴承下轴瓦；
5—连杆盖；6—螺母；7—连杆螺栓；A—集油孔；B—喷油孔

（五）连杆轴承瓦

为了减小摩擦阻力和曲轴连杆轴颈的磨损，连杆大头孔内装有连杆轴瓦。如图 3-31 所示，轴瓦由上、下两个半片组成。目前多采用薄壁铜背轴瓦，在其内表面浇铸有耐磨合金层。耐磨合金层具有质软、磨合性好、容易保持油膜、摩擦阻力小及不易磨损等特点。

常采用的耐磨合金有巴氏合金、铜铝合金和高锡铝合金。连杆轴瓦在自由状态下不是半圆形，当它们装入连杆大头孔内时，由于有过盈量，故能均匀地紧贴在大头孔壁上，具有很好的承受载荷和导热的能力，并可以提高工作可靠性和延长使用寿命。

　　连杆轴瓦上制有定位凸键，供安装时嵌入连杆大头和连杆盖的定位槽中，以防轴瓦前后移动或转动。轴瓦的内表面还加工有油槽，用以储存润滑油。有的轴瓦上还制有油孔，安装时与连杆上相应的油孔对齐。

　　V形发动机左右两侧对应两个气缸的连杆是装在曲轴的一个连杆轴颈上的，其布置形式有三种，如图3-32所示。

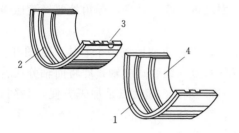
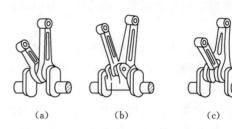

图 3-31　连杆轴瓦　　　　　　　　　　图 3-32　V形发动机连杆布置形式
1—钢背；2—油槽；3—定位凸键；4—减磨合金层　　　（a）并列式；（b）主副式；（c）叉式

第三节　曲　轴　飞　轮　组

　　曲轴飞轮组包括曲轴、飞轮及装在曲轴上的各零件（曲轴正时齿轮、轴瓦、止推片、V形皮带轮）等，如图3-33所示。

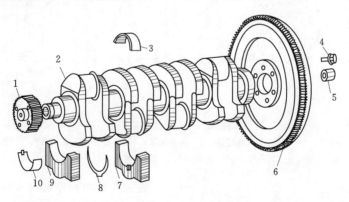

图 3-33　曲轴飞轮组
1—正时齿轮；2—曲轴；3、10—主轴瓦；4—飞轮紧固螺栓；5—螺母；
6—飞轮总成；7、9—主轴承盖；8—止推片

一、曲轴

　　曲轴的功用主要是承受活塞连杆组传来的气体作用力，并将其转变为绕自身轴线的旋转力矩，再通过飞轮、离合器和汽车传动系统使汽车行驶；同时，曲轴还要驱动发动机的

配气机构和其他辅助装置（凸轮轴、发电机、水泵、风扇、机油泵、汽油泵等）工作。曲轴的结构如图 3-33 所示。

发动机工作时，曲轴受到旋转质量的离心力、周期性变化的气体压力和往复运动的惯性力共同作用，使曲轴受到弯曲和扭转载荷。因此要求曲轴具有足够的刚度和强度且各工作表面润滑良好，耐磨损、质量轻。

曲轴一般用 45、40Cr、35Mn2、50MnB 等优质中碳钢或合金钢模锻而成，为降低成本，也有用高强度的球墨铸铁来铸造曲轴。为了提高曲轴的耐磨性，其曲轴主轴颈和曲柄销表面均需进行高频淬火或渗氮再经过精磨，以提高轴颈的表面硬度并降低表面粗糙度。为提高曲轴的疲劳强度，消除应力集中，轴颈表面应进行喷丸处理，圆角处要经滚压强化处理。

曲轴的结构分为整体式和组合式两大类。整体式是将曲轴做成一个整体，如图 3-35 所示。具有结构紧凑、质量轻、强度和刚度较好的特点；组合式曲轴，即将曲轴分成若干个零件分别进行加工，然后组装在一起，如图 3-34 所示。其优点是加工方便，系列化、通用化程度高，但强度和刚度较差，装配较复杂，气缸体必须是隧道式。国产 135 系列柴油机采用组合式曲轴。目前在发动机上多采用整体式曲轴。

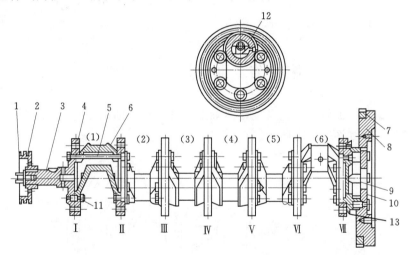

图 3-34　组合式曲轴

1—起动爪；2—带盘；3—前端轴；4—滚动轴承；5—连接螺杆；6—曲柄；7—齿圈；
8—飞轮；9—后凸缘；10—挡油圈；11—定位螺钉；12—油管；13—锁片

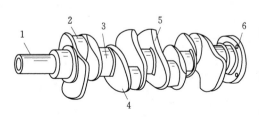

图 3-35　整体式曲轴

1—前端轴；2—连杆轴颈；3—主轴颈；4—曲柄；
5—平衡重；6—后端凸缘

曲轴主要由前端轴 1（或称自由端）、主轴颈 3、连杆轴颈 2（曲柄销）和后端凸缘 6（或称功率输出端）等组成，如图 3-35 所示。

前端轴装有止推轴承环 1、2 以及止推片 3、驱动配气凸轮轴的正时齿轮 4、甩油盘 5、橡胶油封 6、驱动风扇和水泵的皮带轮 7 等，如图 3-36 所示。其中甩油盘和橡胶油封主要是对曲轴前端的润滑油进行密封。在有些乘用车上，还装有减振器。在中、小型发动机的曲轴前端装有启动爪 8。

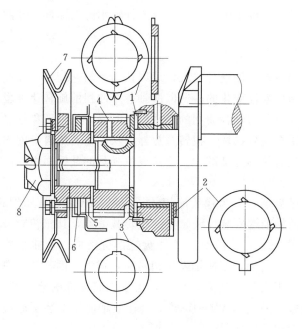 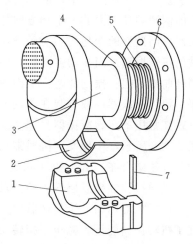

图 3-36　曲轴的前端
1、2—止推轴承；3—止推片；4—正时齿轮；5—甩油盘；
6—橡胶油封；7—皮带轮；8—启动爪

图 3-37　曲轴的后端
1—主轴承盖；2—主轴承；3—主轴颈；
4—甩油盘；5—回油螺纹；6—飞轮
结合盘；7—密封条

曲轴的后端是一种复合防漏结构，如图 3-37 所示。在飞轮结合盘和与曲轴制成一体的甩油盘之间制有回油螺纹，螺纹的方向与曲轴的旋转方向一致。从主轴承间隙外漏的机油，首先被甩油盘甩入主轴承座孔后面的凹槽内，并经轴承盖上的回油孔流回油底壳，少量流至回油螺纹区的机油，被回油螺纹引回到甩油盘而甩回油底壳，极少量外漏到回油螺纹以外的润滑油，由密封条所密封，起到了防漏作用。

曲轴的主轴颈支撑在主轴承上，主轴颈数目的确定应保证曲轴有足够的刚度和强度；同时，尽可能减少曲轴的长度。根据主轴颈的支承情况可分为全支承曲轴和非全支承曲轴。全支承曲轴每个曲柄销的两端都有支承点（主轴颈）主轴颈数目比曲柄销数目多一个。非全支承曲轴的主轴颈数目等于或少于曲柄销数，这样可缩短曲轴的长度，使结构紧凑。曲轴的曲拐个数取决于发动机的气缸数和气缸的排列方式，直列式发动机曲轴的曲拐数与气缸数相等，V 形发动机曲轴的曲拐个数是气缸数的一半。

二、主轴承与连杆轴承

主轴承与连杆轴承一般都采用滑动轴承。为了方便制造和修理，滑动轴承都做成可拆卸的轴瓦形式，也就是两个半圆形的瓦片组成一个完整的轴承。轴瓦安装在轴承座或轴承盖上后，上下两片的外圆与轴承座或轴承盖的内孔呈过盈配合，使轴瓦内孔形成精确的轴孔并与轴颈构成一定的间隙。

为了保证安装无误，轴承座上应有定位机构。常见的有两种定位形式，即定位唇定位和定位销定位，前者适用于薄壁轴瓦，后者多用于厚壁轴瓦。轴瓦的内孔加工有油槽，通常油孔和油槽尽量避开轴承的高负荷区，所以主轴承的下瓦与连杆轴承的上瓦都不开油孔和油槽。注意安装时不能装反。

三、扭转减振器

在发动机工作过程中，曲轴后端的飞轮转动惯量最大，可以认为是匀速旋转，经连杆传给曲柄销的作用力的大小和方向都是周期性变化的，所以曲轴各个曲拐的旋转速度也呈忽快忽慢周期性的变化。相对于飞轮而言，曲轴各曲拐的转动时快时慢，这种现象称之为曲轴的扭转振动。当振动强烈时，曲轴会受到损坏。扭转减振器的功用是利用自身的内摩擦消耗曲轴的扭转振动能量，从而使扭转振幅逐渐减少。避免发生强烈的共振而引起严重后果。扭转减振器一般安装在曲轴前端。

现在常用的扭转减振器是摩擦式减振器，分为橡胶摩擦式、干摩擦式和黏液摩擦式，如图 3-38 所示，小型发动机通常在曲轴前端安装橡胶摩擦式扭转减振器，其扭转减振器与曲轴带轮结合在一起。扭转减振器由圆盘、橡胶盘和惯性盘三部分组成。当曲轴旋转时，圆盘通过弹性橡胶层带动惯性盘一起转动，当曲轴发生扭转时，惯性盘因其转动惯量大而角速度相对均匀，于是橡胶层产生很大的交变剪切变形，由于橡胶内部的分子摩擦，消耗了扭转振动能量，减小了扭转振幅。斯太尔 WD615 柴油机在曲轴前端安装了硅油式扭转减振器。它利用硅油的摩擦来消耗扭振的能量。

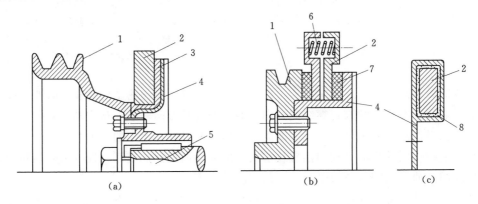

图 3-38　曲轴扭转减振器

(a) 橡胶摩擦式减振器；(b) 干摩擦式减振器；(c) 硅油黏液式减振器

1—皮带盘；2—惯性盘；3—橡胶垫圈；4—减振器圆盘；

5—曲轴前端轴；6—弹簧；7—摩擦片；8—硅油

四、飞轮

飞轮是转动惯量很大的圆盘，如图 3-39 所示。主要功用是将做功行程中输入曲轴的一部分能量存储起来，用作在其他行程中克服阻力，带动曲柄连杆机构越过上止点和下止点保证曲轴的旋转角速度和输出转矩尽可能均匀，并使发动机有可能克服短时间的超负荷。通过飞轮上的上止点记号校准发动机的点火时刻或喷油时刻，以及调整气门间隙；启动机通过飞轮上压装的齿圈启动发动机；将发动机产生的动力传输出去。

部分飞轮上有上止点标记"0－"，当飞轮上的标记与飞轮壳上的记对齐时，则"－0－"表示一缸为上止点位置。如解放 6102 型发动机的上止点记号如图 3－40（a）所示。当刻在飞轮缘上的记号"上止点/1－6"与飞轮壳上的刻线 1 正对时，即表示 1、6 两缸的活塞处于上止点位置。东风 EQ6100－1 型发动机则与此不同，它是在飞轮缘上镶嵌有一个钢球 2，当钢球与飞轮壳上的刻线正对时，另一处是当曲轴带轮上的小缺口 3 和正时齿轮盖凸筋 4 对准时，都表示 1、6 两缸的活塞处于上止点位置见图 3－40（b）。但有些发动机的上止点记号在发动机的前端，如北京 BJ492Q、长安 JL462Q 型发动机等，当曲轴带轮上的小缺口和正时齿轮盖上指针对准时，则第 1、4 缸处于上止点位置见图 3－40（c）。

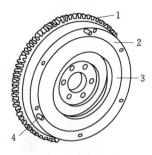

图 3－39　飞轮
1—齿圈；2—离合器安装面；
3—离合器回盘摩擦面；
4—定位销

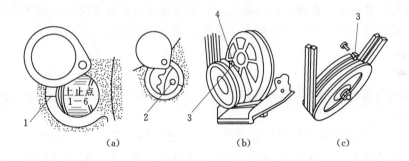

图 3－40　飞轮上点火正时记号
（a）CA6102 发动机点火正时记号；（b）EQ6100 发动机点火正时记号；（c）BJ492Q 发动机点火正时记号
1—飞轮壳上的刻线；2—飞轮缘上钢球；3—带轮上的正时缺口；4—正时齿轮盖凸筋

飞轮多用灰铸铁制造，也有采用球墨铸铁或铸钢制造的。飞轮与曲轴完成动平衡之后不能互换。若发生变化，应对曲轴和飞轮重新进行动平衡。

第四章 配 气 机 构

第一节 配气机构的类型及配气定时

一、配气机构的功用

配气机构的功用是按照发动机每一缸内所进行的工作循环和点火顺序的要求，开启和关闭各缸的进、排气门，使新鲜混合气体及时进入气缸，废气得以及时地排出气缸外。所谓新鲜混合气，对于汽油机就是汽油与空气的混合气，对于柴油机则为纯净的空气。

发动机在全负荷下工作时，需要最大的功率和转矩，在此工况下，配气机构吸入的进气越多，发动机发出的功率和转矩越大。进气充满气缸的程度，常用充气效率（也称充气系数）η_v 表示，即

$$\eta_v = M/M_0 \tag{4-1}$$

式中：M 是进气过程中，实际充入气缸的进气量；M_0 是在进气状态下充满气缸工作容积的进气量。

充气效率 η_v 是衡量发动机换气质量的参数，充气效率高，进入气缸的新鲜空气或可燃混合气的数量就多，可燃混合气燃烧时放出的热量也多，发动机发出的功率也越大。

一般情况下发动机充气效率 η_v 总是小于 1 的。η_v 的大致范围是：四冲程汽油机为 $0.70 \sim 0.85$；四冲程非增压柴油机为 $0.75 \sim 0.90$；四冲程增压柴油机为 $0.90 \sim 1.05$。

影响充气效率的主要因素有：①进气终了的气缸内温度；②进气终了的气缸压力；③上一循环残留在气缸内的高温废气。

充气效率越高，表明充入气缸的新鲜气量越多，燃烧后放出的热量越多，发动机发出的功率就越大。好的配气机构就是要在发动机大负荷工作时，保证充气效率最大。在发动机部分负荷下工作时，要求具有良好的燃油经济性。这时配气机构应保证混合气形成质量良好。为此，近代轿车发动机发展起来的可变配气定时技术，在配气机构中获得了广泛的应用。

二、配气机构的类型与组成

四冲程车用发动机采用气门式配气机构，气门式配气机构由气门组和气门传动组两部分组成。其结构形式多样，一般按气门布置形式的不同可分为侧置式和顶置式；按照凸轮轴布置形式又分为顶置式、中置式和下置式；按曲轴和凸轮轴的传动方式有齿轮传动、链条传动和齿带传动三种方式；按发动机每气缸气门数目的不同，还可分为二气门式、三气门式、四气门式、五气门式配气机构等。气门驱动形式有直接驱动、摇臂驱动和摆臂驱动三种类型。现代汽车发动机均采用顶置气门，配气机构的组成如图 4-1 所示。

1. 气门的布置形式

顶置式气门配气机构应用广泛，其结构形式如图 4-1 所示。它的结构特点是进气门

和排气门都装在气缸盖中，处于气缸的顶部，燃烧室结构紧凑，压缩比高，改善了燃烧过程，减少了热损失，提高了热效率，从而提高了发动机的动力性和经济性。现代汽车发动机均采用顶置式气门配气机构。气门侧置式配气机构目前已被淘汰。

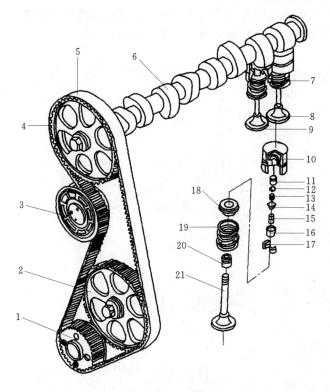

图 4-1　配气机构的组成

1—曲轴正时带轮；2—中间轴带轮；3—张紧轮；4—凸轮轴正时带轮；5—齿形正时带；6—凸轮轴；7—液压挺柱组件；8—排气门；9—进气门；10—挺柱体外壳；11—柱塞；12—止回阀钢球；13—小弹簧；14—托架；15—回位弹簧；16—油缸；17—气门锁片；18—上弹簧座；19—气门弹簧；20—气门导管油封；21—气门

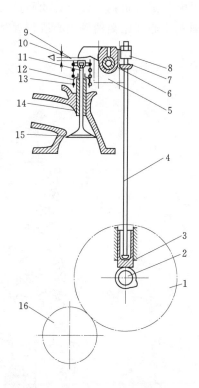

图 4-2　下置凸轮轴式配气机构示意图

1—凸轮轴正时齿轮；2—凸轮轴；3—挺柱；4—推杆；5—摇臂轴支架；6—摇臂轴；7—调整螺钉及锁紧螺母；8—摇臂；9—气门锁片；10—气门弹簧座；11—气门；12—防油罩；13—气门弹簧；14—气门导管；15—气门座圈；16—曲轴正时齿轮；△—气门间隙

2.凸轮轴的布置形式

（1）下置凸轮轴式配气机构。如图 4-2 所示，凸轮轴装在曲轴箱内，距离曲轴很近，曲轴通过一对正时齿轮直接驱动凸轮轴旋转，凸轮凸起部分通过挺柱、推杆、调整螺钉推动摇臂摆转，摇臂的另一端便向下推开气门，同时使弹簧进一步压缩。当凸轮的凸起部分的顶点离开挺柱以后，气门在其弹簧张力的作用下，开度逐渐减小，直至最后关闭，进气或排气过程结束。压缩和作功行程中，气门在弹簧张力作用下关闭，使气缸密闭。

由于四冲程发动机每完成一个工作循环曲轴转两圈，而各缸的进、排气门各开启一次，也即凸轮轴只转一圈，所以曲轴与凸轮轴的传动比为 2∶1。

缺点是气门与凸轮轴相距较远，气门传动组的零部件较多，在高速运转时，整个系统产生弹性变形，影响气门运动规律和开启、关闭的准确性。

（2）中置凸轮轴式配气机构。中置凸轮轴式配气机构的凸轮轴位于气缸体的上部，如图 4-3 所示。它缩短了推杆或适当加长挺柱后去掉推杆，凸轮通过挺柱直接去动摇臂，减轻了配气机构的往复运动质量，增大了机构的刚度，适用于较高转速的发动机。当凸轮轴的中心线距离曲轴中心线较远时，需要用三个齿轮来传动，增加一个惰轮。

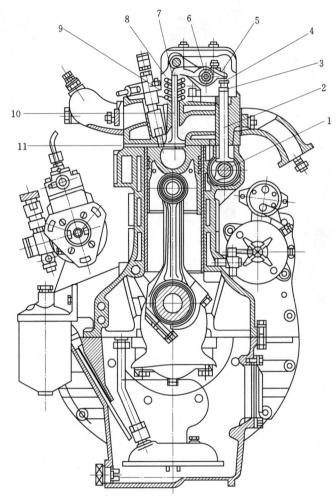

图 4-3　采用中置凸轮轴式配气机构的发动机

1—凸轮轴；2—挺柱；3—锁紧螺母；4—气门间隙调整螺钉；5—摇臂；6—摇臂轴；
7—气门锁片；8—气门弹簧座；9—气门弹簧；10—气门；11　气门座圈

有些中置凸轮轴式配气机构的组成与下置凸轮轴式配气机构没有什么区别，只是推杆较短而已，如 YC6105Q 发动机就是这种结构形式。

（3）顶置凸轮轴式配气机构。凸轮轴和气门都置于气缸的顶部，气门装在气缸盖中，凸轮轴安装在气缸盖的上端面上。这种配气机构可省去挺柱和推杆，甚至可省去摇臂，凸轮轴直接或通过液压挺柱驱动气门。其主要优点是运动件少，传动距离短，整个机构的刚度大，适合于高速发动机；缺点是正时传动机构较复杂，拆装气缸盖比较困难。

顶置凸轮轴式配气机构的结构形式多样，按气门的驱动形式分为三种。

1）上置凸轮轴、摇臂驱动式配气机构。如图 4-4 所示，凸轮轴推动液压挺柱，液压挺柱推动摇臂，摇臂再驱动气门［图 4-4（a）］；或凸轮轴驱动摇臂，摇臂驱动气门［图 4-4（b）］。由于在凸轮和气门杆之间布置了摇臂，所以摇臂构成了一个杠杆，改变摇臂两侧的长度比就可改变气门的升程，所以需要气门升程大的发动机常采用这种方式。为了降低凸轮和摇臂之间的摩擦损失，可采用有滚动轴承的所谓滚子摇臂。其优点是气门间隙的调整方便，但与直接驱动式相比，摇臂驱动的机构比较复杂，使气缸盖总成结构不紧凑，尺寸较大。另外，在发动机转速过高时，摇臂还容易产生挠曲变形。

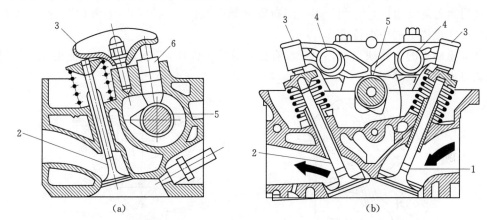

图 4-4 单上置凸轮轴、摇臂驱动式配气机构
（a）单摇臂；（b）双摇臂
1—进气门；2—排气门；3—摇臂；4—摇臂轴；5—凸轮轴；6—液压挺柱

2）上置凸轮轴、摆臂驱动式配气机构。如图 4-5 所示，摆臂驱动式配气机构比摇臂

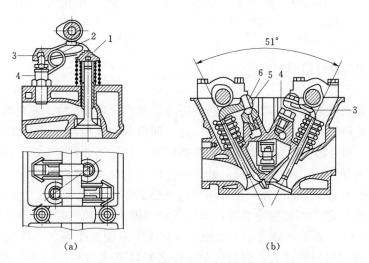

图 4-5 上置凸轮轴、摆臂驱动式配气机构
（a）单上置凸轮轴（SOHC）；（b）双上置凸轮轴（DOHC）
1—气门间隙调整块；2—弹簧扣；3—摆臂；4—摆臂支座；
5—气门间隙调整螺钉；6—锁紧螺母

驱动式配气机构的刚度更好，有利于提高发动机转速，因而广泛应用于高速轿车发动机上。如 CA488.3 型发动机即为单上置凸轮轴摆臂驱动式配气机构［图 4-5（a）］；而本田 B20A 型发动机为双上置凸轮轴摆臂驱动式配气机构［图 4-5（b）］。

3）上置凸轮轴、直接驱动式配气机构。如图 4-6 所示，直接驱动式有两种布置方式，即单上置凸轮轴直接驱动式和双上置凸轮轴直接驱动式。前者用在进、排气门布置在同一侧的场合，后者则用在进、排气门布置在不同侧的场合。由于没有摇臂，不但使零件数减少，提高了配气机构的刚度，降低了摩擦损失，有利于提高发动机转速，而且还增大了气缸盖上的布置空间，特别对双上置凸轮轴布置有利于减少进、排气门之间的夹角，加大了气门布置的自由度，有利于多气门布置（如三气门、四气门、五气门布置），火花塞也可布置在燃烧室的中央位置。

直接驱动式的主要缺点是，由于没有杠杆的放大作用，气门升程不可能很大，气门间隙的调整也就比较麻烦。

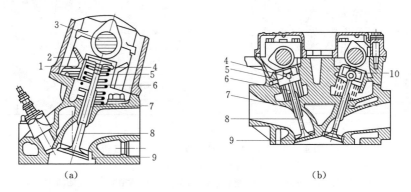

图 4-6　上置凸轮轴、直接驱动式配气机构
（a）单上置凸轮轴（SOHC）；（b）双上置凸轮轴（DOHC）
1—机械挺柱；2—气门间隙调整垫块；3—凸轮轴；4—气门弹簧座；5—气门锁片；
6—气门弹簧；7—气门导管；8—气门；9—气门座圈；10—液压挺柱

三、配气相位及气门间隙

1. 气门间隙

为了保证发动机正常工作时进排气门的关闭严密，发动机在冷态装配时，在气门、挺杆、推杆以及传动件之间都留有适当间隙，这一间隙称为气门间隙。如果没有这个间隙，发动机工作时，则会因气门及其传动件的受热膨胀而引起气门关闭不严，使得发动机在压缩和做功行程中漏气，导致功率下降，甚至不能启动。为了消除这种现象，通常，在气门与其传动机构中留有一定的间隙，以补偿气门受热后的膨胀量。间隙的大小由发动机制造厂家根据实验确定，一般在冷态时，进气门的间隙为 0.25～0.30mm，排气门的间隙为 0.30～0.35mm。如果间隙过小，发动机在热态下可能发生漏气，导致功率下降甚至气门烧坏。如果气门间隙过大，则使传动零件之间以及气门和气门座之间产生撞击声，而且加速磨损，同时也会使得气门开启的持续时间减少，气缸的充气及排气情况变坏。一些轿车采用液力挺柱，挺柱的长度能自动变化，随时补偿气门的热膨胀量，故不预留气门间隙。

2. 配气相位

发动机工作时，进、排气门开闭时刻和气门开启的持续时间用曲轴转角表示称作配气相位，又称配气正时。配气相位直接关系到发动机的动力性和经济性，对发动机的进气量产生重要影响。配气相位可用配气相位（配气正时）图来表示，如图 4-7 所示。

进气门在进气行程上止点之前即已开启，从进气门开启到上止点曲轴所转过的角度称作进气提前角（α）。进气门在进气行程下止点之后才关闭，从进气行程下止点到进气门关闭曲轴转过的角度称作进气迟后角（β）。整个进气过程持续的时间即为 $180°+\alpha+\beta$ 曲轴转角，一般 α 在 $0°\sim30°$、β 在 $30°\sim80°$ 范围内。进气门早开是为了在进气开始时进气门能有较大的开度，以减小进气阻力，使新鲜气体顺利充入汽缸。进气门晚关则是为了充分利用气流的惯性和压差，继续进气以增加进气量。

排气门在作功行程下止点之前就已开启，从排气门开启到下止点曲轴转过的角度称作排气提前角（γ）。排气门在排气行程上止点之后才关闭，从排气行程上止点到排气门关闭，这时曲轴转过的角度称作排气迟后角（δ）。整个排气过程持续的时间即为 $180°+\gamma+\delta$ 曲轴转角。一般 γ 在 $40°\sim80°$、δ 在 $0°\sim30°$ 范围内。排气门早开是为了在排气门开启时气缸内有较高的压力，使废气能以很高的速度自由排出，可在极短的时间内排出大量废气，从而使排气行程时的排气阻力和消耗的功率大为减小。排气门晚关则是为了利用废气流动的惯性，在排气迟后角内继续排气，以减少气缸内的残余废气量。

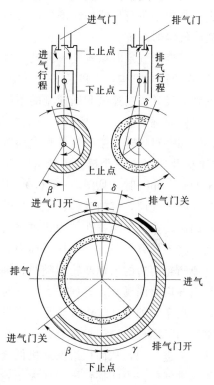

图 4-7 配气相位（配气正时）图

由于进气门早开和排气门晚关，致使活塞在上止点附近出现进、排气门同时开启的现象，称其为气门重叠。重叠期间所对应的曲轴转角称为气门重叠角，它等于进气提前角与排气迟后角之和，即 $\alpha+\delta$。虽然进、排气门在一段时间内同时开启，但是由于新鲜气流和废气流的流动惯性都比较大，在短时间内不会改变流向。因此，只要气门重叠角选择适当，可以使进气更充分，排气更彻底。如果气门重叠角选择不当，则会引起废气流入进气歧管，使进气量减少；新鲜气可能随同废气一起排出。增压柴油机可选择较大的气门重叠角，是因为进气压力较高，废气不可能流入进气歧管，而且还可以利用新气将气缸内的废气清除干净。

由于发动机的结构和转速不同，配气相位也不尽相同。只有通过反复试验，才能最终确定最佳配气相位。事实上发动机工作时，由于配气机构零件的磨损和损伤，极易造成配气相位失准，使气门的开启时间缩短，最大开度减小，影响发动机的充气效率，导致功率下降，油耗增加，甚至发动机不能正常运转和启动。此时通过改变凸轮轴连接键与正时齿轮的位置，可调整气门的配气相位。通过改变止推凸缘厚度或正时齿轮轮毂厚度的方法，使正时齿轮获得轴向位移量也可调整配气相位。

为了获得高速、高功率，要求较大的进、排气门开闭角，特别是进气迟闭角要大，以充分利用高速惯性充气；为了获得低速大转矩，进气迟闭角则要小，以防止低速倒流；为了获得中小负荷良好的经济性，气门重叠角要小。如果想同时满足这些要求，就要使用可变配气定时系统。

可变配气定时系统是一种既可改变配气定时，又能改变气门运动规律的可变配气定时-升程的控制机构，本田轿车上采用的可变配气机构称为 VTEC 机构。该机构是在一根凸轮轴上设计了高速型和低速型的不同正时和升程的两个凸轮，采用油压进行切换的装置。其工作原理如图 4-8 所示，该结构在原有控制两个气门的一对凸轮（主凸轮 12 和次凸轮 10）和一对摇臂（主摇臂 2 和次摇臂 7）的基础上，还增加了一个中间凸轮和相应的摇臂（中摇臂 8），在三个摇臂内装有同步活塞 5 和 6、定时柱塞 4 以及阻挡柱塞 13。在转速低于 6000r/min 时，见图 4-8（b），同步柱塞在原有位置上，三根摇臂分离，主、次摇臂驱动两个气门，气门升程较小。当转速高于 6000r/min 时，见图 4-8（c），电脑会指令电磁阀启动液压系统，在压力机油的作用下，定时柱塞 4 移动，并推动同步柱塞 5 和 6 移动，将中摇臂 8 与主、次摇臂锁为一体，三个摇臂一道在高速凸轮的驱动下驱动气门，而高速凸轮两边的低速凸轮则随凸轮轴空转。由于中间凸轮比其他凸轮高，升程大，所以进气门开启时间延长，升程增大。此时，配器相位发生变化，吸入的混合气量增加，使发动机全功率时的进气量得以满足。当发动机转速降低时，摇臂内的液压降低，活塞在回位弹簧作用下回位，三根摇臂分开，每个摇臂都独自上下运动。于是主摇臂在主凸轮的作用下开闭主进气门，从而供给发动机低速运行时所需的混合气。次凸轮则通过次摇臂轻微地开闭次进气门，中间摇臂虽然在大凸轮作用下大幅运动，但它对任何气门都不起作用。此时发动机吸入的混合气还不及高速时的一半。

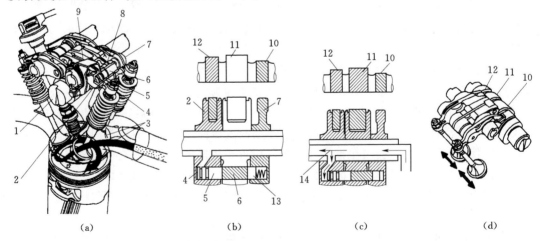

(a)   (b)   (c)   (d)

图 4-8　日本本田公司 VTEC 机构工作原理

(a) VTEC 工作原理；(b) 低转速时；(c) 高转速时；(d) VTEC 机构轴测图

1—凸轮轴；2—主摇臂；3—进气门；4—定时柱塞；5、6—同步柱塞；7—次摇臂；8—中摇臂；9—定时板；10、12—低速凸轮；11—高速凸轮；13—阻挡柱塞；14—机油流

第二节　配气机构组件

一、气门组

气门组包括气门、气门座、气门导管、气门弹簧、气门弹簧座及锁片等，如图 4 - 9 所示。它的主要作用是：准时接通和切断进气系统与气缸之间的通道。

1. 气门

气门的工作条件非常恶劣，它直接与高温燃气接触，受热严重，而散热困难，因此气门温度很高，进气门可达 600～700K（327～427℃），排气门可达 1000～1200K（727～927℃）。气门头部要承受气体压力、气门弹簧力及传动组零件惯性力的作用，使气门落座时受到冲击；气门在冷却和润滑条件极差的情况下，以极高的速度关闭并在气门导管内作高速往复运动；气门由于与高温燃气中有腐蚀性气体接触而受到腐蚀。因此，要求气门必须具有足够的强度、刚度以及耐热、耐磨和耐蚀能力。

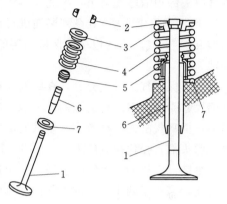

图 4 - 9　气门组
1—气门；2—锁片；3—弹簧；4—气门；5—油封；6—气门导管；7—弹簧座

由于进气门的热负荷较小，材料通常采用合金钢（如铬钢或镍铬钢、铬钼钢等），排气门热负荷大，一般采用耐热合金钢（硅铬钢等）。有的排气门为了降低成本，头部采用耐热钢，而杆部用铬钢，然后将二者焊在一起。

气门头顶部的形状有平顶、凸顶和凹顶等，如图 4 - 10 所示。目前应用最多的是平顶气门，其结构简单，制造方便，受热面积小，进排气门都可以使用。凸顶气门的排气阻力小，刚度较大，但其受热面积及运动质量大，可用于排气门。凹顶气门的头部与杆部有较大的过渡圆弧，气流阻力小，但其顶部受热面积大，所以仅可用作进气门。

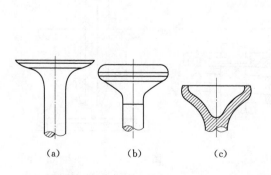

图 4 - 10　气门头部结构型式
（a）平顶式；（b）凸顶式；（c）凹顶式

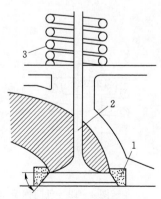

图 4 - 11　气门锥角
1—气门座；2—气门；3—气门弹簧

气门与气门座或气门座圈之间靠锥面密封。气门锥面与顶面之间的夹角称为气门锥角，如图 4-11 所示。采用锥形工作面能在气门落座时有良好的自动对中作用，获得较大的气门座合压力，并且提高了密封性和导热性。此外，锥面可避免气流拐弯过大而降低流速，同时气门落座时能挤掉接触面的沉积物，具有自洁作用。进排气门的锥角一般为 45°。

在气门升程相同时，气流通道截面随着气门锥角的减小而增加，通过能力增强。但同时气门头部边缘厚度减小，因此使得密封性、导热性变差。所以少数发动机进气门锥角为 30°。例如东风康明斯 6B 系列柴油机每缸采用 2 个气门，进气门锥角做成 30°，排气门锥角做成 45°。气门头的边缘应保持一定的厚度，一般为 1~3mm，以防冲击损坏和被高温烧蚀。

为了保证气缸进气充分，在结构允许的条件下，气门头部直径尽可能做得大些。由于气门尺寸受燃烧室结构的限制，考虑到进气阻力对发动机性能的影响较大，为了减小进气阻力，提高气缸的充气效率，多数发动机进气门头部直径做得比排气门略大一些，通常，进气门头部直径比排气门大 15%~30%。

早期发动机的每个缸一般采用一个进气门和一个排气门，现在许多发动机为了保证换气性能，采用了两个以上的进气门和排气门，或五气门（三个进气门和两个排气门）。在气缸直径一定的情况下，气门数增多，气门通道面积大，进排气充分，进气量增加，发动机的功率和转矩提高。同时，由于气门尺寸减小，增大了气门刚度，质量减轻，惯性力减小，有利于提高发动机的转速。缺点是增加了零件数量和结构的复杂性，加工成本较高。更换气门时，通常应成组更换，并应同时更换气门油封、气门座。

气门杆呈圆柱形，它在气门导管中频繁地进行上、下往复运动。因此，要求有较高的加工精度和表面粗糙度，同气门导管保证一定配合精度和耐磨性，起到良好的导向和散热作用。

气门杆尾部结构与气门和弹簧座的连接方式有关，通常采用锁片式固定方式。如图 4-12 所示。常用的结构是用剖分的锥形锁片来固定气门弹簧座，在气门弹簧的弹力作用下，弹簧座圈内锥面压住两个半锥形锁片，使其紧箍在气门杆尾部。有些发动机的气门，在杆部锁槽下面另有一条切槽装卡环，以防气门或气门弹簧折断时，气门掉入气缸中。

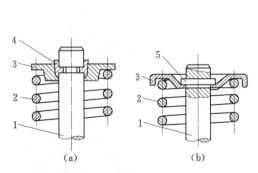

图 4-12 气门弹簧座固定方式
（a）锁片式；（b）锁销式
1—气门杆；2—气门弹簧；3—弹簧座；
4—锁片；5—锁销

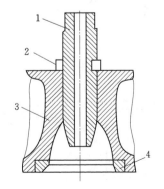

图 4-13 气门座和气门导管
1—气门导管；2—卡环；
3—气缸盖；4—气门座

2. 气门座

气缸盖上与气门锥面相结合的部位称为气门座，如图 4-13 所示。气门座的作用是靠其内锥面与气门锥面的紧密贴合密封气缸，并对气门起到散热作用。气门座可在气缸盖上直接加工出来，也可以用奥氏体钢或合金铸铁单独制成一个座圈，然后镶嵌到气缸盖上，以提高气缸盖的使用寿命，并便于修理更换。

为保证良好的密封性能，装配前应将气门头与气门座圈的密封锥面互相配对研磨，研磨后气门与气门座圈形成一条宽 1～2mm 的密封带。密封带不宜过宽，否则，工作面比压降低，密封性能下降；但密封带也不宜过窄，否则，密封面易磨损起槽，且影响气门头部的散热。

3. 气门导管

气门导管的作用是对气门的运动进行导向，保证气门作往复直线运动，使气门与气门座贴合良好，把气门的部分热量传给气缸盖。

气门导管的工作在高温环境之中，气门杆在导管中运动时，仅靠配气机构飞溅的机油进行润滑，为改善润滑性能，气门导管一般用含石墨较多的铸铁或粉末冶金制成，以提高自润滑性能。

气门导管为圆柱形管，与缸盖的配合有一定的过盈量，以保证良好地传热和防止松脱。为了防止气门导管在使用过程中脱落，有的发动机对气门导管用卡环定位，如图 4-13 所示。气门杆与气门导管之间一般留有 0.05～0.12mm 的间隙，保证气门杆能上下往复运动时不发生径向摆动，准确落座，与气门座正确贴合。

4. 气门弹簧

气门弹簧的作用是保证气门及时关闭以及和气门座紧密贴合；在气门开启时，保证气门及各传动件不因运动时产生的惯性力而互相脱离。因此，要求气门弹簧应具有合适的刚度、安装预紧力和抗疲劳强度。

气门弹簧多为等螺距圆柱形螺旋弹簧。其材料为高碳锰钢、铬钒钢等冷拔钢丝，加工后要经过热处理。为提高其抗疲劳强度，增强弹簧的工作可靠性，钢丝一般经磨光、抛光或喷丸处理。弹簧的两端面经磨光并与弹簧轴线相垂直。气门弹簧的一端支承在气缸盖或气缸体上，而另一端则压靠在气门杆末端的弹簧座上。

每个气门上通常装有一个或两个圆柱形螺旋弹簧。为防止气门弹簧发生共振，可采用变螺距圆柱形弹簧。许多发动机每个气门都装有直径不同旋向相反的内外两个弹簧，它们同心地安装在气门导管的外面。由于两弹簧的自振频率不同，当某一弹簧发生共振时，另一弹簧可起减振作用；当一根弹簧折断时，另一根仍可以继续工作；当弹簧旋向和螺距不同时可防止折断的弹簧卡入另一个弹簧圈内；采用双弹簧不仅可以提高气门弹簧的工作可靠性，而且还可以降低弹簧的高度尺寸，从而降低内燃机高度。此外还有些发动机在气门弹簧内圈加一个过盈配合的阻尼摩擦片来消除共振。东风康明斯 6B 系列柴油机和东风 EQ6100 汽油机均采用了单个弹簧。而斯太尔 WD615 柴油机及 BJ492Q 汽油机则采用了双气门弹簧。

二、气门传动组

气门传动组的作用是使气门按发动机配气相位规定的时刻开、闭，并保证有足够的开启高度。气门传动组主要包括正时齿轮、凸轮轴、挺柱、摇臂以及推杆等零件。由于凸轮轴位置的不同以及气门驱动形式的变化，气门传动组的结构也不尽相同。

1. 凸轮轴

（1）凸轮轴的工作条件及材料。凸轮轴是气门传动组中最重要的零件，它的主要作用是驱动和控制气门的打开和关闭，从而使它能符合发动机的工作顺序、配气相位及气门开度的变化规律的要求。此外，凸轮轴轴颈和凸轮工作表面除应该具有较高的尺寸精度、较小的表面粗糙度值和足够的刚度，同时还应具有较高的耐磨性和良好的润滑性。

凸轮轴通常由优质碳钢或合金钢锻造，也可用合金铸铁或球墨铸铁铸造。轴颈和凸轮工作表面经热处理后磨光。

（2）凸轮轴构造。凸轮轴主要由凸轮 1、凸轮轴轴颈 2 两部分组成，如图 4-14 所示。下置凸轮轴的汽油机还有用以驱动汽油泵的偏心轮 3、驱动分电器的螺旋锥齿轮 4 等。

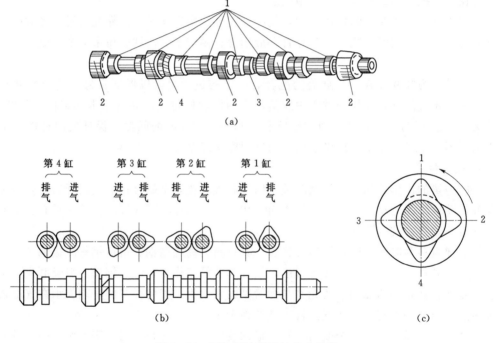

图 4-14 四缸四冲程汽油机凸轮轴

（a）发动机凸轮轴；（b）各凸轮相对角位置图；（c）同名凸轮相对位置投影图

1—凸轮；2—凸轮轴轴颈；3—驱动汽油泵的偏心轮；4—驱动分电器的锥齿轮

由图 4-14 可以看出，凸轮轴设置了四个轴轴颈，使得凸轮轴具有了足够的支撑刚度，从而保证了配气相位。为了便于安装，下置式凸轮轴轴颈的直径由风扇端向飞轮端顺序依次减小，而上置式凸轮轴的轴承采用的是剖分结构，各凸轮轴轴颈的直径相等。

图 4-14 所示的四缸四冲程发动机，每完成一个工作循环，曲轴须旋转两周而凸轮轴只旋转一周，在这期间，每个气缸都有一次进气或排气，且各缸进气或排气的间隔时间相等，即凸轮轴上各缸同名凸轮（各进气凸轮或各排气凸轮）间的夹角均为 $360°/4=90°$。如图 4-14（c）所示，如果从发动机风扇端看凸轮轴逆时针方向旋转，则发动机的点火

顺序为 1－2－4－3。对六缸四冲程发动机而言，其点火顺序为 1－5－3－6－2－4，则凸轮轴上各缸同名凸轮间的夹角（亦即作功间隔角）均为 360°/6＝60°，如图 4-15 所示。配气相位及凸轮轴旋向决定了同气缸进、排气凸轮的相对角位置。发动机各气缸进气或排气凸轮的相对角位置应符合发动机各缸的点火顺序和点火间隔时间的要求。因此，根据凸轮轴的旋转方向及各缸进气或排气凸轮的工作次序，就可以判定发动机的点火顺序。

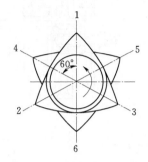

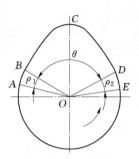

图 4-15　六缸四冲程发动机同名　　　　图 4-16　凸轮轮廓
凸轮相对角位置投影图

进、排气门开闭的时刻、持续时间以及开闭的速度和升程变化规律。取决于控制气门的凸轮外部轮廓曲线，凸轮轮廓形状如图 4-16 所示。图中 O 点为凸轮轴的轴心（即凸轮的旋转中心），EA 为凸轮的基圆。当凸轮按图示方向转过 EA 弧段时，挺柱不动，气门关闭；凸轮转过 A 点后，挺柱开始上移，从 B 点开始，消除气门间隙，气门开始开启；凸轮转到 C 点时，气门开度（升程）达到最大；至 D 点时，气门完全关闭。此后，挺柱继续下落，恢复气门间隙，至 E 点挺柱又处于最低位置。ϕ 对应着气门开启持续角，ρ_1 和 ρ_2 则分别对应着消除和恢复气门间隙所需的转角。凸轮轮廓 BCD 弧段为凸轮的工作段，其形状决定了气门的升程及其升降过程的运动规律。转速较低的发动机，其凸轮轮廓由几段圆弧组成，这种凸轮称为圆弧凸轮。高转速发动机则采用函数凸轮，其轮廓由某种函数曲线构成。

（3）凸轮轴的轴向定位。为了限制凸轮轴在工作中的轴向窜动或承受正时锥齿轮在工作中产生的轴向力，凸轮轴必须有轴向定位装置；否则，凸轮轴轴向移动量较大会影响配气相位。

上置式凸轮轴通常利用凸轮轴承盖 1 的两个端面和凸轮轴 2 轴颈两侧的凸肩进行轴向定位 [图 4-17（a）]。其间的间隙 $\Delta＝0.1\sim0.2$mm，就是凸轮轴的最大许用轴向移动量。

中、下置式凸轮轴的轴向定位通常采用止推板 [图 4-17（b）]。在第一凸轮轴前轴颈和凸轮轴正时齿轮之间压装一个调节隔圈 4，在调整环外再送套一个止推板 3。止推板用螺栓固定在气缸体体前端面上。调节隔圈、凸轮轴正时齿轮毂与第一凸轮轴颈端面紧紧靠在一起。由于调节隔圈比止推板厚 0.08~0.2mm，因此在止推板与凸轮轴正时齿轮毂或止推板与凸轮轴轴颈端面之间形成 0.08~0.2mm 的间隙，此间隙即为凸轮轴最大轴向移动量。通过改变调整环的厚度即可改变凸轮轴轴向移动量。

第三种轴向定位的方法是止推螺钉定位 [图 4-17（c）]。在正时传动室盖 7 上与凸轮轴前端相对应的位置拧入止推螺钉 9，使其端部与正时齿轮紧固螺栓 8 的六角头端面相距

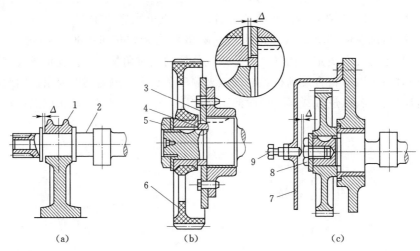

图 4 - 17 凸轮轴轴向定位方式

(a) 推力轴承；(b) 止推板；(c) 止推螺钉

1—凸轮轴承盖；2—凸轮轴；3—止推板；4—调节隔圈；5—螺母；6—凸轮轴正时
齿轮；7—正时传动室盖；8—螺栓；9—止推螺钉

$\Delta=0.1\sim0.2$mm 时，锁紧止推螺钉，即可实现凸轮轴的轴向定位。

（4）凸轮轴传动机构。传动机构有齿轮式、链条式和同步带式三种。齿轮传动机构用于下置式和中置式凸轮轴的传动。汽油机一般只用一对正时齿轮，即曲轴正时齿轮 4 和凸轮轴正时齿轮 2。在柴油机上，凸轮轴与曲轴中心距较大，同时需要驱动喷油泵，需加入中间齿轮 3、5 传动（图 4-18）。为了保证齿轮啮合平顺，噪声低，磨损小，正时齿轮都是圆柱锥齿轮并用不同的材料制成。曲轴正时齿轮采用中碳钢，凸轮轴正时齿轮则采用铸铁或夹布胶木制造。在装配曲轴和凸轮轴时，必须把齿轮正时标记对准，以确保正确的配气相位和点火时刻。

中置式和上置式凸轮轴配气机构一般用链条传动机构，如图 4-19 所示。尤其是上置式凸轮轴的高速汽油机采用链传动机构的很多。链条一般为滚子链，工作时应保持一定的张紧度，使其不产生振动和噪声。为此在链传动机构中装有导链板 5 并在链条的松边装置张紧器 1，利用张紧器可以调整链条的张力。

在高速发动机上广泛采用氯丁橡胶齿形皮带代替链条传动，如图 4-20 所示。减小了噪声，且质量轻、啮合量大、成本低、工作可靠和不需要润滑等。另外，同步带伸长量小，适合有精确正时要求的传动。因此，被越来越多的汽车发动机特别是轿车发动机所采用。为了确保传动可靠，同步带需保持一定的张紧力，为此在同步带传动机构中也设置由张紧轮与张紧弹簧组成的张紧器。

2. 挺柱

（1）挺柱的功用、类型及材料。挺柱又叫挺杆，它是介于凸轮和推杆之间的传动件。它的功用是将来自凸轮的运动和作用力传给推杆或气门，同时还承受凸轮所施加的侧向力，并将其传给机体或气缸盖。

挺柱分为机械挺柱和液力挺柱两大类，机械挺柱又分为平面挺柱和滚子挺柱等多种结构形式。通常由碳钢、合金钢、镍铬合金铸铁和冷激合金铸铁等材料制成。

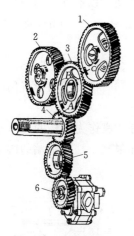

图4-18　齿轮传动机构

1—喷油泵正时齿轮；2—凸轮轴正时齿轮；3、5—中间齿轮；4—曲轴正时齿轮；6—机油泵传动齿轮；A、B、C—正时记号

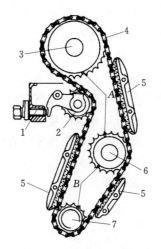

图4-19　链传动机构

1—液压张紧器；2—张紧轮子；3—凸轮轴正时链轮；4—链条；5—导链板；6—中间链轮；7—曲轴正时链轮；A、B—正时记号

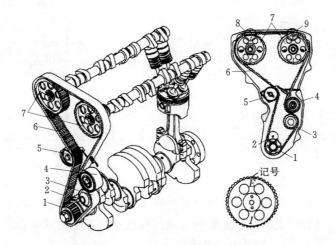

图4-20　同步带传动机构

DOHC同步带传动机构（马自达FE）

1—曲轴正时同步带轮；2—正时记号；3—水泵传动同步带轮；4—中间轮；5—张紧轮；6—同步带；7—凸轮轴正时同步带轮；8—进气凸轮轴正时记号；9—排气凸轮轴正时记号

顶置式配气机构常用的挺柱有筒式平面挺柱、滚轮式挺柱、菌形平面挺柱。机械挺柱的结构形式如图4-21所示。其中筒式平面挺柱［图4-21（a）］由于杆身为中空状其质量可以减轻，广泛应用在中、小型发动机上。

挺柱工作时，由于受方向一定的侧向推力的作用，将引起挺柱与导管之间的单面磨损，同时挺柱与凸轮的接触相对不变，也会造成不均匀的磨损。为此，挺柱底部制成球面，而且把凸轮面制成锥度形状；有的在挺柱安装时，使挺柱轴线偏离凸轮的对称轴线［图4-21（c）］，偏心距$e=1\sim3mm$。这样凸轮与挺柱底面的接触点偏离挺柱轴线，当挺柱被凸轮顶起上升时，接触点的摩擦力使其绕自身轴线转动，以达到均匀磨损的目的。

滚轮式挺柱可以减少摩擦和磨损，但其结构复杂，见图 4-21（b），质量也比较大，多用于缸径较大的发动机上。

（2）液力挺柱。在采用液力挺柱的配气结构中，装配、使用和维修时不需要在气门和传动机构中留气门间隙或调整气门间隙简化了保养程序，同时消除了由于气门间隙引起的噪声和冲击，还可以减少凸轮型面和挺柱的顶面的磨损。

如图 4-22 所示在挺柱体中装有柱塞，柱塞上端压有球座作为推杆的支承座，同时将柱塞内腔封闭。柱塞被弹簧压向上方，其最上位置由卡环限制。柱塞下端的阀架内装有碟形弹簧，用以关闭单向阀。

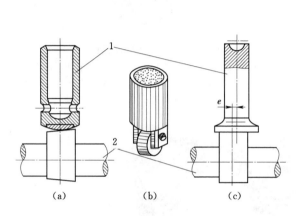

图 4-21 机械挺柱
（a）筒式平面挺柱；（b）滚轮式挺柱；（c）菌形平面挺柱
1—挺柱；2—凸轮轴

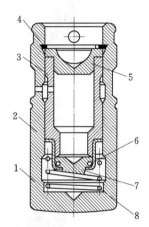

图 4-22 液力挺柱
1—挺杆体；2—阀架；3—柱塞；4—卡环；
5—支承座；6—单向阀碟形弹簧；
7—单向阀；8—柱塞弹簧

发动机工作时，机油沿主油道经气门挺杆进油孔流入，充满柱塞内腔并推开单向阀充入其下面的空腔。当气门关闭时，弹簧使柱塞连同压在柱塞上的球座紧靠着推杆，使配气机构的间隙消失。

当凸轮转到工作面使挺杆上推时，推杆作用于支承座和柱塞上的反力力图使柱塞克服柱塞弹簧的弹力相对于挺杆体向下移动，于是柱塞下部空腔内的油压迅速升高，使单向阀关闭。由于液体的不可压缩性，整个挺杆便像一个刚体一样，按凸轮的运动规律，使气门开启、关闭。

当油压过高或者气门受热膨胀时，将有少许机油经柱塞与挺杆体的间隙处渗漏，使挺杆高度减少，保证了气门受热膨胀时仍能与气门座保持密封。当气门开始关闭或冷却收缩时，由于柱塞弹簧的作用，柱塞向上运动，始终保持与推杆的接触，同时柱塞下部空腔产生真空度，于是，主油道的机油将再次推开阀门，充满整个挺杆内腔。

3. 推杆

推杆的功用是将挺柱传来的运动和作用力传给摇臂，它是配气机构中很容易弯曲的部件，通常用锻铝或硬铝制造，推杆可以是实心、空心的两种。用中碳钢制成球头或球座与杆身锻成一体的实心推杆见图4-23（a）。空心推杆见图4-23（b）、（c），前者在杆身两端焊上球头和球座，后者在杆身两端压入钢制球头和球座。

4. 摇臂

摇臂的功用是将推杆或凸轮传来的运动和作用力，改变方向传给气门尾部使气门开启。

摇臂1是一个不等长双臂杠杆［图4-24］，短臂端加工有螺纹孔，用来拧入气门间隙调整螺钉2，以调整气门间隙。长臂端加工成圆弧面，为推动气门的工作面。由于摇臂工作面与气门杆尾端面的接触应力很大，因此磨损严重，通常圆弧工作面堆焊耐磨合金或在淬火后磨光。摇臂衬套与摇臂轴、摇臂工作面与气门杆尾端面以及气门间隙调整螺钉的球头或球座与推杆的球座或球头均需要润滑。为此将机油从机体经气缸盖和摇臂轴座中的油道引入摇臂轴，再从摇臂轴、摇臂衬套和摇臂上的油孔流向摇臂两端。摇臂在其轴上的位置由限位弹簧或挡圈限定。

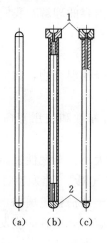

图4-23 推杆
（a）实心推杆；（b）、（c）空心推杆
1—球座；2—球头

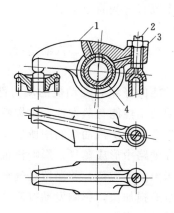

图4-24 摇臂
1—摇臂；2—气门间隙调整螺钉；
3—锁紧螺母；4—摇臂衬套

摆臂的功用与摇臂相同。但摆臂是单臂杠杆，其支点在摆臂的一端。为了减轻摩擦和磨损，可将凸轮与摆臂的接触方式由滑动改为滚动。

第五章 汽油机燃油供给系统

第一节 化油器式汽油机供给系统

燃油供给系统的作用是将燃油（汽油或柴油）通过一系列供油部件定时、定量地输送到气缸内进行燃烧，为发动机提供能源。

汽油机供给方式可分为化油器式和电子燃油喷射式。由于化油器结构的局限性以及人类对环境保护的日益重视，化油器式的供油系统已渐淘汰。近年来，大多数轿车和货车的汽油发动机都有采用电子燃油喷射系统。为了加深对部分内容的理解，我们还应对传统的化油器式供给系统有一些简单了解。

1. 汽油

汽油是汽油机的主要燃料。汽油是石油制品，是多种烃的混合物，其主要化学成分是碳和氢。

汽油使用性能的好坏对发动机的动力性、经济性、可靠性和使用寿命都有很大的影响。汽油的主要使用性能有蒸发性、抗爆性和腐蚀性。

汽油的蒸发性取决于汽油炼制中所形成的分子质量的大小。蒸发性过高的汽油，在气温较高时容易在油路中形成蒸气，影响汽油输送即形成"气阻"，蒸发性过低的汽油，由于一部分汽油未蒸发、燃烧，并滞留在气缸壁上，不仅使燃油消耗量增加，而且会稀释润滑油，导致气缸磨损加快，影响发动机寿命。因此，汽油应具有适宜的蒸发性。

汽油的抗爆性是指汽油在气缸中避免产生爆燃的能力，即防"爆燃"的能力。汽油在没有达到一定温度时不会自行燃烧。如果可燃混合气自行燃烧，将造成发动机过热、排气冒烟、功率显著下降、油耗增加，伴有明显的敲缸声，甚至损坏机件，这种现象即为发动机的"爆燃"。压缩比高的发动机虽然动力性好，油耗率有所下降，但发动机在压缩行程终了时，燃烧室内可燃混合气的密度与温度升高，容易引起"爆燃"。因而发动机的压缩比应受一定的限制。

评定汽油抗爆性的指标是辛烷值。辛烷值高则汽油抗爆性好；反之，汽油抗爆性差。汽油的牌号数与辛烷值有关，我国的汽油牌号有 90 号、93 号、95 号和 97 号。

汽油在运输、储存、发放和使用中，对接触的各种金属应无腐蚀作用。但汽油成分中含有腐蚀性物质，如硫、硫化物、有机酸及水溶性酸、碱等。其含量超标时将引起腐蚀。汽油中硫含量高，使汽车尾气排放污染严重，硫还会使催化转化器中的催化剂中毒，使催化剂活性下降，甚至失效。因此安装了三元催化转化器的发动机对汽油中的硫都有严格的要求。

2. 可燃混合气成分表示方法

可燃混合气是燃料与空气按一定比例混合的混合物。可燃混合气中空气质量与燃料质量的比值称为空燃比，用 α 表示。它是一个表征混合气浓度的概念。

理论上，1kg 汽油完全燃烧所需要的空气为 14.7kg，因此我们把空燃比为 14.7∶1 的汽油空气混合气称为理论混合气或标准混合气。相对于理论空燃比来讲，空燃比较大的混合气称为稀混合气；反之，称为浓混合气。除用空燃比表示混合气浓度外，我国还常采用过量空气系数来表示混合气的浓度：

$$\phi_a = \frac{\text{燃烧 1kg 燃料实际供给的空气质量}}{\text{1kg 燃料完全燃烧理论上所需空气质量}} = \frac{\text{实际空燃比}}{\text{理论空燃比}} \tag{5-1}$$

由上面的定义表达式可知：无论使用何种燃料，凡过量空气系数 $\phi_a=1$ 的混合气即为理论混合气；$\phi_a<1$ 的为浓混合气；$\phi_a>1$ 的则为稀混合气。

3. 化油器式燃油供给系统功用与组成

燃料供给系统的功用是不断地输送滤清的燃油和清洁的新鲜空气，根据发动机各种不同工作情况的要求，配制出一定数量和浓度的可燃混合气，进入气缸燃烧，作功后将废气排入大气。同时燃料供给系统还需要储存相当数量的汽油，以保证汽车有相当远的行驶里程。图 5-1 为化油器式燃料供给系统的组成示意图，它包括以下装置。

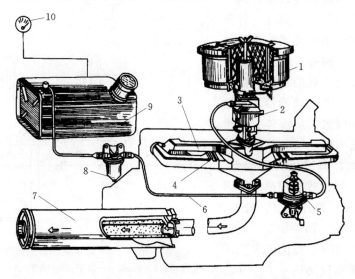

图 5-1　化油器式燃料供给系统的组成

1—空气滤清器；2—化油器；3—进气管；4—排气管；5—汽油泵；6—油管；
7—排气消声器；8—汽油滤清器；9—汽油箱；10—汽油表

（1）汽油供给装置：包括汽油箱 9、汽油滤清器 8、汽油泵 5、汽油表 10 和油管 6，用以完成汽油的储存、输送及滤清任务。

（2）空气供给装置：空气滤清器 1。

（3）可燃混合气准备装置：化油器 2。

（4）可燃混合气供给和废气排出装置：进气管 3、排气管 4 及排气消声器 7 等。

汽油在汽油泵的泵吸作用下，由汽油箱经油管、汽油滤清器，滤去杂质和水分后，进入汽油泵，再压送到化油器中。空气经空气滤清器滤去所含灰尘后流入进气管的喉管部位，在气缸吸气气流的作用下，汽油由化油器中喷出，开始了雾化，并与空气混合，经进气管进一步汽化，初步形成可燃混合气分配到各气缸。混合气燃烧后生成的废气经排气管和排气消声器排入大气。

如何根据发动机各种工作情况的需求，不断地配制出不同浓度和数量的可燃混合气，汽油泵和化油器是关键的部件。

4. 简单化油器及可燃混合气的形成

汽油必须在蒸发为气态后才能与空气均匀混合。要使混合气能在很短的时间内形成，必须先将燃料雾化成细小的颗粒，使蒸发面积大大增加。化油器都是利用吸入的空气流的动能来实现汽油的雾化和蒸发的。

图 5-2 为简单化油器的工作原理示意。它由浮子室、针阀、浮子、量孔、喉管以及节气门等组成。喉管到节气门轴这一部分称为混合室。

汽油从浮子室上的进油管进入浮子室，浮子随着油面升高带着针阀一起上升。油面升高到一定高度，针阀则将浮子室上的进油口关闭，汽油停止流入；反之，针阀随浮子下降，将进油口打开，补充消耗的汽油。汽油机工作时，空气经空气滤清器、化油器、进气管进入气缸。从流体力学得知，流体在管道中流动时，截面积越小之处流速越大，而静压力则越低。由于喉管的喉口部分截面积最小，因而空气流速最大，静压力 P_h 最低，且小于大气压力 P_0。因浮子室有孔通大气，故浮子室内的压力接近大气压力，喉口处的真空度 $\Delta P_h = P_0 - P_h$。在喉口真空度的作用下，汽油经喷口喷入喉管中。喷出的汽油流立刻被高速空气流冲散，成为大小不等的雾状颗粒。与空气混合后进入气缸燃烧。

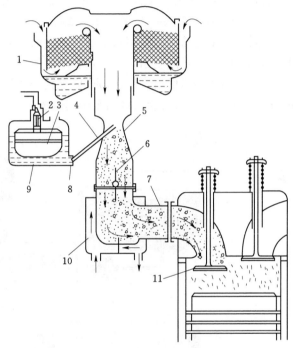

图 5-2　简单化油器工作原理
1—空滤器；2—针阀；3—浮子；4—喷管；5—喉管；6—节气门；
7—进气支管；8—量孔；9—浮子室；10—进气
预热装置；11—进气门

简单化油器只是靠喉管真空度吸出汽油，在怠速工况下，因喉管真空度太低而根本不能出油，实际上吸入气缸的只是纯空气。到节气门开大到一定程度后，才开始有燃油流出。此后，随着节气门开度增大，混合气逐渐变浓。此外，在启动和加速时，简单化油器也无法满足要求。因此，简单化油器实际上在车用汽油机上不能使用。目前采用的是在简单化油器基础上附加了各种修正装置的现代化油器。其中包括主供油系统、怠速系统、加浓系统、加速系统和启动系统，保证了汽油机在各种工况下对可燃混合气的要求。

5. 发动机各工况对可燃混合气浓度的要求

发动机工况包括发动机的转速和负荷情况。汽车在行驶过程中牵引力及行驶速度经常要发生变化，其行驶状态变化频繁，且有时还相当迅速。因此，作为其动力装置的汽油机，其运行工况也需随车辆行驶状态的变化做频繁的转换。汽油机在不同的运行工况下对混合气的浓度有着不同的要求。

（1）稳定工况对混合气浓度的要求。发动机的稳定工况是指发动机已经完成预热，转入正常运转，且在一定时间内没有转速或负荷的突然变化的工况。按负荷大小可划分为怠速和小负荷、中等负荷、大负荷和全负荷三个范围。

1）怠速和小负荷工况。怠速是指发动机在对外无功率输出的情况下以最低转速稳定运转，此时混合气燃烧后所做的功，只是用以克服发动机内部的阻力。

怠速工况时，节气门处于接近关闭位置，吸入气缸的可燃混合气不仅数量少，而且其中的汽油雾化蒸发不良，混合气燃烧不完全，排气污染增加。此外，残余废气对新鲜混合气的稀释作用明显，如供给的新鲜混合气不具备足够的浓度，将导致怠速转速不稳，甚至熄火。因此，当汽油机怠速时，要求供给少而浓的混合气，其 ϕ_a 值为 0.6～0.8。当节气门略开而转入小负荷工况时，新鲜混合气的品质逐渐改善，随着进气量的增多，废气对混合气的稀释作用也逐渐减弱，因而混合气浓度可以减小至 ϕ_a 值为 0.7～0.9。随着负荷的逐渐增大，混合气逐渐变稀，保证圆滑地过渡。

2）中等负荷工况。车用发动机在大部分工作时间内处于中等负荷状态工作，节气门开度一般在 25%～85% 的范围内。在中等负荷状态下，进入气缸的混合气增多，废气稀释的影响减小，燃烧条件改善。此时，燃油的经济性要求是首要的，因此，随发动机负荷的增大，应供给由浓变稀的混合气，其变化情况见图 5-3。这样，在兼顾动力性的情况下保证了发动机具有良好的经济性。

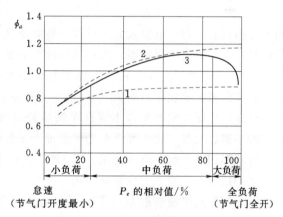

图 5-3 理想化油器特性（转速一定）
1—对应最大功率的 ϕ_a 值；2—对应最小耗油率的 ϕ_a 值；
3—理想化油器特性

3）大负荷及全负荷工况。汽油机在大负荷及全负荷工作时，要求发出足够的功率或扭矩以克服外界阻力（车辆重载爬坡、高速行驶等）。此时，节气门开度达到 85% 以上，要求发动机能发出尽可能大的功率。在达到全负荷之前的大负荷范围内所供给的混合气应从以满足经济性要求为主，逐渐转到以满足动力性要求为主。在大负荷范围内，理想的混合气成分变化曲线应从接近经济曲线 2 逐渐转向最大功率曲线 1。

（2）过渡工况对混合气浓度的要求。汽车发动机在运行中还有几种过渡工况，虽然在全部工作时间中所占比例较小，但却十分重要，它们对混合气浓度有特殊要求。

1）冷启动工况。发动机启动时转速只有 100～150r/min，因此进气道内气流速度非常低，特别是在冷启动时，燃油颗粒容易附着在进气管壁上形成油膜，不能及时随气流进入气缸内，使气缸内混合气过稀，以至无法燃烧。为此，要求燃油系统供给极浓的混合气，其 ϕ_a 值约在 0.2～0.6，以保证进入气缸内的混合气中有足够的汽油蒸汽，使发动机顺利启动。

2）暖机工况。冷启动后，发动机温度逐渐升高，直到接近正常值。在暖机过程中，供给的混合气浓度应随温度的升高，逐渐变稀，直到稳定怠速所要求的数值为止。

3）加速工况。发动机的加速是指节气门迅速开大，负荷迅速增加的过程。要求汽油机的输出功率加大，满足加速过程动力性的要求。但是加速时，由于汽油的惯性，燃料流量的增长率比空气流量的增长率要低得多，这导致混合气暂时过稀。因此，在加速过程中，必需额外增加供油量，以满足加速需要。否则不仅达不到增加发动机功率的目的，而且还会出现发动机熄火的现象。

综上所述，车用汽油机燃油供给系统应根据发动机的实际运转工况提供相应浓度的混合气。在稳定工况运转时，在中、小负荷工况下，要求燃油系统能随着负荷的增加供给由浓变稀的混合气。当进入大负荷范围直到全负荷工况下，又要求混合气由稀变浓，最后加浓到能保证发动机输出最大功率。

第二节　电控汽油喷射系统

从 20 世纪 60 年代起，随着汽车数量的日益增多，汽车废气排放物与燃油消耗量的不断上升困扰着人们，迫使人们去寻找一种能使汽车排气净化，节约燃料的新技术装置去取代已有几十年历史的化油器，汽油喷射技术的发明和应用，使人们的这一理想能以实现。早在 1967 年，德国波许公司成功地研制了 D 型电子控制汽油喷射装置，用在大众轿车上。波许公司又开发了一种称为 L 型电子控制汽油喷射装置，这种装置由于设计合理、工作可靠，广泛为欧洲和日本等汽车制造公司所采用。至 1979 年起美国的通用、福特，日本的丰田、三菱、日产等汽车公司都推出了各自的电子控制汽油喷射装置，使电子控制喷射技术得到迅速的普及和应用。从 1999 年 1 月 1 日起，在我国只有采用电子控制汽油喷射装置的轿车才能准予在北京市场上销售。

电子控制式燃油喷射系统 EFI 是指电控单元 ECU 直接控制燃油喷射的系统，如图 5-4 所示。电子控制式燃油喷射系统 EFI 形式多样，但组成相同，都是由三个子系统组成：空气供给系统、燃油供给系统和电子控制系统。

一、空气供给系统

其作用是为发动机提供清洁的空气并控制发动机正常工作时的进气量，一般由空气滤清器、节气门体、进气总管、进气歧管等部分组成。另外，为了随时调节进气量，进气系统中还设置了进气量的检测装置。

如图 5-5 所示，在发动机工作时，空气经空气滤清器过滤后，通过空气流量计、节气门体进入进气总管，再通过进气歧管分配给各缸。节气门体中设有节气门，用来控制进入发动机的空气量，从而控制发动机的输出功率。在节气门体的外部或内部设有与主气道并联的旁通怠速进气道，由怠速控制阀控制怠速时的进气量。

1. 空气滤清器

空气滤清器的功用是清除空气中的尘土和沙粒，让洁净的空气进入气缸，以减少对气缸的磨损，延长发动机使用寿命。另外，空气滤清器也有消减进气噪声的作用。如图

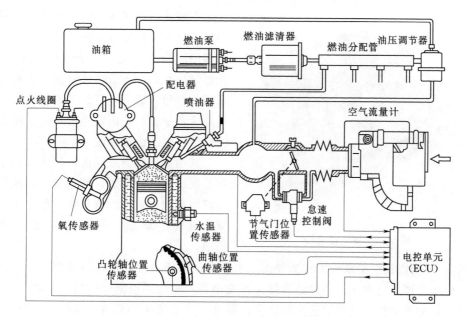

图 5-4　电子控制式燃油喷射

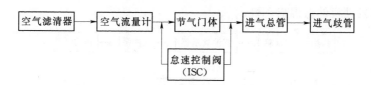

图 5-5　EFI 系统框图

5-6 所示，空气滤清器一般由滤清器盖、外壳、纸质滤芯等组成。滤芯是用树脂处理的微孔滤纸制成的，滤芯成波折状，以增加滤芯的过滤面积。滤芯的上下两端有塑料密封圈，由滤清器盖与外壳压紧，以保证滤芯两端的密封。当发动机工作时，空气由盖与外壳之间的空隙进入，从滤芯的四周穿过滤纸进入滤芯中心，流入进气管。

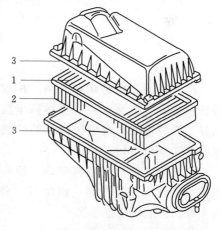

现代汽车发动机上普遍采用纸质空气滤清器。因为它阻力小、重量轻、高度低、成本低，并且安装方便、过滤效率高。其缺点是使用寿命较短，在恶劣环境条件下工作不可靠。

图 5-6　空气滤清器
1—滤芯；2—滤清器外壳；3—滤清器盖

2. 进气歧管

进气歧管是指化油器或节气门体之后到气缸盖进气道之前的进气管路。进气歧管必须将空气与燃油的混合气或纯净空气尽可能均匀地分配到各个气缸，因此进气歧管的长度应尽量相等。为了减小气体流动阻力、提高进气能力，进气歧管内壁应该光滑，如图 5-7 所示。

图 5-7　进气歧管

一般化油器式或节气门体燃油喷射式发动机的进气歧管用合金铸铁制造，轿车发动机多用铝合金制造，铝合金进气歧管质量轻、导热性好。气道燃油喷射式发动机近来采用复合塑料进气歧管的日渐增多。这种进气歧管质量极轻，内壁光滑，无需加工。

二、燃油供给系统

其功能是根据发动机运转状况和车辆运行状况确定汽油的最佳喷射量，以此控制发动机的最佳空燃比。该系统一般由电动汽油泵、汽油滤清器、压力调节器和喷油器组成。

图 5-8 为燃油供给系统工作流程图。电动燃油泵将汽油从油箱内吸出，经滤清器过滤后，由压力调节器调压，通过油管输送到喷油器，喷油器根据电脑指令向进气管喷油。燃油泵供给的多余汽油经回油管流回油箱。燃油泵通常装在油箱内，喷油器由电脑控制，早期有的发动机上还装有冷启动喷油器，其安装在进气总管，仅在发动机低温启动时喷油，从而改善发动机的低温启动性。

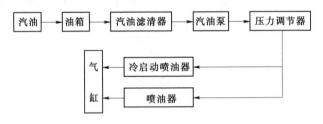

图 5-8　燃油供给系统工作流程图

1. 油箱

汽油箱的功用是储存汽油，其数目、容量、形状及安装位置均随车型而异。汽油箱的容量应使汽车的续驶里程达 300~600km。

汽油箱由钢板或塑料制造。塑料汽油箱的优点是质量轻、强度高、密封性好，可制成任意形状。

如图 5-9 所示，汽油箱上部有加油口 12 和加油口盖 7。在专门使用无铅汽油的汽车上，汽油箱加油口的上部装有弹簧压力阀，在向汽油箱内加油时，只能使无铅汽油的加油嘴插入。在汽油箱上还装有油面指示表传感器

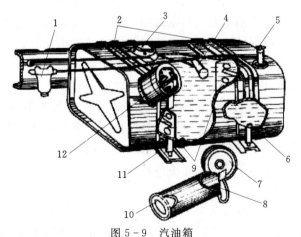

图 5-9　汽油箱

1—汽油滤清器；2—固定箍带；3—油面指示表传感器；4—传感器浮子；5—出油开关；6—放油螺塞；7—加油口盖；8—加油延伸管；9—挡油板；10—滤网；11—支架；12—加油口

3、出油开关5和放油螺塞6等。汽油箱内通常有挡油板9以减轻汽车行驶时汽油的振荡。

2. 燃油泵

汽油泵的作用是将汽油从油箱中吸出，经汽油滤清器过滤后送入油路。汽油泵有机械式和电动式两种。电喷系统常用电动汽油泵，常见的电动汽油泵是平板叶轮式电动汽油泵，如图5-10所示。

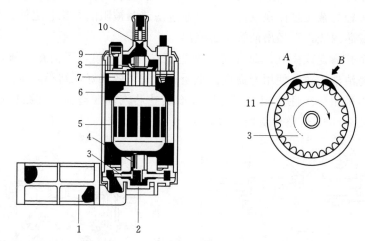

图5-10 叶轮式电动汽油泵

1—滤网；2—橡胶缓冲垫；3—转子；4—轴承；5—磁铁；6—电枢；7—炭刷；

8—轴承；9—限压阀；10—单向阀；11—泵体；

A—出油口；B—进油口

叶轮式电动汽油泵泵壳的一端是进油口，另一端是出油口。电源插头在出油口一侧。进油口一侧的叶轮式油泵由泵壳中间的直流电动机高速驱动。油泵的转子是一块圆形平板，平板圆周上开有小槽，形成泵油叶片。

油泵在运转时，转子周围小槽内的燃油跟随转子一同高速旋转。由于离心力的作用，燃油出口处油压增高；同时在进口处产生一定的真空，使燃油经过入口的滤网被吸入油泵，加压后经过电动机周围的空间由出口泵出。油泵出口处有一单向阀，在油泵不工作时阻止燃油倒流回油箱，以保持发动机停机后的燃油压力，便于再次启动。其最大泵油压力较高（可达600kPa以上）。若因汽油滤清器堵塞等原因使油泵出口一侧油压过高，与油泵一体的限压阀9被顶开，使部分燃油回到进油口一侧，以保护电动汽油泵。这种电动汽油泵的运转噪声小，出油压力脉动小，转子无磨损，使用寿命长，是目前使用最多的一种电动汽油泵。

电动汽油泵中的油泵和电动机都浸在汽油中。在泵油过程中，燃油不断穿过油泵和电动机，油泵本身及电动机中的线圈、炭刷、轴承等部位都靠燃油来润滑和冷却。因此，要绝对禁止在无油的情况下运转电动汽油泵，也不要等油用光后才去加油，以免烧坏电动汽油泵。

3. 汽油滤清器

汽油从汽油箱进入汽油泵之前，先经过汽油滤清器除去其中的杂质和水分，以减少汽油泵和化油器等部件的故障。

图 5-11 所示为国产 282 型汽油滤清器。在滤清器盖 1 上有进油管接头 2 和出油管接头 11，滤芯 5 用中心螺栓 7 紧固在滤清器盖上。由锌合金制成的沉淀杯 8 也用螺栓紧固在滤清器盖上。滤芯密封垫 3、6 的作用是防止汽油不经滤芯滤清直接从滤芯两端进入滤芯内腔。沉淀杯密封垫 4、9 是为了防止汽油外漏。

发动机工作时，汽油在汽油泵的作用下，经进油管接头流入沉淀杯。水及较重的杂质沉淀于杯底，较轻的杂质悬浮在汽油中并在通过滤芯时被阻隔在滤芯之外。汽油则通过滤芯的微孔进入滤芯内腔，再经出油管接头流出。

滤芯多用多孔陶瓷或微孔滤纸制造。陶瓷滤芯结构简单，不消耗金属，滤清效果较好，但滤芯不易清洗干净，使用寿命短。纸质滤芯滤清效果好，结构简单，使用方便。现代轿车发动机多采用一次性使用、不可拆式纸质滤芯汽油滤清器，其结构如图 5-12 所示。一般每行驶 30000km 整体更换一次。

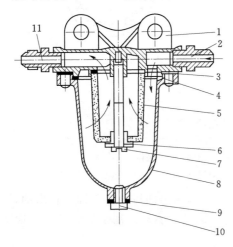

图 5-11　汽油滤清器

1—滤清器盖；2—进油管接头；3、6—滤芯密封垫；
4、9—沉淀杯密封垫；5—滤芯；7—中心螺栓；
8—沉淀杯；10—放油螺塞；11—出油管接头

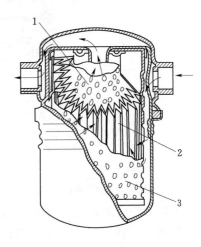

图 5-12　不可拆式纸滤芯汽油滤清器

1—滤芯内衬筒；2—纸质滤芯；
3—滤芯外衬筒

4. 燃油压力调节器

燃油压力调节器的功用是调节油路中的燃油压力与进气管压力之差保持常数，这样从喷油器喷出的燃油量便唯一地取决于喷油器的开启时间，使电控单元能够通过控制电脉冲宽度来精确控制喷油量。油压调节器的构造如图 5-13 所示。膜片 5 将油压调节器分隔成上下两个腔。下腔有进油口 2 连接燃油分配管，回油口 3 与汽油箱连通。上腔通过真空接管 1 与节气门后的进气管相连。当供油总管的燃油进入燃油室的油压超过预定的数值时，燃油压力就将膜片上顶，克服弹簧压力，使膜片控制的阀门打开，燃油室内的过剩燃油通过回油管流回到燃油箱中，因而使供油总管及压力调节器燃油室的油压保持在预定的油压值上。弹簧的设定弹力为 250kPa，当进气歧管真空为 0 时，燃油压力保持在 250kPa。当进气歧管真空度变化时，会影响到膜片的上下动作，以改变燃油压力。怠速时燃油压力的调整值约为 196kPa，节气门全开时约为 245kPa。

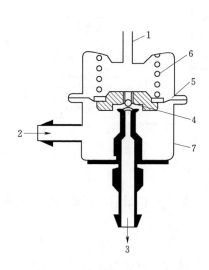

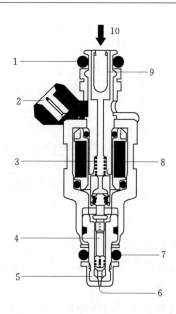

图 5 - 13 油压调节器的结构
1—真空管；2—燃油入口；3—燃油出口；
4—球阀；5—膜片；6—弹簧；7—壳体

图 5 - 14 轴针式喷油器的结构
1、7—O 形密封圈；2—线束插座；3—复位弹簧；
4—针阀阀体；5—针阀阀座；6—轴针；8—电
磁线圈；9—燃油滤网；10—进油口

5. 喷油器

喷油器的功用是按照电控单元的指令将一定数量的汽油适时地喷入进气道或进气管内，并与其中的空气混合形成可燃混合气。喷油器的通电、断电由电控单元控制。电控单元以电脉冲的形式向喷油器输出控制电流。当电脉冲从 0 升起时，喷油器因通电而开启；电脉冲回落到 0 时，喷油器又因断电而关闭。电脉冲从升起到回落所持续的时间称为脉冲宽度。喷油量取决于脉冲宽度的长短。喷油器安装在燃油分配管上，轴针式喷油器的结构如图 5 - 14 所示，主要由燃油滤网、电磁线圈、针阀阀体、针阀阀座、复位弹簧、O 形密封圈等组成。密封圈 1 防止燃油泄漏，密封圈 7 防止漏气。滤网用于过滤燃油中的杂质。轴针制作在针阀阀体上，阀体上端安装有一根螺旋弹簧，当喷油器停止工作时，弹簧弹力使阀体复位，针阀关闭，轴针压靠在阀座起到密封作用，防止燃油泄漏。

三、电子控制系统

电子控制系统根据各种传感器的信号，由计算机进行综合分析和处理，通过执行装置控制喷油量等，使发动机具有最佳性能。如图 5 - 15 所示，电子控制系统由传感器、电子控制单元（ECU）和执行器三大部分组成。

传感器是感知信息的部件，功能是向 ECU 提供汽车的运行状况和发动机工况。ECU接收来自传感器的信息，经信息处理后发出相应的控制指令给执行器。执行器即执行元件，其功用是执行 ECU 的专项指令，从而完成控制目的。

ECU 根据空气流量计（L 型）和进气歧管压力传感器（D 型）以及发动机转速传感器的信号确定其基本的喷油时间和空气流量，再根据其他传感器（如冷却液温度传感器、节气门位置传感器等）的信号对喷油时间、点火提前角、温度、节气门开度、空燃比等各

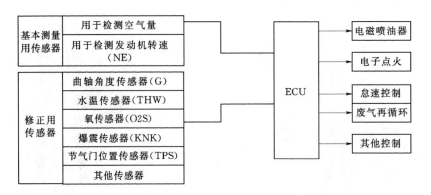

图 5-15　电子控制系统图

种工作参数进行修正，最后确定某一工况下的最佳喷油量。并按最后确定的总喷油时间向喷油器发出指令，使喷油器喷油或断油。

1. 传感器

汽车上常用的传感器主要有空气流量传感器、进气歧管绝对压力传感器、节气门位置传感器、进气温度传感器、冷却液温度传感器、曲轴位置传感器、凸轮轴位置传感器、氧传感器等。

（1）空气流量传感器。空气流量传感器又称为空气流量计，其作用是检测发动机进气量的大小，并将空气流量信号转换成电信号输入电控单元 ECU，作为确定喷油量和点火时间的主要参考信号。空气流量传感器的安装位置在空气滤清器与节气门体之间。

按测量原理可分为体积型空气流量计与质量型空气流量计两种常见形式。质量型空气流量计主要有热丝式与热膜式空气流量传感器两种类型，该类型传感器的测量精度不受进气气流脉动的影响（气流脉动在发动机大负荷、低转速运转时最为明显），同时还具有进气阻力小、无磨损部件等优点，因此在现代汽车上被广泛使用。其中热丝式空气流量计的测量元件为铂丝热线，热线缠绕在陶瓷管上；而热膜式空气流量计的测量元件镀在陶瓷片上，称为热膜。

图 5-16 所示为热式空气流量计的电路原理图，该传感器利用恒温差控制电路来实现流量检测。发热元件电阻、温度补偿电阻分别连接在惠斯登电桥电路的两个臂上。当发热元件的温度高于进气温度时，电桥电压才能达到平衡。控制电路 A 为发热电阻进行加热，保持发热元件的温度 T_H 与温度补偿电阻的温度 T_T 之差恒定。

当空气气流流经发热元件使其受到冷却时，发热元件温度降低，阻值减小，电桥电压失去平衡，控制电路将增大供给发热元件的电流，使其温度始终高于温度补偿电阻一恒定值。发热元件受到冷却的程度决定了加热电流的大小，即取决于流过传感器的空气量。

当电桥电流增大或减小时，取样电阻 R_S 上的电压就会升高或降低，从而将空气流量的变化转换为电压信号 U_S 的变化，ECU 便可根据信号电压的高低计算出空气质量流量的大小。

热膜式流量传感器与热丝式相比，因为热膜电阻的阻值较大，所以消耗电流较小，使用寿命较长。但是，由于其发热元件表面制有一层绝缘保护膜，存在辐射热传导作用，因

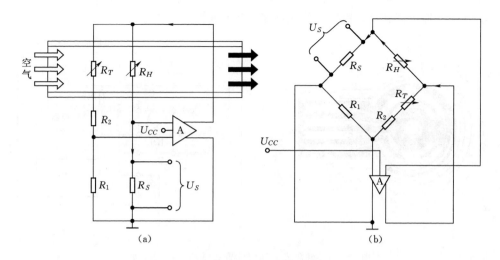

图 5-16　热丝式与热膜式流量计的原理电路

（a）电路连接；（b）电桥电路

R_T—温度补偿电阻（进气温度传感器）；R_H—发热元件（热丝或热膜）电阻；R_S—信号取样电阻；

R_1、R_2—精密电阻；U_{CC}—电源电压；U_S—信号电压；A—控制电路

此响应特性略低于热丝式流量传感器。

（2）进气歧管绝对压力传感器。进气歧管绝对压力传感器是一种间接测量发动机进气量的传感器，其功用是通过检测节气门至进气歧管之间的进气压力来检测发动机的负荷状况，并将压力信号转变为电信号输入电子控制单元 ECU，以确定喷油量和点火时间。

各型汽车用歧管压力传感器的结构大同小异，主要由硅膜片、真空室、混合集成电路、真空管接头和线束连接插头组成，如图 5-17 所示。

当发动机工作时，进气歧管压力随进气流量的变化而变化。当节气门开度增大时，空气流通面积增大，气流的速度降低，导致进气歧管压力升高，作用在膜片上的应力增大，压敏电阻的阻值变化量增大，经混合集成电路放大和处理后，传感器输入电控单元的信号电压升高；反之，则信号电压降低。ECU 根据信号电压的高低便可确定进入发动机的空气流量。

（3）节气门位置传感器。发动机工况（如启动、怠速、加速、减速、小负荷和大负荷等）不同，对混合气浓度的要求也不

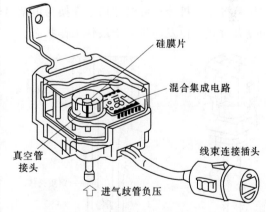

图 5-17　气管压力传感器的结构图

相同。节气门位置传感器的功用是将节气门开度（即发动机负荷）大小转变为电信号输入发动机 ECU，以便确定空燃比的大小。

图 5-18 所示为车用组合式节气门位置传感器的基本结构与电路原理图，它主要由可变电阻、滑动触点、节气门轴、怠速触点和壳体组成。可变电阻为镀膜电阻，可变电阻的

滑臂随节气门轴一同转动，滑臂与输出端子 VTA 连接。

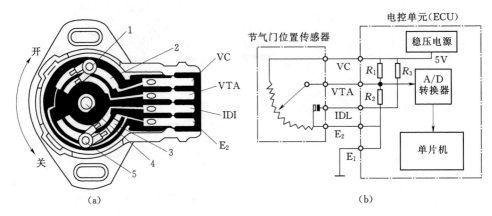

图 5-18 组合式节气门位置传感器的结构原理

(a) 内部结构；(b) 原理电路

1—可变电阻滑动触点；2—电源电压（5V）；3—绝缘部件；4—节气门轴；5—怠速触点

当节气门开度变化时，可变电阻的滑臂便随节气门轴转动，滑臂上的触点便在镀膜电阻上滑动，传感器的输出端子 VTA 与 E2 之间的信号电压随之发生变化，节气门开度越大，输出电压越高。

（4）温度传感器。温度传感器的功用是将被测对象的温度信号转变为电信号输入 ECU，以便 ECU 修正控制参数或判断检测对象的热负荷状态。汽车上常用的温度传感器有进气温度传感器与冷却液温度传感器。

安装在进气管路中的进气温度传感器的功用是将进气温度信号变换为电信号输入发动机 ECU，以便 ECU 修正喷油量。安装在发动机冷却液出水管道上的冷却液温度传感器的功用是将发动机冷却液温度信号变换为电信号输入发动机 ECU，以便 ECU 修正喷油时间和点火时间，使发动机处于最佳工作状态。

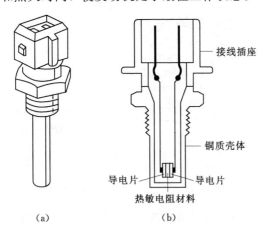

图 5-19 热敏电阻式温度传感器的结构

(a) 外形；(b) 原理图

汽车上采用的温度传感器按结构与物理性能不同，可分为热敏电阻式、热敏铁氧体式、面金属片式、石蜡式等。现代汽车广泛采用热敏电阻式温度传感器。

热敏电阻式温度传感器的结构型式如图 5-19 所示，主要由热敏电阻、金属引线、接线插座和壳体等组成。

热敏电阻是利用陶瓷半导体材料的电阻值随温度变化而变化的特性制成。根据热敏电阻的特性不同，可分为负温度系数热敏电阻和正温度系数热敏电阻。电阻值随温度升高而减小的称为负温度系数（NTC）热敏电阻；电阻值随温度升高而增大的称为正温度系数（PTC）热敏电阻，利用热敏电阻在一定的测量功率下，电阻值随着温度上升而迅速上升或下降的特性，通过测量热敏电阻的电阻值来确定相应被测体的温度，从而达到检测和控制温度的目的。

（5）曲轴和凸轮轴位置传感器。曲轴位置传感器也称为发动机转速与曲轴转角传感器，凸轮轴位置传感器称为气缸识别传感器。在发动机 ECU 控制喷油器喷油时刻和控制火花塞跳火时，首先需要确定即将到达压缩冲程上止点气缸的活塞，然后才能根据曲轴转角信号控制喷油提前角与点火提前角。曲轴位置传感器采集发动机曲轴转速与转角信号并输入 ECU，以便计算确定并控制喷油提前角与点火提前角。凸轮轴位置传感器采集配气凸轮轴的位置信号并输入 ECU，以便确定活塞处于压缩（或排气）冲程上止点的位置。

发动机燃油喷射系统常用的曲轴与凸轮轴位置传感器分为光电式、磁感应式和霍尔式三种类型。

1）光电式曲轴与凸轮轴位置传感器。图 5-20 所示为光电式曲轴与凸轮轴位置传感器，它主要由信号发生器、信号盘（即信号转子）、传感器壳体等组成。信号盘是传感器的信号转子，压装在传感器轴上，结构如图 5-20（a）所示。当传感器轴随配气凸轮轴转动时，信号盘上的透光孔和遮光部分便从发光二极管与光敏晶体管之间转过，发光二极管发出的光线受信号盘透光和遮光作用就会交替照射到信号发生器的光敏晶体管上，信号传感器中就会产生与曲轴位置和凸轮轴位置对应的脉冲信号。

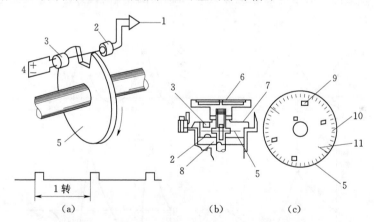

图 5-20 光电式曲轴与凸轮轴位置传感器结构
（a）工作原理图；（b）结构图；（c）转盘
1—输出信号；2—光敏二极管；3—发光二极管；4—电源；5—转盘；6—转子头盖；7—密封盖；
8—波成形电路；9—1 缸上止点信号透光孔；10—Ne 信号（转速与转角信号）；
11—G 信号（上止点信号）传感器

在靠近信号盘的边缘位置做有 360 个长方形透光孔（缝隙），间隔角度为 1°，用于产生曲轴转角与转速信号；内圈制有 6 个长方形孔，间隔角度为 60°，用于产生各个气缸的上止点位置信号，其中有 1 个长方形宽边稍长的透光孔，用于产生第一缸上止点位置信号。

2）磁感应式曲轴与凸轮轴位置传感器。磁感应式传感器主要由信号转子、传感线圈、永久磁铁和导磁磁轭组成，工作原理如图 5-21 所示。

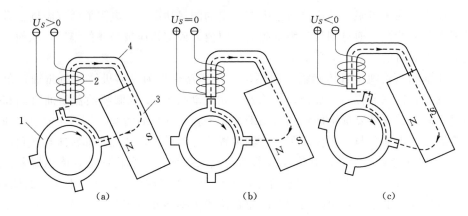

图 5-21　磁感应式传感器工作原理
(a) 接近；(b) 对正；(c) 离开
1—信号转子；2—传感线圈；3—永久磁铁；4—磁轭

　　磁力线穿过的路径为：永久磁铁 N 极—定子与转子间的气隙—转子凸齿—信号转子—转子凸齿与定子磁头间的气隙—磁头—导磁板（磁轭）—永久磁铁 S 极。当信号转子旋转时，磁路中的气隙就会周期性的发生变化，磁路的磁阻和穿过信号线圈磁头的磁通量随之发生周期性的变化。根据电磁感应原理，传感线圈中就会感应产生交变电动势，如图 5-22 所示。

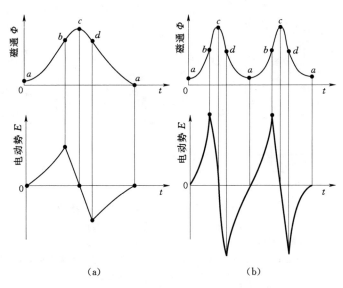

图 5-22　传感线圈中的磁通和电动势波形
(a) 低速时输出波形；(b) 高速时输出波形

　　由此可见，信号转子每转过一个凸齿，传感线圈中就会产生一个周期的交变电动势，即电动势出现一次最大值和一次最小值，传感线圈也就相应地输出一个交变电压信号。
　　3) 霍尔效应式曲轴与凸轮轴位置传感器。霍尔式传感器的基本结构如图 5-23 所示，主要由触发叶轮、霍尔集成电路、导磁钢片（磁轭）与永久磁铁等组成。触发叶轮安装在转子轴上，叶轮上制有叶片。霍尔集成电路由霍尔元件、放大电路、稳压电路、温度补偿电路、信号变换电路和输出电路等组成。

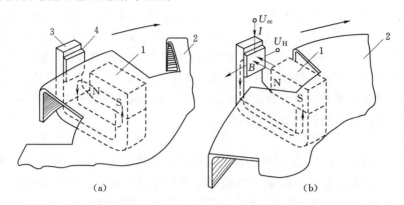

图 5 - 23　霍耳式传感器结构原理

（a）叶片进入气隙，磁场被旁路；（b）叶片离开气隙，磁场饱和

1—永久磁铁；2—触发叶轮；3—磁轭；4—霍尔集成电路

当传感器轴转动时，触发叶轮的叶片便从霍耳集成电路与永久磁铁之间的气隙中转过。当叶片进入气隙时，霍尔集成电路中的磁场被叶片旁路，如图 5 - 23（a）所示，霍尔电压为 0，集成电路输出极的三极管截止，传感器输出的信号电压为高电平。

当叶片离开气隙时，永久磁铁的磁通便经霍尔集成电路和导磁钢片构成回路，如图 5 - 23（b）所示，此时霍尔元件产生约 2V 电压，霍尔集成电路输出极的三极管导通，传感器输出的信号电压为低电平。

（6）氧传感器。排气中的氧浓度可以反映空燃比的大小，所以在电子控制燃油喷射系统中广泛使用氧传感器检测排气中氧的含量。氧传感器将检测到的排气中氧气浓度反馈给ECU，ECU 根据此信号判断空燃比是否偏离理论值，若偏离则调节喷油量，使空燃比控制在理论允许的范围之内。常见的氧传感器有二氧化锆和二氧化钛型氧传感器两种。

二氧化锆型氧传感器由二氧化锆管、起电极作用的衬套，以及防止二氧化锆管损坏和导入汽车的带孔护罩等构成，如图 5 - 24 所示。

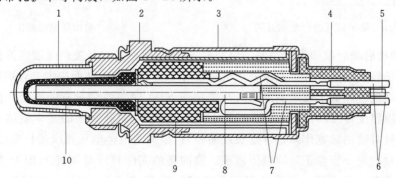

图 5 - 24　二氧化锆氧传感器

1—带槽保护套；2—氧传感器管座；3—外壳；4—绝缘体；5—电极；6—加热电源端子；

7—簧片；8—加热电阻；9—陶瓷体；10—多孔陶瓷与电极板

氧传感器安装于排气管上，二氧化锆管内侧通大气，并且保持氧浓度不变，外侧直接与氧浓度较低的排气相抵触。工作时，在排气高温作用下，氧气发生分离，由于锆管内侧氧离子浓度高，外侧氧在两个表面电极有氧浓度差，氧离子就从浓度高的一侧向低的一侧流动，从而产生电动势。当混合气稀（空燃比大）时，排气中的氧含量高，传感器元件内、外侧氧浓度差小，氧化锆元件内、外侧两电极之间产生接近于 0V 的电压；当混合气浓时，排气中几乎没有氧，传感器内、外侧氧浓度差很大，内、外侧电极之间产生约 1V 的电压。为了保证氧传感器具有稳定的输出信号，必须保证氧传感器处于 300℃ 以上环境工作。因此，许多氧传感器增设了加热器。

2. ECU

ECU 的存储器中存放了发动机各种工况的最佳喷油持续时间，在接收了各种传感器传来的信号后，经过计算确定满足发动机运转状态的燃油喷射量和喷油时间。ECU 还可对多种信息进行处理，实现 EFI 系统以外其他诸多方面的控制，如点火控制、怠速控制、废气再循环控制、防抱死控制等。

（1）喷油量控制。在汽油机电控燃油喷射系统中，喷油量的控制是通过对喷油时间的控制来实现的，电磁喷油器的喷油量取决于喷油器喷射持续时间（喷油脉宽）。喷油信号的产生如图 5-25 所示。发动机的工况不同，对混合气浓度的要求也不同，特别是冷启动、怠速、急加速等特殊工况，对混合气有特殊要求。喷油量的控制大致可分为启动控制、启动后喷油量控制、加减速控制、怠速控制和空燃比反馈控制等。

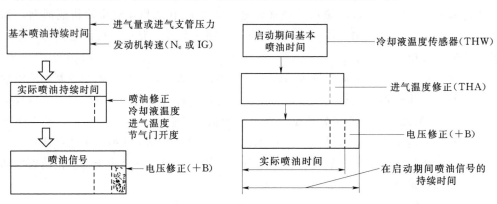

图 5-25　喷油信号的产生示意图　　　　　图 5-26　喷油脉宽的确定

1）发动机启动时喷油量的控制。启动时，ECU 根据点火开关、曲轴位置传感器和节气门位置传感器提供的信号，判断发动机是否处于启动状态，从而决定是否启动程序控制喷油；在发动机转速低于规定值或点火开关接通 STA 时，喷油脉宽的确定如图 5-26 所示。由冷却液温度传感器信号 ECU 查出冷却液温度-喷油脉宽图的基本喷油脉宽；根据进气温度信号对喷油脉宽作修正（延长或缩短）；根据蓄电池电压相应延长喷油脉宽信号，以实现喷油量的进一步修正，即电压修正。喷油器的实际打开时刻晚于 ECU 控制其打开的时间，即存在一段滞后，故喷油器打开的实际时间较 ECU 计算出的需要打开的时间短，此时间差称为无效喷射时间。蓄电池电压越低，滞后时间越长。因此 ECU 根据蓄电池电压延长喷油脉宽信号，修正喷油量，使实际喷油时间更接近于 ECU 计算值。

2）启动后喷油量的控制。在发动机运转过程中，喷油器的总喷油量由基本喷油量、喷油修正量和电压修正量三部分组成。基本喷油量由进气量传感器和曲轴位置传感器信号计算确定；喷油修正量由与进气量有关的进气温度、大气压力、氧传感器、冷却液温度和节气门位置传感器等传感器信号确定；电压修正量由蓄电池电压信号计算确定。启动后ECU确定的喷油脉宽信号为

$$喷油脉宽＝基本喷油脉宽×喷油修正系数＋电压修正值 \qquad (5-2)$$

式中：喷油修正系数是各修正系数的总和。

（2）喷油正时控制。在现代电控系统中，当采用顺序喷射时，ECU不仅要控制燃油喷射量，同时要按各缸的工作顺序，将喷射时间控制在一个最佳的时刻。对于多点间歇喷射发动机，喷油正时分为同步喷射和异步喷射。同步喷射指在既定的曲轴转角进行喷射，在发动机稳定工况的大部分运转时间里，喷油系统以同步方式工作。发动机在启动和加速时，为了保证启动迅速、加速响应快，ECU会根据水温、节气门变化程度适当地增加供油量，此时应采用与曲轴的旋转角度无关的异步喷射。

（3）断油控制。

1）减速断油。当发动机在高转速运转中突然减速时，电脑将自动中断燃油喷射，直至发动机转速下降到设定的低转速时再恢复喷油。目的是为了控制急减速时有害物的排放，减少燃油消耗量，促使发动机转速尽快下降，有利于汽车减速。

2）超速断油。超速断油是在发动机转速超过允许的极限转速时，电脑自动中断喷油，防止发动机在超速运转时造成机件损坏，同时有利于减小燃油消耗量，减少有害排放物。当断油后发动机转速下降至低于极限转速约 $100r/min$ 时，断油控制结束，恢复喷油。

3）减扭矩断油。装有电子控制自动变速器的汽车在行驶中自动升挡时，控制变速器的电脑会向汽油喷射系统的电脑发出减扭矩信号。汽油喷射系统的电脑在收到这一减扭矩信号时，会暂时中断个别气缸的喷油，以降低发动机转速，从而减轻换挡冲击。

4）溢油消除。启动时汽油喷射系统向发动机提供很浓的混合气。若多次转动启动开关后发动机仍未启动，淤积在气缸内的浓混合气可能会浸湿火花塞，使之不能跳火。此时驾驶员可将油门踏板踩到底，并转动点火开关，电脑在这种情况下会自动中断燃油喷射，以排除气缸中多余的燃油，使火花塞干燥，以便启动发动机。

3. 执行器

执行器是控制系统的执行机构，其功用是接受ECU输出的各种控制指令完成具体的控制动作，从而使发动机处于最佳工作状态，如喷油脉宽控制、点火提前角控制、急速控制、炭罐清污、自诊断、故障备用程序启动、仪表显示等。

第三节　汽油喷射系统类型及优点

一、汽油喷射系统类型

发动机燃油喷射系统可按控制方式、喷射位置方式、空气量的计量方式和喷射方式的不同而分类。

1. 按喷射位置分类

按喷射位置的不同，电控燃油喷射系统可分为进气管喷射和缸内直接喷射两种类型。缸内直接喷射技术是近几年研发的发动机新技术，目前还未得到推广和应用。现在汽车上应用电控燃油喷射系统比较普遍的是进气管喷射式，按喷油器数量的不同，又可分为单点喷射（SPI）系统和多点喷射（MPI）系统。

（1）单点喷射方式。单点喷射系统是把喷油器安装在化油器所在的节气门段，它的外形也有一点像化油器，通常用一个喷油器将燃油喷入，形成混合气进入进气歧管，再分配到各缸中。因此，单点喷射又可以理解为把化油器换成节流阀体喷射装置。单点喷射系统由于在气流的前段（节气门段）就将燃油喷入气流，因此属于前段喷射。

（2）多点喷射方式。多点喷射系统是在每缸进气口处装有一个喷油器，由电控单元（ECU）控制进行分缸单独喷射或分组喷射，汽油直接喷射到各缸的进气门前方，再与空气一起进入气缸形成混合气。多点喷射系统的燃油分配均匀性好，进气管可按最大进气量设计，而且无论发动机处于冷态或热态，其过渡响应和燃油经济性都是最佳的，多点喷射是目前最普遍的喷射系统。

2. 按对空气量的计量方式分类

（1）直接式检测方式。该方式是由空气流量计直接测量进入进气歧管的空气量，这种方式称为质量流量控制型，K型和L型汽油喷射系统均属于这种类型。

（2）间接式检测方式。该方式不是直接检测空气量，而是根据发动机转速和其他参数，推算出吸入的空气量，现在采用的有两种方式：一种是根据测量进气管压力和发动机转速，推算出吸入的空气量，并计算出燃油流量的速度密度，这种方式也称为速度密度控制型；另一种是根据测量节气门开度和发动机转速，推算吸入的空气量，并计算出燃料量的节流速度，这种方式也称为节流速度控制型。

3. 按有无反馈信号分类

（1）开环控制。开环控制系统是把根据实验决定的发动机各种工况的最佳供油参数预先输入微机，发动机运转时，微机根据各传感器的输入信号，判断自身所处的运行工况，并计算出最佳喷油量，通过对喷油器喷射时间的控制，从而决定空燃比，使发动机良好运行。开环控制系统按事先设定在微机中的控制规律工作，只受发动机运行工况参数变化的控制，简单易行。但它的控制精度建立在所设定的基准数据和喷油器调整标定精度的基础上。当喷油器及发动机的产品性能有差异，或由于磨损引起性能变化时，就使得空燃比不能保持预定的浓度。因此，该系统对发动机及控制系统各部分的精度要求高，抗干扰能力差，当使用工况超出设定范围时，无法实现最佳控制。

（2）闭环控制。闭环控制是通过对输入信号的检测并利用反馈信号，对输入进行调整，使输出满足要求。在该系统中，发动机排气管上加装了氧传感器，根据排气中含氧量的变化，来判断实际进入气缸的混合器空燃比，并把信号反馈到微机与原来给定的信号进行比较，将燃油量与空燃比进行修正，使空燃比维持在设定的目标值附近。因此，闭环控制可达到较高的控制精度，可消除产品差异和磨损等引起的性能变化。

4. 按喷射方式分类

按喷油方式的不同，燃油喷射系统可分为连续式喷射方式和间歇式喷射方式。

连续式喷射方式是指在发动机工作期间，汽油连续不断地喷射在进气道内，且大部分汽油是在进气门关闭时喷入的，因此大部分汽油是在进气道内蒸发。除 K 型机械式、KE 型机电组合式汽油喷射系统外，电控燃油喷射系统不采用这种方式。

间歇式喷射方式是指在发动机工作期间，把汽油间歇地喷入进气道内。目前在多点电控燃油喷射系统中，广泛采用间歇式喷射方式。在该方式中，按各缸喷油器的喷射顺序又可分为同时喷射、分组喷射、顺序喷射。

（1）同时喷射把各缸的喷油器并联，在发动机工作期间，电脑向所有喷油器发出同一个指令，同时通油和断油。采用此种喷射方式的电控燃油喷射系统，通常都是曲轴每转一圈各缸同时喷油一次，对每个缸来说，每一次燃烧所需供油量需要喷射两次。采用此种喷射方式，各缸的喷油时刻都是最佳的，所以性能较差，常用在缸数较少的汽油发动机上。

（2）分组喷射把各缸的喷油器分成几组，同一组的喷油器同时喷油或断油。

（3）顺序喷射将各缸喷油器由电脑分别控制，按发动机各缸的工作顺序喷油。多缸发动机电控燃油系统采用分组喷射或顺序喷射方式较多。

二、汽油喷射系统的优点

与化油器式发动机相比，汽油喷射系统具有以下优点：

（1）提高了发动机的充气系数，从而增加了发动机的输出功率和扭矩。因为汽油喷射系统没有化油器的喉管，减少了进气压力的损失；汽油喷射是在进气歧管附近，只有空气通过歧管，这样可以增加进气歧管的直径，增加进气歧管的惯性作用，提高充气效率。

（2）能根据发动机负荷的变化，精确控制混合气的空燃比，适应发动机的各种工况，使汽油燃烧充分，降低油耗，减少排气污染，而且响应速度快。

（3）可均匀分配各缸燃油，减少了爆震现象，提高了发动机工作的稳定性。同时，也降低了废气排放和噪声污染。

（4）提高了汽车驾驶性能。在寒冷的季节里，化油器主喷油管的附近容易结冰，会造成发动机输出功率不足，而汽油喷射供油不经过节气门和进气歧管，所以没有结冰现象，从而提高了冷启动性能；另外，汽油喷射是高压供油，喷出的汽油雾滴比较小，汽油不经过进气歧管，所以，当突然加速时，雾滴较小的汽油能与空气同时进入燃烧室混合，因而比化油器供油的响应速度快，加速性能好。

与传统化油器相比，电控汽油系统可以使汽车燃油消耗率降低 5％～10％，废气排放量减少 20％左右，发动机功率提高 5％～10％。电控汽油喷射系统无论从燃油经济性、发动机动力性，还是从排气和噪声污染等方面，都具有化油器式发动机无法比拟的优越性。

电控汽油系统的缺点在于价格偏高、维修要求高。

第六章 柴油机燃油供给系统

第一节 柴油机供给系统组成及原理

一、柴油机供给系统的功用及组成

柴油机与汽油机相比具有热效率高、经济性好、可靠性高、排气污染小等优点，在汽车上得到了广泛的应用。重型汽车均以柴油机为动力，许多轻型汽车、客车也使用了柴油机。

柴油机供给系统的功用是储存、滤清和输送燃油，并按照柴油机不同工况的要求，以规定的工作顺序，定时、定量、定压并以一定的喷雾质量将柴油喷入燃烧室，使其与空气迅速地混合并燃烧，最后将燃烧后的废气排入大气。

柴油机供给系统由燃油供给、空气供给、混合气形成及废气排出等装置组成。燃油供给装置是由柴油箱、输油泵、低压油管、滤清器、喷油泵、喷油器、高压油管及回油管等组成。空气供给装置是由空气滤清器、进气管和气缸盖内的进气道组成。混合气形成装置是由燃烧室组成。废气排出装置是由排气管、气缸盖里的排气道及排气消声器组成。有的还装有增压器。

如图6-1所示，柴油机工作时，依靠输油泵的作用将柴油从油箱吸出，经油水分离器、燃油滤清器滤清后，通过油管送入喷油泵的低压油腔。喷油泵将柴油提高，并通过高压油管，将高压柴油定时定量地经喷油器喷入气缸内。从柴油箱到喷油泵压力入口的这段

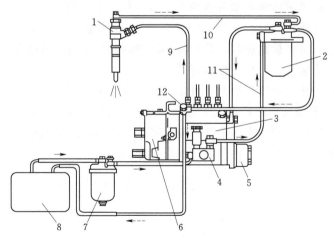

图6-1 柴油机燃油供给系统组成

1—喷油器；2—燃油滤清器；3—柱塞式喷油泵；4—输油泵；5—喷油提前器；6—调速器；7—油水分离器；8—燃油箱；9—高压油管；10—回油管；11—低压油管；12—限压阀

油路中的油压是由输油泵建立的，这段油路称为低压油路；从喷油泵到喷油器这段油路中的油压是由喷油泵建立的，这段油路称为高压油路。输油泵供油量比喷油泵供给的量大，过量的柴油经回油管返回滤清器或燃油箱，这段油路称为回油路。

二、可燃混合气的形成及燃烧室

1. 可燃混合气的形成

柴油机可燃混合气的形成与燃烧条件要差得多。柴油机在进气行程进入气缸的是纯空气，在压缩行程终了时，才将高压柴油喷入燃烧室，混合气立刻在燃烧室内形成，在高温、高压条件下，柴油自行着火燃烧。喷油持续时间只占 $15°\sim35°$ 曲轴转角，所形成的可燃混合气很不均匀，在燃烧室的不同区域以及不同时期，可燃混合气的浓度相差很大。

目前柴油机可燃混合气的形成方法基本上有两种：

（1）空间雾化混合：将柴油以雾状喷向燃烧室中，利用喷射油柱的形状和燃烧室形状以及燃烧室内空气涡流运动的配合，迅速形成可燃混合气。

（2）油膜蒸发混合：将柴油大部分喷到燃烧室壁面上形成油膜，油膜受热并在强烈的旋转气流作用下，逐渐蒸发，与空气形成比较均匀的可燃混合气。

此外，在中小型高速柴油机中，使用了空间雾化和油膜蒸发两种方式兼用的组合方法，只是多少、主次各有不同。目前，多数柴油机仍以空间雾化混合为主，仅球形燃烧室以油膜蒸发混合为主。

2. 燃烧室

柴油机燃烧室通常可分为统一式和分开式两大类。统一式燃烧室由活塞凹顶与气缸盖底面之间的单一内腔所组成，柴油直接喷射到燃烧室中，其大部分容积都在活塞顶凹坑内。因此这种燃烧室通常称作直喷式燃烧室，车用柴油机多采用此种燃烧室。常见的形状有 ω 形、四角形、球形、U 形燃烧室等。

目前车用柴油机大多采用 ω 形燃烧室及其改进型，康明斯 B 系列及斯太尔 WD615 系列柴油机均采用了 ω 形燃烧室。它由气缸盖底面和活塞顶内的 ω 形凹坑及气缸壁组成。这种燃烧室主要采用 4～6 孔均布的多孔喷油器，使喷注形状与燃烧室形状相符，空气运动以进气涡流为主，同时也利用了压缩过程中的挤流作用，在空间形成可燃混合气。

ω 形燃烧室结构紧凑、热损失小、热效率高、容易起动。由于混合气直接在空间雾化混合，因此燃烧初期同时着火的油量较多，其最高燃烧压力和压力升高率都比较高，噪声大。这种燃烧室对转速的变化比较敏感，通常适用于缸径 80～140mm，转速低于 4500r/min 的柴油机中。压缩比较小（一般为 15～18），以此来降低最高燃烧压力，减轻机械负荷。

四角形燃烧室的上部为四方形，下部仍为回转体，在气缸内做涡流运动的气体边旋转边进入燃烧室凹坑，四方形的四个角以及四角形与回转体的交界处，出现了气流运动的"摩擦碰壁"现象。其程度随气流旋转速度的加大而增强，限制了涡流的增强，抑制了燃烧速度和温度的增加，控制了 NO_x 的生成量。

球形燃烧室活塞顶部的燃烧室凹坑为球形，工作时空气通过螺旋气道，形成强烈的进气涡流，加上压缩过程中的挤流作用，空气在燃烧室内产生很强的涡流运动，燃料油膜迅速蒸发、混合、燃烧。随着燃烧的进行，燃烧室内温度和空气流速越来越高，保证了燃油以较高的速度蒸发并与空气混合，使燃烧过程得以及时进行。正常燃烧的最小过量空气系数可降到 1.1，能适用于从汽油到柴油的各种燃料。

球形燃烧室在燃烧初期压力升高慢，柴油机工作柔和，噪音小、低烟、低 NO_x。在燃烧后期，燃烧加快，动力性和经济性都比较好，其缺点是冷启动困难。

分开式燃烧室由两部分组成，一部分位于活塞顶面与缸盖底面，称为主燃烧室；另一部分在气缸盖中，称为副燃烧室，两者中间由通道连接。根据通道结构的不同及形成涡流的差别，分隔式燃烧室又可分为涡流室式燃烧室及预燃室式燃烧室两种，如图 6-2 所示。

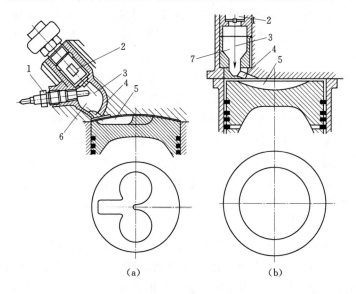

图 6-2　分开式燃烧室
（a）涡流室式；（b）预燃室式
1—电热塞；2—喷油器；3—喷注；4—通道；5—主燃室；6—涡流室；7—预燃室

涡流室式燃烧室由在气缸盖内的球形或钟形的副燃烧室以及在活塞顶部的主燃烧室两部分组成，两者之间借与内壁相切的孔道相通。涡流室容积占气缸总容积的 50%~80%。在压缩行程中，气缸内被压缩的空气沿着切向通道进入涡流室，形成强烈的有规则的压缩涡流。喷入涡流室的燃油靠这种强烈的涡流与空气迅速混合，部分燃油在涡流室内燃烧，未燃部分在作功行程初期与高压燃气一起通过切向通道喷入主燃烧室，借助活塞顶的双涡流凹坑形成二次涡流，与空气进一步混合而燃烧。由于转速越高，压缩涡流越强，混合气形成越快，因此，涡流室式燃烧室适用于高速柴油机。

预燃室式燃烧室也由两部分组成，即气缸盖上的预燃室与活塞顶部的主燃烧室，它的预燃室容积约为燃烧室总容积的 25%~40%，两者之间由一个或几个小孔相连。涡流室是利用压缩过程产生的强烈的压缩涡流，加速空气与燃油的混合，并在涡流室内烧去较多的燃油。而预燃室式燃烧室则是先在预燃室内烧去少量燃油，利用燃烧产生的高压将燃油喷入主燃烧室，在主燃烧室内形成强烈的燃烧紊流，促使大部分燃料在主燃烧室内与空气混合燃烧。

分开式燃烧室由于燃烧先在副燃烧室内进行，主燃烧室内压力升高要延迟很多，因此气缸内压力升高率明显比直喷式要低。与直喷式相比，它具有噪声小、缸内温度低、NO_x 排放量少的特点。分开式燃烧室主要利用强烈的压缩涡流或燃烧紊流形成可燃混合气，对空气的利用比统一式充分，促进了油和气的良好混合，可改善高速性能，对喷油系统要求不高。由于燃烧室散热面积较大以及通道的节流损失，因此经济性和启动性较差。为了解决启动困难，需把压缩比适当加大。其压缩比一般为 17～22，并且通常装有启动电热塞。

第二节　柴油供给系统主要部件

一、喷油器

喷油器是将喷油泵供给的高压油以一定的压力、速度、方向喷入燃烧室，使一定数量的燃油得到良好的雾化，促进燃油着火和燃烧；使燃油的喷射按燃烧室类型合理分布，使燃油与空气得到迅速而完善的混合，形成均匀的可燃混合气。

根据混合气形成与燃烧的要求，喷油器应具有一定的喷射压力和射程、喷雾锥角以及良好的雾化质量；喷油终了时要迅速停油，不发生燃油的滴漏，以免恶化燃烧过程；在每一循环的供油量中，开始喷油少，中期喷油多，后期喷油少。以减少备燃期的积油量和改善燃烧后期的不利情况。

喷油器按结构形式可分为开式和闭式两大类。目前，中小功率高速柴油机绝大多数采用闭式喷油器。这种喷油器在不喷油时，其针阀封闭喷孔，使喷油器的油腔与燃烧室隔开。常见的形式有两种：孔式喷油器和轴针式喷油器。

1. 孔式喷油器

孔式喷油器主要用于直喷式燃烧室的柴油机中，其喷孔数目一般为 1～8 个，喷孔直径为 0.2～0.8mm，它可以喷出一个或几个锥角不大、射程较远的油束。喷孔越多则孔径越小，雾化越好，分布越均匀。但喷孔径不宜太小，否则既不利于加工，在使用中也容易积炭堵塞，同时需要较高的喷油压力。孔式喷油器燃油的喷射状况主要由针阀体下部喷孔的大小、方向和数目来控制，并与燃烧室的形状、大小及空气涡流情况相适应。

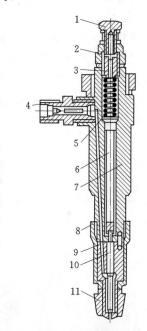

图 6-3　孔式喷油器

1—回油管螺栓；2—调压螺钉护帽；3—调压螺钉；4—油管接头；5—调压弹簧；6—顶杆；7—喷油器体；8—紧固燎套；9—针阀体；10—针阀；11—喷油器锥体

孔式喷油器的结构如图 6-3 所示，主要由针阀 10、针阀体 9、顶杆 6、调压弹簧 5 及喷油器体 7 等零件组成。其中最主要的是用优质合金钢制成的针阀和针阀体这对精密偶件。针阀中部的锥面位于针阀体的环形油腔内以承受油压，称为承压锥面。针阀下端的锥面与针阀体上相应的内锥面配合，起密封作用，称为密封锥面。调压弹簧通过顶杆，将针阀的密封锥面压紧在针阀体的内锥面上，使喷孔关闭。

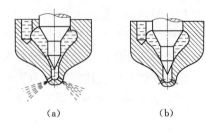

图 6-4　孔式喷油器工作原理

(a) 喷油；(b) 关闭

柴油机工作时，喷油泵供给的柴油经进油管接头 4、油道进入针阀体下部的环形油腔内（图 6-3）。当油压升高到作用在针阀承压锥面上的轴向力大于调压弹簧的预紧力时，针阀开始向上移动，喷油器喷孔被打开，高压柴油通过喷孔喷入燃烧室［图 6-4 (a)］。当喷油泵停止供油时，油压突然下降，针阀在调压弹簧的作用下及时回位，将喷孔关闭［图 6-4 (b)］。喷油器的喷油压力与调压弹簧的预紧力有关，预紧力越大，喷油压力越高。调压弹簧的预紧力可通过调压螺钉 3 来调整（图 6-3）。

喷油器工作时，会有少量柴油从针阀和针阀体的配合表面之间的间隙漏出。这部分柴油对针阀起密封作用，并沿顶杆周围的空隙上升，最后通过回油管螺栓 1 进入回油管，流回柴油箱。

针阀和针阀体两者的配合间隙要求很严，应控制在 0.002～0.003mm 之间。针阀偶件是经过研磨配对的，拆装和维修过程中应特别注意，不能互换。

解放 CA6110-2 型柴油机喷油器有五个喷孔，喷孔直径为 0.29mm，喷油压力为 21.56MPa。其结构如图 6-5 所示。

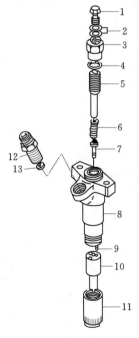

图 6-5　CA6110-2 型柴油机喷油器

1—回油管接头螺栓；2—平垫圈；3—调压螺钉护帽；4—垫片；5—调压螺钉；6—调压弹簧；7—顶杆；8—喷油器体；9—定位销；10—针阀偶件；11—喷油嘴护帽；12—进油管接头；13—垫圈

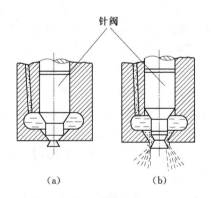

图 6-6　轴针式喷油器工作原理

(a) 关闭；(b) 喷油

2. 轴针式喷油器

轴针式喷油器工作原理与孔式喷油器基本相同（图6-6）。其构造特点是针阀下端的密封锥面以下还延伸出一个轴针其形状，为倒锥形或圆柱形，使喷孔成为圆环状的狭缝。这样，喷油时喷柱将呈空心的锥状或柱状［图6-6（b）］。喷孔的通过截面与喷柱锥角的大小取决于轴针的形状与升程。

轴针式喷油器一般只有一个喷孔（孔径为1～3mm），喷孔与轴针之间有微小的间隙（0.02～0.06mm），喷油压力为10～14MPa。当轴针刚升起时，由于轴针仍在喷孔中，喷出油量较少，直到轴针完全离开喷孔时，喷油量才达到最大；当喷油快结束时，情况正好相反。这样在备燃期内喷入燃烧室的油量较少，从而使发动机工作比较平稳。圆锥形轴针的喷油器在开始喷油时的喷油量比圆柱形轴针的喷油量更少，同时，不同角度的轴针还可以改变喷雾锥角的大小，以满足与燃烧室相配合的要求。因此，它适用于对喷雾质量要求不高的涡流室式燃烧室和预燃室式燃烧室。

轴针式喷油器由于喷孔直径较大，孔内又有轴针上下移动，故喷孔不易积炭，且可以自行清除积炭。

二、柱塞式喷油泵

喷油泵即高压油泵，一般和调速器装成一体，其作用是把燃油增高到一定的压力，根据柴油机的运行工况和工作顺序，定时、定量的向喷油器输送燃油，并保证供油迅速，停油彻底。对于多缸柴油机的喷油泵还应保证各缸的供油量要均匀，在标定工况下各缸供油量相差不超过3％～4％；各缸的供油时刻及供油延续时间应一致，各缸供油提前角误差不大于0.5°曲轴转角。喷油泵的结构形式很多，车用柴油机的喷油泵按其原理不同分为三类：柱塞式喷油泵、转子分配式喷油泵和泵-喷嘴式喷油泵。

大多数柴油机将各缸的泵油机构装在同一个壳中，称为多缸泵，而每个泵油机构则称为分泵，如图6-7所示。分泵利用柱塞在柱塞套内的往复运动而吸油和压油，每一个柱塞偶件只向一个气缸供油，如图6-8所示。其泵油机构主要由凸轮、柱塞偶件、出油阀偶件，柱塞弹簧和出油阀弹簧等组成。柱塞在柱塞套内既可上下运动，也可在一定角度范围内转动。柱塞头部加工有螺旋形斜槽和直槽或是和斜槽相通的轴向孔，直槽（轴向孔）使斜槽与柱塞上方的泵腔相通。柱塞套安装在喷油泵体的座孔中，用定位螺钉固定防止转动。柱塞套上的油孔与喷油泵内的低压油腔相通。柱塞偶件是喷油泵中最精密的偶件，采用优质合金钢制造，经过精加工和配对研磨，使其配合间隙控制在0.0015～0.0025mm范围内，因而在使用中不能互换。正是

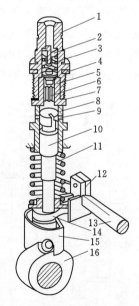

图6-7　柱塞式喷油泵的基本结构

1—出油阀紧座；2—减容体；3—出油阀弹簧；

4、7—密封垫；5—出油阀座；6—出油阀；

8—柱塞套；9—径向孔；10—柱塞；

11—柱塞弹簧；12—拨叉；13—油量

调节拉杆；14—油量调节臂；

15—挺杆；16—凸轮

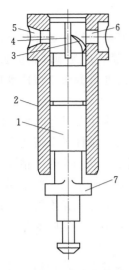

图 6-8 柴塞偶件

1—柱塞；2—柱塞套；3—螺旋槽；

4—直槽；5、6—径向油孔；

7—调节块

由于柱塞偶件的精密配合，才保证了加压后的燃油具有足够的压力。

柱塞式喷油泵工作原理如图 6-9 所示。柱塞由凸轮轴、挺杆驱动，按喷油次序，依次在各自的柱塞套内做往复运动。当柱塞由下止点位置向上移至柱塞套油孔 4 以下时，柴油从喷油泵的低压油腔经柱塞套油孔 4 进入柱塞顶部的空腔（柱塞腔）[图 6-9（a）]。

在柱塞从下止点上移的过程中，将有部分柴油从柱塞腔经柱塞套油孔 4 被挤回低压油腔，直到柱塞顶面将油孔的上边缘封闭为止 [图 6-9（b）]。此后，柱塞继续上移，柱塞腔内的油压骤然增高，此压力克服出油阀弹簧 7 的预紧力，将出油阀 6 顶起。当出油阀密封锥面离开出油阀座，而且减压环带全部离开出油阀座孔之后，高压柴油才能通过出油阀上的切槽进入高压油管、喷油器最终喷入燃燃室 [图 6-9（c）]。

当柱塞上移至图 6-9（d）所示位置时，柱塞上的螺旋槽 3 将柱塞套进油孔 4 的下边缘打开，此时柱塞腔内的高压柴油经柱塞上的直槽、斜槽 3 和柱塞套进油孔 4 泄压，供油终止。由于柱塞腔的油压急剧下降，出油阀在出油阀弹簧和高压柴油的作用下迅速回落。当减压环带的下边缘进入出油阀座孔时，高压油管与柱塞腔的通路被切断，使燃油不能从高压油管流回柱塞腔。当出油阀完全落座之后，高压管系统的容积因为空出减压环带的体积而增大，致使高压管路系统内的油压迅速降低，喷油器立即停止喷油，从而可以避免喷油器滴漏和其他不正常喷射现象的发生。

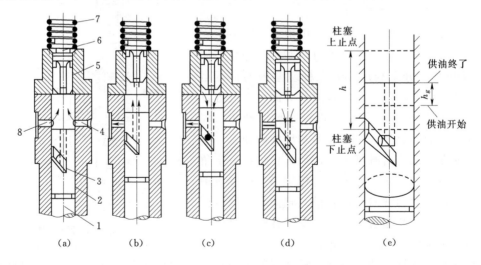

图 6-9 柱塞式喷油泵泵油原理

（a）进油；（b）压油；（c）、（d）回油；（e）柱塞行程

1—柱塞；2—柱塞套；3—斜槽；4、8—油孔；5—出油阀座；6—出油阀；7—出油阀弹簧

柱塞由其下止点移动到上止点所经过的距离称为柱塞行程，也就是喷油泵凸轮的最大升程。喷油泵柱塞行程由喷油泵凸轮的外形所决定。由此看出，喷油泵并非在整个柱塞行程内始终供油，只是在柱塞顶面封闭柱塞套油孔以后到柱塞螺旋槽打开柱塞套油孔这段柱塞行程内供油。这段行程称为柱塞有效行程。柱塞供油有效行程越大，喷油泵的供油量越多。当直槽与径向油孔对准时，柱塞供油有效行程为0，喷油泵停止供油，使柴油机熄火。因此，改变柱塞斜槽和柱塞套径向油孔的相对位置即可改变柱塞供油有效行程，通常通过转动柱塞喷油泵来调节循环供油量的大小。常用的柱塞头部油槽的形状如图6-10所示。

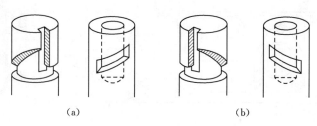

(a)　　　　　　　　　　　　　　(b)

图6-10　柱塞头部控油槽的两种基本形状
(a) 右旋控油槽；(b) 左旋控油槽

国产系列柱塞式喷油泵主要有A、B、P、Z等系列，其中A、B系列喷油泵的基本结构相同，都是直列柱塞式喷油泵。而P型泵则为在侧面不开窗口的封闭箱式泵体，使喷油泵结构强度和刚度都比较好，喷油压力大大提高。国产系列柱塞式喷油泵主要参数见表6-1。

表6-1　　　　　　　　　　　国产系列柱塞式喷油泵主要参数

主要参数 \ 系列代号	A	B	P	Z
分泵数	2～12	2～12	4～12	2～8
分泵中心距/mm	32	40	35	45
最大供油量/(mm/循环)	60～150	130～225	130～475	300～600
柱塞直径/mm	7～9	8～10	8～13	10～13
凸轮升程/mm	8	10	10	12
使用柴油机缸径/mm	105～135	135～150	120～160	150～180
最高转速/(r/min)	1400	1000	1500	900

三、A型喷油泵

1. 分泵

分泵是由柱塞11和柱塞套12组成的泵油机构，其数目与发动机缸数相同，各分泵的结构均完全相同，如图6-11所示，它的工作原理前已叙及，在此不再叙述。

分泵主要是由柱塞偶件（柱塞11和柱塞套12）、柱塞弹簧5、弹簧上下支座6和4、出油阀偶件（出油阀24和出油阀座13）、出油阀弹簧17、减容器19和出油阀压紧座20

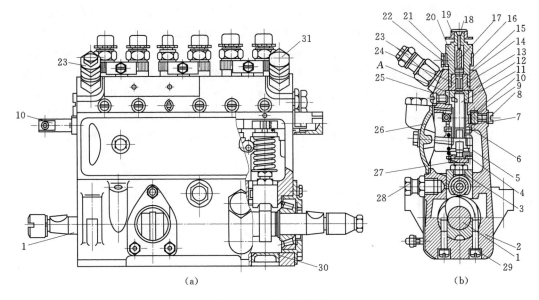

图 6-11　A 型喷油泵

(a) 整体图；(b) 剖面图

1—凸轮轴；2—泵体；3—挺柱体部件；4—弹簧下支座；5—柱塞弹簧；6—弹簧上支座；7—控制套筒；8—齿杆
限位螺钉；9—调节齿杆；10—可调齿圈；11—柱塞；12—柱塞套；13—出油阀座；14—垫圈；15—O 形密
封圈；16—后夹板；17—出油阀弹簧；18—护帽；19—减容器；20—出油阀压紧座；21—前夹板；
22—槽形螺钉；23—限压阀部件；24—出油阀；25—挡油螺钉；26—检查窗盖；27—调整
螺钉；28—润滑油进油空心螺栓；29—紧固螺钉；30—堵盖；31—柴油进油空心螺栓

等组成。

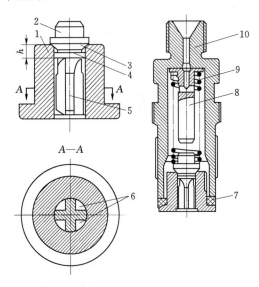

图 6-12　出油阀偶件

1—出油阀座；2—出油阀；3—密封锥面；4—减压环带；
5—导向体；6—十字槽；7—密封垫；8—减容体；
9—出油阀弹簧；10—出油阀紧座

出油阀与出油阀座也是由喷油泵中的一对精密偶件构成，如图 6-12 所示。两者的配合间隙很小，出油阀的密封锥面与出油阀座的接触表面经过精细研磨，使用中不能互换。出油阀弹簧将出油阀压紧在出油阀座上，为保证供油压力不低于规定值，出油阀弹簧在装配时应具有一定的预紧力。出油阀中部的圆柱面与出油阀座孔配合部分，称为减压环带。减压环带以下的导向部分有四个油槽，其横截面为十字形。出油阀偶件位于柱塞偶件的上方，两者间的接合面要密封。出油阀座的下端面与柱塞套的上端面接触，通过拧紧出油阀座使两者的接触面保持密封。在有些出油阀紧座中设有减容体，用以减小高压管路系统的容积，改善燃油的喷射过程。此外，减容体还起到限制出油阀最大升程的作用。

2. 油量调节机构

其作用是根据发动机负荷变化，通过转动柱塞来改变每循环的供油量，A 型喷油泵采用齿杆式油量调节机构如图 6-13 （a）～（c）所示。柱塞下端的榨舌伸入套筒的缺口内，套筒松套在柱塞套的外面，调节齿圈用螺钉紧固在套筒的上部，并与齿杆相啮合，移动齿杆即可改变供油量。当某个缸的供油量需要改变时，先松开调节齿圈的紧固螺钉，然后转动控制套筒，这样就带动柱塞相对于齿圈转过一个角度，再将齿圈固定。

喷油泵的供油拉杆一般不直接由驾驶员控制，而是通过调速器控制。有的柴油机喷油泵供油拉杆是拨叉拉杆式（图 6-14）或拉杆衬套式，但基本原理都是通过转动柱塞来改变循环供油量。

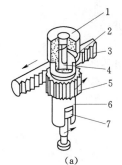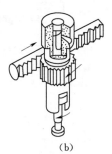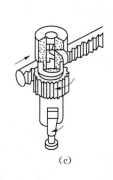

图 6-13　喷油泵供油量调节

（a）不供油；（b）部分供油；（c）最大供油

1—柱塞套；2—进回油孔；3—调节齿杆；4—柱塞；5—调节齿圈；
6—控制套筒；7—柱塞榨舌

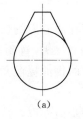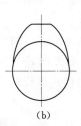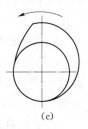

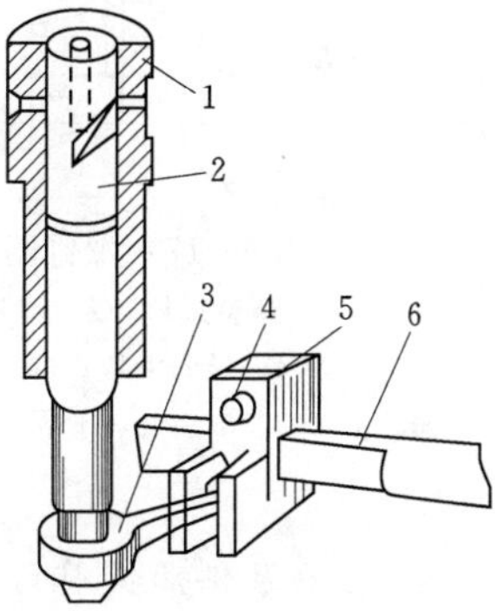

图 6-14　拨叉拉杆式油量
调节机构

1—柱塞套；2—柱塞；3—柱塞调节臂；
4—拨叉紧固螺钉；5—拨叉；
6—供油拉杆

3. 驱动机构

驱动机构主要由油泵凸轮轴 1 和挺柱体部件 3 组成［图 6-11 （b）］。

凸轮轴（图 6-15）是由柴油机的曲轴通过齿轮驱动的。当凸轮的凸起部分与滚轮接触时，就克服柱塞弹簧的弹力使柱塞向上运动。当凸轮凸起部分转过后，柱塞就在弹簧作用下回位。凸轮依据不同燃烧室的要求而有不同的型线，见图 6-16 （a）～（c），不同的凸轮型线供油规律不同，凸轮轴上和各缸相应的每个凸轮的相对位置应符合发动机的点火顺序要求。

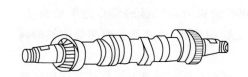

图 6-15　喷油泵凸轮轴

图 6-16　喷油泵凸轮轴凸轮型线

（a）双切线凸轮；（b）圆弧凸轮；（c）组合式凸轮

　　挺柱体部件的作用是将凸轮的运动平稳地传递给柱塞，并且可以适量调整柱塞的供油时间。常见的供油时间调整方式有螺钉调节式和垫块调节式，见图 6-17 和图 6-18。这种调节方式是通过转动调整螺钉或增减垫片使得挺柱体部件的高度增加或减少，从而使得柱塞套筒上的进油孔提前或滞后关闭，相应的供油提前角增加或减小。

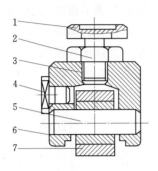

图 6-17　螺钉调节式挺柱体部件

1—调整螺钉；2—锁紧螺母；3—挺柱体；
4—导向滑块；5—滚轮销；6—滚轮
衬套；7—滚轮

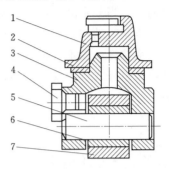

图 6-18　垫块调节式挺柱体部件

1—柱塞弹簧座；2—调整垫片；3—挺柱体；
4—导向滑块；5—滚轮销；6—滚轮
衬套；7—滚轮

4. 喷油泵供油提前角调节器

　　在柴油机工作时供油提前角调节器根据发动机转速的变化自动调节供油提前角，从而获得比较合适的供油提前角以改善发动机得动力性和经济性。

　　目前在柱塞式喷油泵上大多应用机械离心式供油提前角自动调节器，其结构形式有多种，但工作原理却基本相同，如图 6-19 所示为其中的一种。整个装置由主动部分、从动部分和离心件三部分组成。由防护罩 9 密封，内腔充满润滑油。主动部分包括主动盘 6、主动盘凸缘 5 的外侧有两个传动爪 B，它们与喷油泵的驱动轴刚性连接。主动盘凸缘的内侧固定有两个传动销 4 和 7。在传动销的圆柱面上加工有平凹坑，作为提前器弹簧 8 的支座。从动部分包括从动盘 1，它与喷油泵凸轮轴刚性连接，其上固定有两个飞锤销 2，在飞锤销的圆柱面上也加工有平凹坑，作为提前器弹簧 8 的另一端支座。离心件部分是飞锤 3，其上的销孔套在飞锤销上。提前器弹簧 8 支承在传动销与飞锤销之间，并使飞锤的圆弧面压紧在传动销上。可见，主动部分与从动部分之间为弹性连接，并能相互转动一定的角度。

　　当柴油机定速运行时，两个飞锤在离心力的作用下绕飞锤销轴向外甩开，迫使从动盘 1 带动凸轮轴沿箭头方向转过一个角度 $\Delta\theta$。直到弹簧的张力与飞锤的离心力平衡为止，此时主动盘与从动盘同步旋转。这时的供油提前角是初始角和 $\Delta\theta$ 之和。喷油提前器的调节范围为 $0°\sim10°$。

　　当柴油机转速升高时，飞锤进一步向外甩，从动盘相对于主动盘又沿旋转方向向前转过一个角度。因此，随着转速的升高，提前角不断增大，直到最大转速。

　　当柴油机转速降低时，飞锤回位，从动盘在弹簧力的作用下相对于主动盘向后退一个角度，供油提前角相应减小。

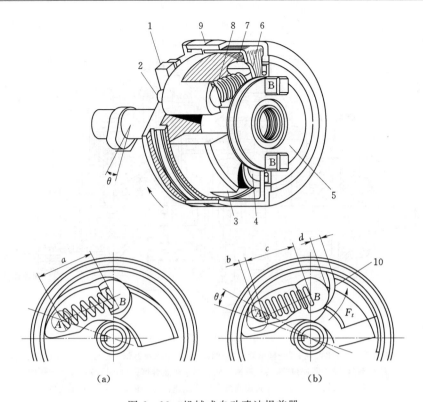

图 6-19　机械式自动喷油提前器

(a) 起始位置；(b) 终了位置

1—从动盘；2—飞锤销；3—飞锤；4、7—传动销；5—主动盘凸缘；6—主动盘；

8—提前器弹簧；9—防护罩；10—飞锤圆弧面

a—起始时的弹簧长度；b—终了时飞锤销的移动距离；c—终了时的弹簧长度；

d—终了时飞锤的移动距离；θ—提前角调节范围；F_t—飞锤离心力

四、分配式喷油泵

分配式喷油泵简称分配泵，有径向压缩式和轴向压缩式两大类。径向压缩式目前已较少使用，轴向压缩式用途较广。

与柱塞式喷油泵相比，分配泵具有结构简单，零件少，体积小，质量轻，使用中故障较少，易维修，有利于高速运转等特点，而被广泛应用在柴油机上；分配泵精密偶件还有加工精度高，供油均匀性好，不需要调节各缸供油量和供油正时的优点；此外分配泵凸轮的升程小，有利于提高柴油机转速，它的运动件靠喷油泵体内的柴油进行润滑和冷却，对柴油的清洁度要求很高。

1. VE 型分配泵结构

VE 型分配泵由驱动机构、二级滑片式输油泵、高压分配泵头和电磁式断油阀等部分组成。机械式调速器和液压式喷油提前器也安装在分配泵体内，如图 6-20 所示。

由柴油机曲轴驱动的驱动轴 13 带动二级滑片式输油泵 14 旋转，同时通过联轴器 21 (图 6-21) 带动平面凸轮盘 17 转动，平面凸轮盘上的传动销带动分配柱塞 1 (图 6-20) 一起转动。柱塞弹簧 19 通过压板将分配柱塞压紧在平面凸轮盘上，并使平面凸轮盘压紧

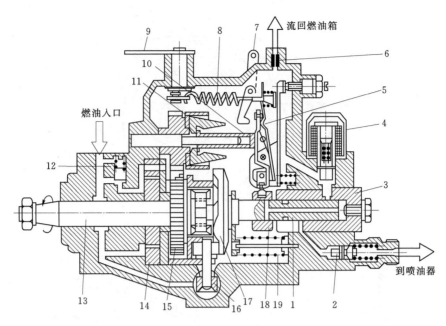

图 6-20 VE 型分配泵

1—分配柱塞；2—出油阀；3—柱塞套；4—断油阀；5—调速器张力杠杆；6—溢流节流孔；
7—停车手柄；8—调速弹簧；9—调速手柄；10—调速套筒；11—飞锤；12—调压阀；
13—驱动轴；14—二级滑片式输油泵；15—调速器驱动齿轮；16—液压式喷油
提前器；17—平面凸轮盘；18—油量调节套筒；19—柱塞弹簧

滚轮 22（图 6-21）。滚轮轴嵌入静止不动的滚轮架 20 上。当驱动轴旋转时，平面凸轮盘上的凸起部分与滚轮接触时，滚轮就被顶起向右移动，同时推动分配柱塞在柱塞套 3 内作往复运动，柱塞上有轴向和径向油道，起进油和配油的作用。往复运动起增压作用，旋转运动起分配柴油的作用。

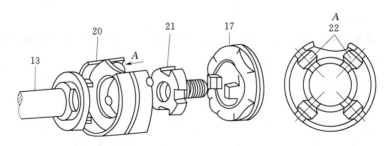

图 6-21 滚轮、联轴器及平面凸轮

13—驱动轴；17—平面凸轮盘；20—滚轮架；21—联轴器；22—滚轮

分配柱塞的结构如图 6-22 所示。在分配柱塞 1 的中心加工有中心油孔 3，其右端与柱塞腔相通，而左端与泄油孔 2 相通。分配柱塞上还加工有燃油分配孔 5、压力平衡槽 4 和数目与气缸数相同的进油槽 6。

柱塞套 3（图 6-20）上有一个进油孔和数目与气缸数相同的分配油道，每个分配油道都连接一个断油阀 4 和一个喷油器。

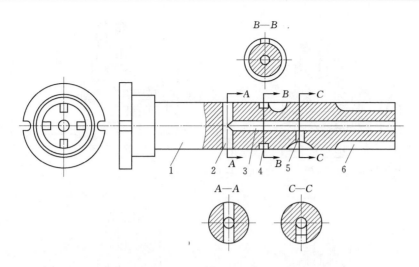

图 6-22　分配柱塞

1—分配柱塞；2—泄油孔；3—中心油孔；4—压力平衡槽；5—燃油分配孔；6—进油槽

2. VE 型分配泵工作过程

（1）进油过程。如图 6-23（a）所示，滚轮 17 由平面凸轮盘的凸起部分移至最低位置，柱塞弹簧将分配柱塞 1 由右向左推移至柱塞下止点位置，此时分配柱塞上的进油槽 7 与柱塞套 18 上的进油孔 6 连通，柴油自喷油泵体 19 的内腔经电磁阀的下部的进油道 4 进入柱塞腔 8 和中心油孔 14 内。

（2）泵油与配油过程。泵油过程如图 6-23（b）所示，随着滚轮由平面凸轮盘的最低处向凸起部分移动，分配柱塞由左向右移动。在进油槽转过进油孔的同时，分配柱塞将进油孔封闭，柱塞就要压缩油腔内的燃油使其压力升高。同时，分配柱塞上的燃油分配孔 20 转至与柱塞套上的一个出油孔 12 相通，高压柴油从出油孔进入分配油道 11，再经出油阀 10 流向喷油器 9 最终喷入燃烧室。

平面凸轮上的凸起数与其缸数相同，因此，平面凸轮盘每转一圈，配油孔与各缸分配油路接通一次，依次向各缸供油一次。

（3）供油结束。如图 6-23（c）所示，分配柱塞在平面凸轮盘的推动下继续右移，当柱塞左端的泄油孔 15 移出油量调节套筒 2 并与喷油泵体内腔相通时，柱塞腔内的高压柴油经中心油孔和泄油孔流入喷油泵内腔中，柴油压力立即下降，供油停止。

（4）供油量的调节。柱塞上的泄油孔何时与泵内腔相通，取决于油量调节套筒的位置，当移动油量调节套筒时，柱塞上的泄油孔与泵内腔相通的时刻就改变，从而使有效供油行程改变，向左移动油量调节套筒，停油时刻提前，有效供油行程缩短，供油量减少；向右移动油量调节套筒，供油量增加。油量调节套筒的移动由调速器操纵。

（5）压力平衡过程。如图 6-23（d）所示，在某一气缸供油结束后，柱塞继续旋转，当压力平衡槽转至与相应气缸的分配油道连通时，分配油道中的柴油压力与分配泵内腔油压相同。使各分配油道内的压力在喷射前均衡一致，从而可以保证各缸供油的均匀性。

3. 电磁式断油阀

VE 型分配泵采用电磁式断油阀控制停油，其电路和工作原理如图 6-24 所示。

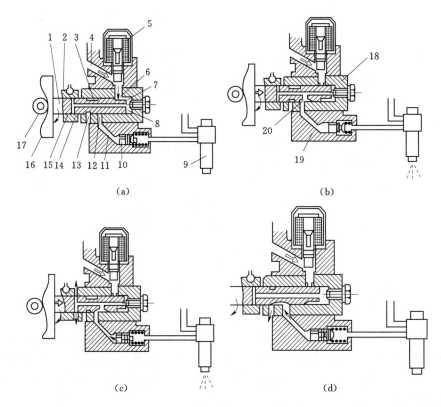

图 6-23　VE 型分配泵的工作过程

（a）进油过程；（b）泵油过程；（c）停油过程；（d）压力平衡过程

1—分配柱塞；2—油量调节套筒；3—压力平衡槽；4—进油道；5—断油阀；6—进油孔；7—进油槽；
8—柱塞腔；9—喷油器；10—出油阀；11—分配油道；12—出油孔；13—压力平衡孔；14—中心
油孔；15—泄油孔；16—平面凸轮盘；17—滚轮；18—柱塞套；19—喷油泵体；20—燃油分配孔

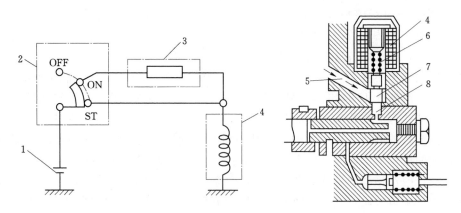

图 6-24　电磁式断油阀电路及其工作原理

1—蓄电池；2—启动开关；3—电阻；4—电磁线圈；5—进油道；
6—回位弹簧；7—阀门；8—进油孔

　　电磁阀装在柱塞套筒进油道的上方，在开关上设有 ST、ON、OFF 开关，用来操作电磁阀打开或关断进入气缸的燃油通路。启动时将启动开关 2 转到 ST 位置，蓄电池 1 的电流直接流过电磁线圈 4，产生的电磁力将阀门 7 吸起并压缩回位弹簧 6，进油孔 8 开启。

柴油机启动后，启动开关旋到 ON 位置，这时由于电流中串入电阻 3，使流过电磁线圈的电流减小，但由于有油压的作用，阀门保持在开启位置。当柴油机熄火时，将启动开关转到 OFF 位置，这时电源被切断，电磁线圈内磁力线消失，阀门 7 在回位弹簧的作用下将进油道关闭，从而切断油路，柴油机停止工作。

4. 液压式供油提前角自动调节装置

与常见的机械离心式调节器不同，其构造如图 6-25 所示。在调节器壳体 4 内装有活塞 5，活塞左端有弹簧 8 压在活塞上，此时，装弹簧的内腔中的油压与二级输油泵的进油压力相等。活塞右端与喷油泵体内腔相通，其压力等于二级滑片式输油泵的出口压力，调节器的活塞 5 和滚轮架 2 用传力销连接。当柴油机未工作时，由于分配泵内无油压，活塞 5 在弹簧的作用下移到最右端，传力销 7 将滚轮架 2 逆时针方向转到供油提前角最小位置。柴油机转速升高后，二级滑片式输油泵的出口压力增大，活塞右端的油压力随之上升，推动活塞向左移动，并通过连接销 6 和传力销 7 带动滚轮架 2 绕其轴线顺时针转过一定的角度，供油提前角加大。转速越高，油压越大，供油提前角也越大。当柴油机转速降低时，则二级滑

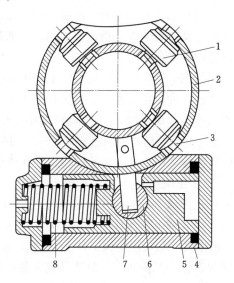

图 6-25　液压式供油提前角自动调节装置
1—滚轮；2—滚轮架；3—滚轮轴；4—壳体；5—活塞；6—连接销；7—传力销；8—弹簧

片式输油泵的输出压力也降低，在调速弹簧力的作用下，活塞向右移动，传力销带动滚轮架逆时针旋转一定的角度，使供油提前角减小。

五、调速器及其分类

调速器是指随柴油机负荷与转速的变化，自动调节喷油泵供油量，以限制或稳定转速的装置。

柴油机不同于汽油机，其转矩特性曲线（油量调节机构位置一定时，柴油机的转矩随转速而变化的关系）比较平坦（图 6-26），导致其工作稳定性差。只要外界负荷有较小变化 ΔM，柴油机转速就会产生较大的转速波动 Δn。尤其是柴油机高速工作突卸负荷时极易产生"飞车"，此时，柴油机转速急剧升高而无法控制，导致曲轴、连杆、气缸和活塞的严重损坏。

柴油机"飞车"的产生还与柱塞式喷油泵的速度特性有关。喷油泵的速度特性是指喷油泵的供油调节拉杆位置一定时，每循环的供油量随油泵凸轮轴转速而变化的关系。随着柴油机转速升高，柱塞运动速度加快，由于进回油孔的节流阻力增大，出油阀早开迟关的效应增强，从而使循环供油量随转速的上升而加大，供油量加大又反过来使发动机转速升高，如此循环，最终造成"飞车"。车用柴油机还常在怠速

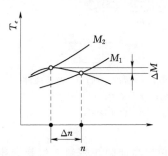

图 6-26　柴油机转矩特性曲线

下运转，由于其转速波动大，造成怠速不稳，容易熄火，所以柴油机都必须安装有调速器。

车用柴油机调速器根据其不同的工作原理，可分为气动式、液压式、机械式、机械气动复合式、机械液压复合式和电子式。目前车用柴油机上应用最广泛的是机械离心式调速器。按其起作用的不同转速范围可分为两极式调速器和全速调速器。

（1）两极式调速器。两极式调速器是稳定柴油机的怠速和限制最高转速的调速器，中间转速调速器不起自动调速作用。下面以常用的安装于柱塞式喷油泵的 RAD 型调速器为例介绍其工作原理。

如图 6-27 所示，拉力杆 1、导动杆 3 和速度调定杆 19 的上端与装在调速器壳上的销轴相连，并可绕其摆动。拉力杆的下端受齿杆行程调整螺钉 10 的限制，导动杆 3 的下端与调速滑套 11 铰接。在导动杆的中部位置安装有轴销 B，其两端分别与上、下浮动杠杆 4 连接。上浮动杠杆通过连接杆 17 与供油调节齿杆 16 相连；下浮动杠杆的下端有一销轴 C 插在拨叉杠杆 8 下端的凹槽内。在喷油泵凸轮轴 14 的尾端有飞锤 12，飞锤臂上的滚轮 13 紧靠在调速滑套 11 的端面上。当飞锤向外张开时，推动调速滑套向右移动。通过一个曲柄把操纵手柄 6 与拨叉杠杆相连，在工作中由驾驶员来控制操纵手柄 6。启动弹簧 18 的一端装在上浮动杆的顶部，另一端固定在调速器壳体上。调速弹簧 15 的一端与拉力杆 1 相连另一端与速度调定杆 19 相接，速度调定杆的另一端和速度调整螺栓 2 接触，使调速弹簧保持拉伸状态。怠速弹簧 9 装在拉力杆 1 下部。在正常工作范围内，由于调速弹簧 15 的作用，拉力杆 1 始终靠在齿杆行程调整螺钉 10 上，在拉力杆 1 的中部有销轴 D，它插在拨叉杆 8 上端的凹槽内。

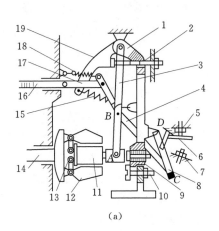 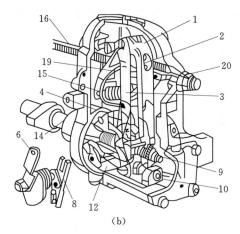

（a）　　　　　　　　　　　（b）

图 6-27　RAD 型调速器基本结构

（a）示意图；（b）结构图

1—拉力杆；2—速度调整螺栓；3—导动杆；4—浮动杠杆；5—高速限止螺钉；6—操纵手柄；7—怠速螺钉；
8—拨叉杠杆；9—怠速弹簧；10—齿杆行程调整螺钉；11—调速滑套；12—飞锤；13—滚轮；
14—凸轮轴；15—调速弹簧；16—供油调节齿杆；17—连接杆；18—启动弹簧；
19—速度调定杆；20—稳速弹簧

工作原理：启动加浓（图 6-27）。启动时，将操纵手柄 6 与高速限止螺钉 5 接触，带动浮动杠杆 4 绕 B 点逆时针方向转动，同时拨叉杠杆 8 绕 D 点逆时针方向转动，连接杆

17便推动供油调节齿杆16向供油量增加方向移动。在启动弹簧18对浮动杠杆4拉力的作用下，浮动杠杆绕C点逆时针摆动，带动A点和B点向左移动，直到飞锤12完全合拢为止。同时供油调节齿杆向增加供油方向移动一定距离，到达启动加浓供油位置。此时调速滑套11的右端与怠速弹簧9之间留有间隙。

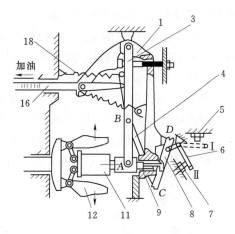

图6-28　RAD型调速器怠速调节
（图中各代号的含义同图6-27）

　　发动机启动后达到一定转速时，调速滑套11在飞锤的离心力的作用下，克服启动弹簧18的拉力而右移。浮动杆的上端则带动供油调节齿杆向减少供油方向移动，这时应将操纵手柄6和怠速螺钉7接触，拨叉杠杆8和浮动杠杆4分别绕D点和B点顺时针转动，并通过连接杆17拉动供油调节齿杆16向减少油量方向移动，使发动机怠速运转。

　　怠速调节（图6-28），怠速时将操纵手柄6和怠速螺钉7接触，这时飞锤的离心力与怠速弹簧9相平衡，发动机在怠速工况下稳定工作。

　　当发动机运转阻力减小时，转速会升高，飞锤离心力增加、通过调速滑套压缩怠速弹簧9。与此同时，导动杆3下端A点右移，带动浮动杠杆4绕C点顺时针转动，使供油调节齿杆减少供油，限制了发动机转速的上升；反之，当发动机运转阻力增大时，发动机转速下降，调速器通过与上述相反的调节作用，使供油调节齿杆增加供油，防止发动机熄火。

　　中速工作（图6-29），操纵手柄6置于高速限止螺钉5与怠速螺钉7之间的任意位置，经浮动杠杆4、拨叉杠杆8等杆件的作用，使供油调节齿杆16处于相应供油量位置，发动机在相应转速下工作。此时怠速弹簧9已全部压缩，不起作用。而调速弹簧刚度较大，尚未起作用。所以外界负荷变化时，调速器并不自动调节油量，而要靠驾驶员直接操纵。

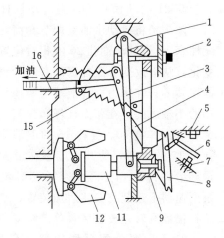

图6-29　RAD型调速器中速工作
（图中各代号的含义同图6-27）

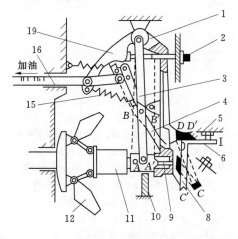

图6-30　RAD型调速器最高转速限制
（图中各代号的含义同图6-27）

最高转速限制（图6-30），操纵手柄6和高速限止螺钉5接触，发动机在标定工况工作，供油调节齿杆16处于标定供油位置，发动机在标定转速下稳定工作（如图6-30实线所示）。

当发动机负荷减小时，发动机转速升高，飞锤离心力加大，克服调速弹簧15的拉力，推动调速滑套11及拉力杆1右移（图6-30中虚线位置）。这时导动杆3的中间支点 B 移到 B' 位置，拉力杆1的支点 D 移到 D' 位置，使得供油调节齿杆16向减少供油方向移动，限制了发动机的最高转速，防止"飞车"。

相反，若发动机负荷增加，发动机转速便下降，通过调速器调节，使得供油调节齿杆16向增加供油方向移动，以保持转速稳定。

调速器控制的最高工作转速可由调速弹簧15的预紧力的大小来调节。当速度调整螺栓2向里旋进时，调速弹簧预紧力加大，发动机的最高工作转速升高。

RAD调速器根据工作需要，也可以增加附属装置（校正装置、增压补偿装置等），其基本原理与VE型分配泵的相应附属装置相似。

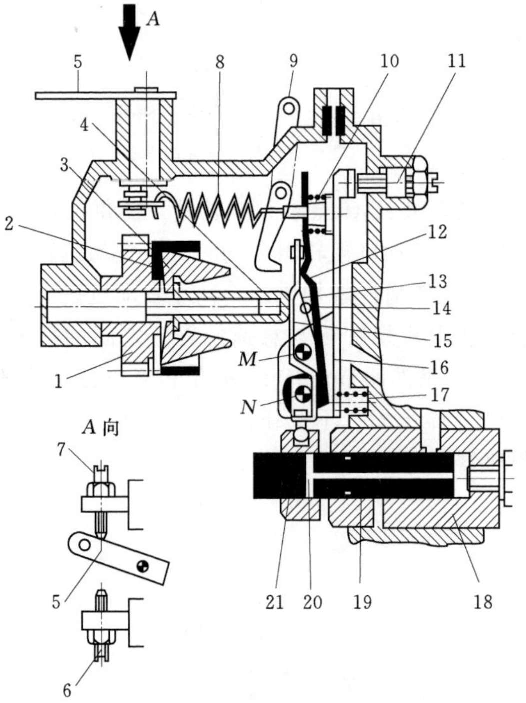

（2）全速调速器。

1）VE型分配泵调速器结构。VE型分配泵调速器是机械杠杆式调速器，如图6-31所示，飞锤支架套装在调速器轴上，调速器轴由传动齿轮1驱动。飞锤支架上装有四个飞锤3，飞锤通过止推垫圈推动调速套筒4。调速器杠杆系统由张力杠杆12、启动杠杆15和导杆16组成。这三个杠杆可分别绕销轴 N 摆动。M 是导杆16的支承销轴，导杆通过 M 固定在泵体上。启动杠杆15的下端的球头销与供油量调速套筒21的凹槽相连，当启动杠杆摆动时，球头销将拨动供油量调节套筒，使分配柱塞19上的泄油孔20的相对位置发生变化，从而改变分配柱塞的有效行程。调速弹簧8挂在张力杠杆上端与调速手柄下端的小轴之间，在张力杠杆和弹簧座之间装有怠速弹簧10。导杆16的下端受回位弹簧17的推压，使其上端靠在最大供油量调节螺钉11上。另外，在VE型分配泵调速器上还装有一些附加装置，诸如增压补偿器和转矩校正装置等。

2）VE型分配泵调速器工作原理。全速调速器工作时，分配泵的传动轴使调

图6-31　VE型分配泵调速器结构示意图

1—调速器传动齿轮；2—飞锤支架；3—飞锤；4—调速套筒；
5—调速手柄；6—怠速调节螺钉；7—最高速限止螺钉；
8—调速弹簧；9—停车手柄；10—怠速弹簧；11—最
大供油量调节螺钉；12—张力杠杆；13—启动弹簧；
14—张力杠杆挡销；15—启动杠杆；16—导杆；
17—回位弹簧；18—柱塞套；19—分配柱塞；
20—泄孔油；21—供油量调节套筒；
M—导杆支承销轴（固定）；N—启
动杠杆、张力杠杆及导杆
支承销轴（可动）

速器传动齿轮转速发生变化，使得飞锤所产生的离心力的大小也随之发生变化，离心力与调速弹簧力相互作用，使得调速套筒左右移动。它的移动通过杠杆系统，使油量调节套筒的位置发生变化，于是供油量的大小就发生变化，从而适应柴油机运行工况变化的需要。

a. 启动工况。如图 6-32 (a) 所示，启动时，将调速手柄 5 转至高速限止螺钉 7 上。

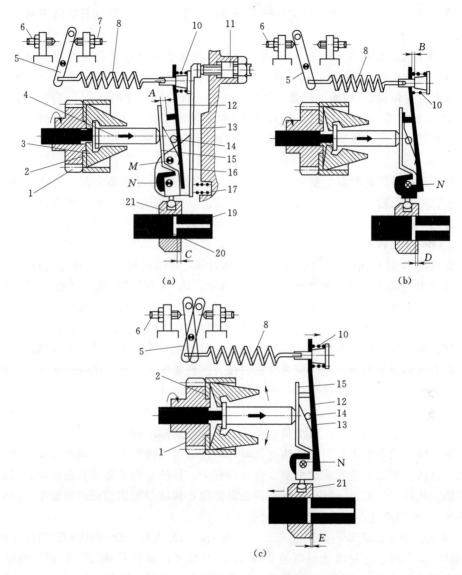

图 6-32　VE 型分配泵调速器工作原理示意图
(a) 启动工况；(b) 怠速工况；(c) 中速和最高速工况

1—调速器传动齿轮；2—飞锤支架；3—飞锤；4—调速套筒；5—调速手柄；6—怠速调节螺钉；7—最高速限止螺钉；8—调速弹簧；10—怠速弹簧；11—最大供油量调节螺钉；12—张力杠杆；13—启动弹簧；14—张力杠杆挡销；15—启动杠杆；16—导杆；17—回位弹簧；19—分配柱塞；20—泄孔油；21—供油量调节套筒；

A—启动弹簧压缩量；B—怠速弹簧压缩量；C—启动加浓供油位置；D—怠速供油位置；
E—部分负荷最高转速供油位置；M—导杆支承销轴（固定）；
N—启动杠杆、张力杠杆及导杆支承销轴（可动）

这时调速弹簧 8 被拉伸，拉动张力杠杆 12 绕销轴 N 逆时针转动，在启动弹簧 13 的作用下，启动杠杆 15 使调速套筒 4 向左移动，使静止的飞锤 3 处于合拢状态。此时，启动杠杆下端的球头销将供油量调节套筒 21 向右拨到启动加浓供油位置 C 处，供油量最大。启动后，飞锤离心力克服启动弹簧的弹力，使启动杠杆绕销轴 N 顺时针摆动，直到和张力杠杆挡销 14 接触为止。此时，启动杠杆下端的球头销使供油量调节套筒向左移动，供油量减少。

　　b. 怠速工况。如图 6 - 32（b）所示，此时，调速手柄与怠速调节螺钉 6 接触。调速弹簧的张力很小几乎为 0，尽管调速器传动轴的转速很低，飞锤仍向外张开，其离心力的轴向力压缩怠速弹簧 10 和缓冲弹簧，使启动杠杆和张力杠杆绕销轴 N 向右摆动，并使怠速弹簧 10 受到压缩。此刻，飞锤离心力对调速套筒的作用力与怠速弹簧及启动弹簧对调速套筒的作用力平衡，供油量调节套筒停留在怠速供油位置 D 处，柴油机在怠速下平稳运转。

　　如果柴油机转速此时发生变化（转速升高），飞锤离心力势必增大，上述平衡就被打破，调速套筒在飞锤推动下，使得启动杠杆和张力杠杆进一步压缩怠速弹簧而向顺时针摆动。这时支承销 N 另一端就拨动供油量调节套筒向左移动，使供油量减少，转速又恢复到原值。若柴油机转速降低，飞锤离心力减小，怠速弹簧推动张力杠杆和启动杠杆逆时针摆动，支承销 N 另一端拨动供油量调节套筒向右移，供油量增加，使转速上升。

　　c. 中速和最高速工况。如图 6 - 32（c）所示，该工况是柴油机工作在怠速和最高转速之间。调速手柄在怠速调节螺钉与最高速限制螺钉之间任一位置。此时，调速弹簧因受到拉力的作用而伸长（相对于怠速而言），同时拉动启动杠杆和张力杠杆绕销轴 N 逆时针转动，供油量调节套筒向右移动，供油量增加，柴油机处于中速状态。随着转速的增加，飞锤离心力的轴向分力增加，与调速弹簧的拉力达到新的平衡时，供油量调节套筒便稳定在某一供油量位置，柴油机就在某一中等转速下稳定运转。

　　当把调速手柄与最高速限制螺钉相接触时，调速弹簧的张力达到最大值，供油量调节套筒也达到最大供油量位置，柴油机也将在最高转速或标定转速下运转。

　　当负荷偶尔发生变化而引起转速变化时，就打破了飞锤离心力与调速弹簧力之间的平衡，调速器将使柴油机达到新的平衡。在此过程中，供油量调节套筒左右移动，增减供油量，使柴油机转速稳定。一旦柴油机负荷全部卸载，调速器把供油量调到最小，以防柴油机"飞车"。其调速过程与稳定怠速的过程相同。

　　d. 最大供油量的调节。如图 6 - 32（a）所示，当拧入最大供油量调节螺钉 11 时，导杆 16 就以 M 为轴心向左摆动，调速套筒 21 向右移动，供油量增加。反之供油量减少。改变最大供油量，可以改变柴油机的最大输出功率及最高转速或标定转速。

　　（3）增压补偿器。增压补偿器的作用是根据增压压力的大小，自动增减各缸的供油量，以提高柴油机机的功率和燃油经济性，减少有害气体的排放。

　　如图 6 - 33 所示，在补偿器盖 4 和补偿器下体 6 之间装有橡胶膜片 5，橡胶膜片把补偿器分成上、下两腔。下腔通过通气孔 8 与大气相通，膜片下方装有弹簧 9，它的弹力作用在支承板 7 上。上腔与进气管相通，它的压力是由废气涡轮增压器所形成的空气压力。橡胶膜片 5 与补偿器阀杆 10 相连接，并与膜片同时运动。补偿器阀阀芯下部加工成上细下粗的锥形体，补偿杠杆可绕销轴1转动，补偿杠杆2上端与锥形体相靠，补偿杠杆下端靠在张力杠杆11上。

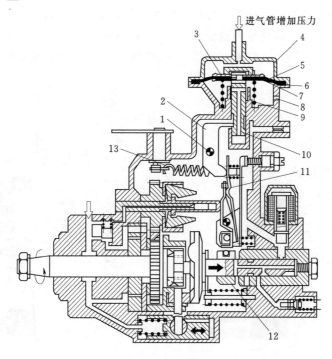

图 6-33　增压补偿器

1—销轴；2—补偿杠杆；3—膜片上支承板；4—补偿器盖；5—橡胶膜片；
6—补偿器下体；7—膜片下支承板；8—通气孔；9—弹簧；10—补偿器
阀芯；11—张力杠杆；12—油量控制套筒；13—调速弹簧

当进气管中增压压力增大时，补偿器上腔压力大于弹簧9的弹力，膜片5带动补偿器阀杆向下运动，与阀芯锥形体相接触的补偿杠杆2绕销轴1顺时针转动，张力杠杆在调速弹簧13的作用下绕销轴 N 逆时针方向摆动，油量控制套筒12右移，使供油量增加，发动机功率加大；反之，发动机功率相应减小。增压补偿器的油量补偿过程视进气管中增压压力的大小而定。它有效地克服了柴油机低速时，因增压不足，空气量小而造成的燃烧不充分、燃料经济性下降及产生有害排放物的缺陷。发动机在高速运转时亦可获得较大功率。

根据需要还可在 VE 型分配泵上装备正转矩校正装置或负转矩校正装置。

正转矩校正装置可以改善柴油机高速范围内的转矩特性。正转矩校正装置如图 6-34 所示，校正杠杆6的上端支承在销轴 S 上，销轴 S 固定在启动杠杆1上端的凸耳上，校正杠杆6抵靠在张力杠杆4的挡销5上，校正销7装在启动杠杆1中部的孔内，校正弹簧2迫使校正销7向右移动，推动校正杠杆6逆时针方向转动，直至校正杠杆6中部抵靠在张力杠杆4的挡销5上。

当转速达到校正转速时，随着转速的升高，飞锤离心力的轴向分力作用在启动杠杆上，该力对销轴 N 的力矩渐渐大于校正弹簧的预紧力对挡销5的力矩。此时，启动杠杆1

和销轴 S 绕销轴 N 顺时针摆动，校正杠杆 6 绕挡销 5 逆时针摆动，它的下端通过校正销 7 压缩校正弹簧，直到校正销大端和启动杠杆接触为止。与此同时，启动杠杆的下端的球头销向左拨动供油量调节套筒，供油量减少；反之，供油量增加。校正过程即告结束。

负转矩校正装置可以防止柴油机低速时冒黑烟。如图 6-35 所示，调速套筒的轴向力 F 具有使校正杠杆 6 绕张力杠杆 4 上的挡销 5 逆时针转动的趋势，校正杠杆 6 的下端将压缩校正弹簧 2。

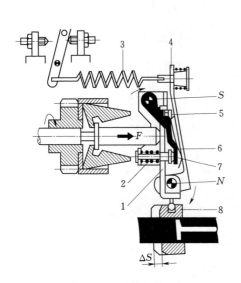

图 6-34　正转矩校正
1—启动杠杆；2—校正弹簧；3—调速弹簧；
4—张力杠杆；5—挡销；6—校正杠杆；
7—校正销；8—供油量调节套筒；
N—销轴

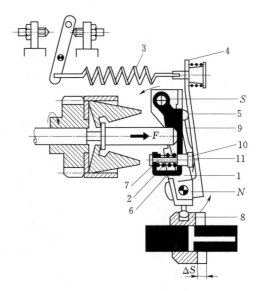

图 6-35　负转矩校正
1—启动杠杆；2—校正弹簧；3—调速弹簧；4—张力杠杆；
5—挡销；6—校正杠杆；7—校正销；8—供油量调节
套筒；9—启动弹簧；10—校正销大端；
11—停驻点；N—销轴

当柴油机转速升高时，调速套筒的轴向力 F 对张力杠杆 4 上的挡销 5 的力矩大于校正弹簧 2 的弹力对挡销 5 的力矩，使得校正杠杆 6 绕张力杠杆 4 上的挡销 5 逆时针转动，通过销轴 S 带动启动杠杆 1 绕 N 轴逆时针方向转动，供油量调节套筒 8 右移，有效压油行程增加，供油量增加。直至校正杠杆 6 的下端靠上校正销 7 的大端 10，负校正结束。

第三节　电控柴油喷射系统

一、电控柴油喷射系统的类型

电控柴油发动机按燃油喷射系统的控制方式可以分为位置控制方式和时间控制方式两种类型，初期的电控柴油发动机均采用位置控制方式，现在已逐渐被时间控制方式所代替，时间控制系统又有电控泵喷嘴系统和共轨式电控燃油喷射系统两类，其中，高压共轨式电控燃油喷射系统成为电控柴油机上的主流系统。

1. 位置控制方式

位置控制方式的基本特点是保留了原直列式喷油泵和转子式分配泵的基本结构，由装在喷油泵上的齿杆位移传感器、凸轮轴转角位移传感器、电磁式执行器和微处理器组成的控制系统，对喷油量和喷油定时进行控制和调节。通过对柱塞的初始和终了位置计算喷油量，即柱塞供油始点和供油终点间的物理长度，确定有效压油行程。

位置控制方式对原机械控制的喷油泵改动最小，此类电控喷油泵的商品化程度最高。其主要缺点是动态响应速度慢，控制精度低，不能对原来的喷油规律进行修改（除电控可变预行程喷油泵外），喷油压力难以进一步提高。

2. 时间控制方式

时间控制方式电控高压喷射装置的工作原理与传统机械式的完全不同，时间控制方式在高压油路中布置一个或两个高速电磁阀，利用高速电磁阀的启闭控制喷油泵和喷油器的喷油过程。喷油量的控制由喷油器开启持续时间（也即高速电磁阀开启的持续时间）、喷油压力大小决定，而喷油正时的控制则由高速电磁阀的开启时刻确定。采用时间控制方式可实现喷油量、喷油定时和喷油速率的柔性控制和一体控制。时间控制方式就其控制原理而言，与汽油发动机的汽油喷射控制类似，但柴油发动机的电控燃油喷射系统的功能更多，控制的技术要求更高，难度更大。

二、电控柴油喷射系统的特点

（1）电控柴油喷射系统是集成计算机控制技术、现代传感技术以及先进的喷油器结构于一身，能达到较高的喷射压力、实现喷射压力和喷油量的控制。

（2）采用先进的电子控制装置及配有高速电磁开关阀，使得喷油过程的控制十分方便，并且可控参数多，益于柴油机燃烧过程的全程优化。

（3）采用高压共轨方式供油时，喷油系统压力波动小，各喷油嘴间相互影响小，喷射压力控制精度较高，喷油量控制较准确。

（4）高速电磁开关阀频响高，控制灵活，使得喷油系统的喷射压力可调范围大，并且能方便地实现预喷射、后喷等功能，为优化柴油机喷油规律、改善其性能和降低废气排放提供了有效手段。

（5）系统结构移植方便，适应范围宽，尤其是电控高压共轨系统，均能与目前的小型、中型及重型车辆很好地匹配。

（6）电控柴油喷射系统的喷射压力很高，一般在100MPa以上，主要部件如高压泵、喷油器的结构复杂，控制系统相比汽油机的缸内直喷更复杂，成本更高。

三、电控柴油喷射的基本原理

电控柴油喷射系统由传感器、ECU（计算机）和执行机构三部分组成，基本工作原理与汽油发动机电控系统相似，利用转速、温度、压力、流量和加速踏板位置等传感器，并将实时检测的参数同步输入计算机，与已存储的参数值进行比较、运算。按照最佳参数，对喷油压力、喷油量、喷油时间、喷油规律以及废气再循环等进行控制，驱动喷油系统，使柴油机运作状态达到最佳。

四、电控柴油喷射系统的控制功能

1. 喷油量的控制

ECU根据柴油机转速和加速踏板位置以及传感器的信号确定基本喷油量，再根据燃油温度传感器、进气管压力和启动开关输入的信息进行修正，最后计算出最佳喷油量，并向喷油器通电。ECU通过控制喷油器的电脉冲宽度（通电时间）来控制喷油量。

2. 喷油定时的控制

ECU对喷油器通电的时刻决定了喷油始点。ECU根据加速踏板位置和柴油机转速确定基本喷油时刻，再根据冷却液温度传感器和进气管压力以及启动开关输入信号对喷油时刻进行修正，从而确定最佳喷油时刻，此后ECU向喷油器通电。

3. 喷油压力的控制

所谓喷油压力就是燃油分配管内的燃油压力。在燃油分配管上设置燃油压力限压阀和传感器，限压阀就是用来防止燃油分配管内油压超标。

4. 喷油规律的控制

所谓喷油规律（图6-36）是指喷油速率随时间或曲轴转角的变化关系，喷油速率是单位时间的喷油量。由于喷油规律对柴油机的性能有重要影响，因此要求具有不同混合气形成与燃烧方式的柴油机应选择相应的喷油规律。如在燃油分配管式电控柴油喷射系统中，当喷油压力不变时，喷油量取决于ECU对喷油器的通电脉冲宽度的控制。因此，只要改变脉冲指令就可以改变喷油规律。

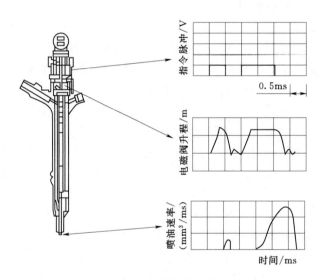

图6-36 喷油规律的控制

五、高压共轨式电控柴油喷射系统

高压共轨式电控柴油喷射系统是指在高压油泵、压力传感器和电子控制单元（ECU）组成的闭环系统中，将喷射压力的产生和喷射过程彼此完全分开的一种供油方式。它是由高压油泵将高压燃油输送到公共供油管（共轨管），通过公共供油管内的油压实现精确控制，使高压油管压力大小与发动机的转速无关，长期保持在一个稳定状态。

世界上生产柴油机电控高压共轨系统的大公司主要有三家，分别是德国的博世（BOSCH）、日本的电装（Denso）和美国的德尔福（Delphi）。博世公司已经连续推出了三代共轨系统，前两代共轨系统主要重视喷油压力的提升：第一代是135MPa，第二代是160MPa，而第三代共轨系统的重心转移到系统的技术复杂度和精密度上，其压力保持在

160MPa。由于篇幅所限，下面只介绍德国博世公司的电控高压共轨系统。

1. 高压共轨系统的组成

图6-37为德国博世公司的第一代高压共轨式电控柴油喷射系统的结构组成图，高压共轨式电控发动机系统由以下三部分组成：

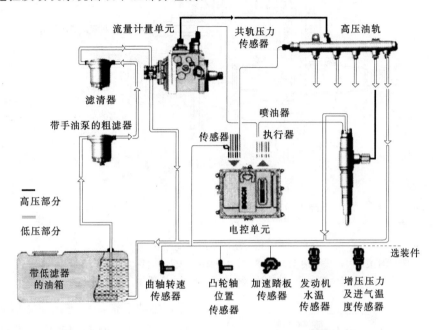

图6-37 带CP1泵的高压共轨系统结构组成图

（1）低压燃油系统。包括油箱、油箱内或高压泵内的输油泵、燃油滤清器、低压输送油管和低压回油管。

（2）高压燃油系统。包括高压泵、高压油管、共轨压力控制阀（PCV）、高压油轨、共轨压力传感器、安全泄压阀和流量限制阀。

（3）燃油喷射控制系统。包括凸轮轴位置传感器和曲轴转速等各种传感器、控制单元（ECU）和带电磁阀的高压喷油器等电子执行器。

2. 高压共轨系统的主要部件

（1）高压油泵。高压油泵的作用是向共轨系统提供高压燃油。博世（BOSCH）高压油泵常用的有三种型号，分别是：CP1、CP2、CP3。CP1的特点是有一个调节共轨压力的压力控制阀，压力控制阀是常开电磁阀，调节输送的燃油压力从25MPa到135MPa，即CP1向供油系统提供最高为135MPa的燃油压力。

CP1高压油泵的内部结构和接口如图6-38所示，一个高压油泵上有三套柱塞组件，由驱动轴带动的偏心轮驱动，三个柱塞在圆周角上相位相差120°。偏心轮驱动平面和柱塞垫块之间为面接触，比起分配泵的凸轮与滚轮之间的线接触，面接触的接触应力小得多，这有利于产生更高压力的燃油喷射。

高压油泵的工作原理如图6-39所示，当供油油压超过安全阀的开启压力（50～150kPa）时，燃油进入进油阀，当柱塞往下运动时，由于柱塞腔内产生吸力，进油阀打

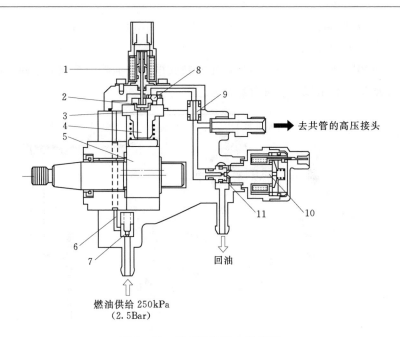

图 6-38　高压泵的纵向结构图

1—元件关闭阀；2—进油阀；3—泵腔；4—油泵柱塞；5—多边环；6—燃油供给通道；
7—节流阀（安全阀）；8—出油阀；9—套；10—压力控制阀；11—球阀/压力控制阀

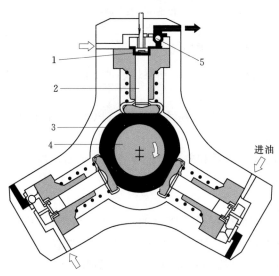

图 6-39　高压泵工作原理图

1—吸油阀；2—柱塞泵；3—偏心凸轮；
4—驱动轴；5—出油阀

开，燃油经进油阀进入柱塞压缩腔；当柱塞向上运动时，由于柱塞腔不再吸油，进油阀关闭，燃油建立起高压，当柱塞腔的压力高于共轨中燃油的压力时，出油阀打开，高压燃油在压力控制阀（PCV）的控制下进入共轨管内。驱动油泵上升的动力与共轨中设定的压力和油泵的转速（输油量）成正比，博世第一代共轨系统设定压力为 135MPa，而第二代共轨系统设定压力为 160MPa。在高压泵内燃油由三个径向排列的活塞压缩，每个循环进行三次输送冲程，由于每次旋转都产生三次压送冲程，只产生低峰值驱动力矩，因此泵驱动装置的受力保持均匀。高压泵将燃油压缩至一个最高由系统设定的压力，最终压力即系统压力是由压力控制阀（PCV）来调节的。

　　博世 CP3 高压油泵的泵油原理与 CP1 相同，对于 CP3 高压油泵而言，通过一个燃油计量比例阀控制进入高压油泵的燃油量，从而控制高压油泵的供油量，以满足共轨压力的要求。此种设计方案能有效的降低动力消耗，同时避免对燃油进行不必要的加热。

（2）压力控制阀。高压油泵柱塞工作时产生的油压在无调节的情况下是随着发动机的转速变化而变化的，为了使共轨系统有一个稳定的喷射压力，那就需要一个调节机构。博世 CP1 高压油泵中，共轨压力的调节是在压力控制阀的作用下完成的。

压力控制阀的结构如图 6 - 40 所示，球阀是高压共轨燃油与低压回油的分界点，球阀的一侧是来自共轨燃油的压力，另一侧是衔铁受弹簧预紧力和电磁阀电磁力的作用。电磁阀产生电磁力的大小与电磁阀线圈中的电流大小有关，当电磁阀无电流通过时，弹簧预紧力使球阀紧压在密封座面上。当共轨腔中的燃油压力超过 10MPa 时，球阀打开，燃油从压力控制阀处回流到低压回路。在压力控制阀通电后，电磁阀立刻向衔铁施加电磁力，球阀受到弹簧预紧力和电磁阀电磁力作用，衔铁作用在球阀上的力决定了共轨中的燃油压力。电磁阀的电磁力可以通过调整电磁阀线圈中电流的大小来控制，线圈相当于一个感性负载，线圈中的平均电流通过发动机控制单元向压力控制阀发出脉冲调制信号来实现。

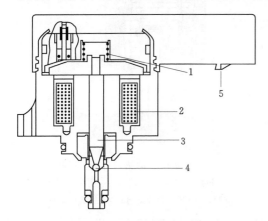

图 6 - 40　压力控制阀的位置及结构
1—弹簧；2—线圈；3—衔铁；4—球阀；
5—电器接口

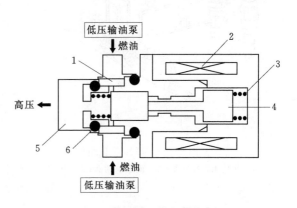

图 6 - 41　燃油计量阀的结构
1—滤清器；2—电磁线圈；3—弹簧；4—活塞；
5—出油口；6—O 形圈

（3）燃油计量阀。燃油计量阀的结构如图 6 - 41 所示，工作原理及特性曲线如图 6 - 42 所示。它是一个流量控制阀，是电脑控制共轨燃油压力的执行器。燃油计量阀安装在高压油泵的进油位置，ECU 控制其通电时间用于调整燃油供给量和燃油压力值。由供油特性曲线可以看出，计量电磁阀在控制线圈没有通电时，进油计量阀在弹簧力的作用下是全开的，进油量最大；随着流过线圈的电流增大，进油计量阀逐渐关闭，甚至切断向高压油泵柱

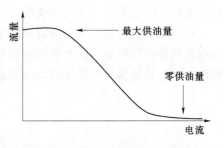

图 6 - 42　燃油计量阀的工作原理
及特性曲线

塞元件的供油。发动机 ECU 通过脉冲信号（占空比）来改变计量元件进油截面积，从而增大或减小进油量。有的燃油计量阀的控制机理可能与此相反，即无电流通过时计量阀是关闭的，为零供油量；有电通过时计量阀在电磁力作用下逐渐打开。

（4）高压轨道。如图 6 - 43 所示，是四缸柴油发动机高压共轨系统的共轨组件，包括

轨道本体和安装在轨道上的高压燃油接头、共轨压力传感器、压力限制阀、连接喷油器的流量限制阀等。高压轨道，又称高压蓄压器，用来存储高压燃油并抑制压力波动，高压蓄压器为所有气缸所共有，因此将其称作"共轨"。即使大量燃油排出时，共轨也能将其内部压力保持基本不变。共轨轨道可承受高达 160MPa 以上的高压燃油，材料和高压容积对于共轨压力的控制都是重要参数。

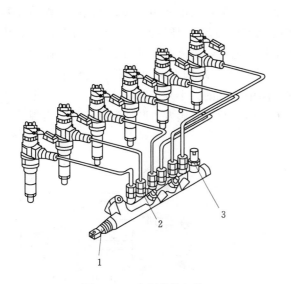

图 6-43 高压共轨组件

1—共轨压力传感器；2—流量限制器；3—压力限制阀

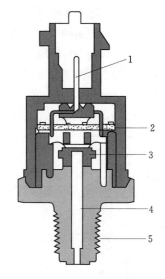

图 6-44 共轨压力传感器外形和结构图

1—电子接头；2—评估电路；3—带传感器的
皮膜；4—高压燃油通道；5—安装接口

（5）共轨压力传感器。共轨压力传感器的外形和结构如图 6-44 所示，它安装在高压油轨上。它检测油轨的燃油压力，把轨道内的燃油压力转换成电信号传递给 ECU，ECU根据油轨压力控制进油计量阀的动作。这是一个半导体传感器，它利用了压力施加到半导体硅元件上时电阻发生变化的压电效应原理制成。

（6）压力限制阀。压力限制阀的结构如图 6-45 所示，它主要是由活塞、活塞阀门、阀门弹簧各阀体组成。压力限制阀的作用是当共轨中的燃油压力异常高时，压力限制阀的阀门打开，连通共轨到低压的燃油回路，实现安全泄压，以保证整个共轨系统中的最高压

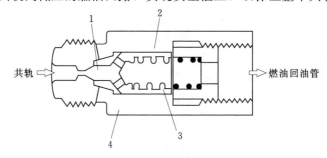

图 6-45 压力限制阀的结构

1—电子接头；2—评估电路；3—带传感器的皮膜；4—高压燃油通道

力不超过极限安全压力。它在压力降低到一定水平之后恢复（关闭），由压力限制阀释放的燃油返回到油箱中。

（7）流量限制阀。流量限制阀的结构如图6-46所示，它主要是由柱塞、压力弹簧和外壳组成。流量限制阀两端带外螺纹，连接在轨道和去喷油器的高压油管之间。流量限制阀的作用是计量从共轨到各喷油器的燃油量大小。当流量过大时，可以自动切断去喷油器的高压燃油，这是由于在非常情况下需要阻止喷油器常开和持续喷油。为达到这一要求，一旦从轨道输出的油量超过规定的水平，流量限制阀就关闭通往这一喷油器的高压油路。

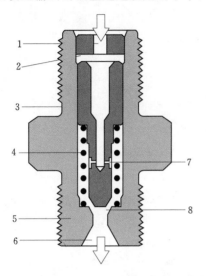

图6-46 流量限制阀的结构

1—轨道端接头；2—锁紧垫圈；3—柱塞；
4—压力弹簧；5—外壳；6—喷油器
接头；7—节流孔；8—座面

图6-47 共轨系统的高压管路

（8）高压油管。高压油管用于输送高压燃油，它是由钢材制成并能承受发动机在最大系统压力下的间歇高频压力变化。高压管的形状如图6-47所示。共轨系统上有两种作用类型的高压管，一种用于高压油泵上的高压油出口和共轨进油口之间的连接，另一种用于共轨上流量限制阀与喷油器之间的连接。燃油轨道和喷油器之间的所有的高压油管的长度都要相同，虽然各缸油管输送距离有所差别，但油管的各弯曲度补偿了各个油管之间的长度差。

（9）电控喷油器。电控喷油器是高压共轨系统中最关键和最复杂的部件，也是设计、工艺难度最大的部件。ECU通过控制电磁阀的开启和关闭，将高压油轨中的燃油以最佳的喷油定时、喷油量和喷油率喷入燃烧室。

博世高压共轨系统喷油器的结构如图6-48所示，电控喷油器的工作原理如下：

高压燃油来源于共轨系统的高压油路，经喷油嘴内部的进油槽流向针阀腔，同时经进油节流孔流向柱塞控制腔。控制腔与燃油回路相连，它们之间是一个由电磁阀控制打开与关闭的泄油节流孔。当电磁阀断电时，球阀在阀座弹簧力的作用下紧压在电磁阀的阀座上，高压和低压之间的流通通道（柱塞控制腔与低压回路）被隔断，燃油的高压压力直接

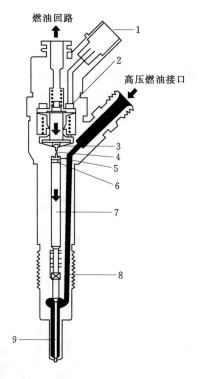

图 6-48 博世共轨式喷油器的结构
1—电器接口；2—电磁阀；3—球阀；4—泄油节流孔；5—进油
节流孔；6—柱塞控制腔；7—控制柱塞；8—进油
槽；9—喷油器针阀

作用在柱塞顶部，再加上针阀弹簧的预紧力，超过了它在针阀腔内喷油嘴针阀承压面产生的压力，使得柱塞针阀向下紧压在喷油器针阀座面上，针阀是关闭的，喷油器不喷射。当电磁阀通电后，电磁力使球阀离开阀座，泄油节流孔被打开，引起控制腔的压力下降，结果，活塞上的液压力也随之下降。当液压力与针阀弹簧的预紧力之和降至低于作用在喷油嘴针阀承压面上的力，针阀就会被打开，燃油经喷油孔喷入燃烧室。针阀抬起速度取决于泄油孔与进油孔的流量差，针阀关闭速度取决于进油孔流量。

喷油器的电磁阀被触发时，对喷油嘴针阀采用了一套液压力放大系统，因为快速打开针阀所需的力不能直接由电磁阀产生，实际上打开针阀所需的控制作用力，是通过电磁阀打开泄油节流孔使得控制腔压力降低，从而打开针阀实现的。

整个喷射过程如下：当电磁阀通电时，针阀抬起，喷射开始；当电磁阀断电时，针阀落座，喷射结束。由于共轨中的压力是稳定的，所以任何时刻喷油器都可以在电磁阀的控制下喷油。整个喷射控制的响应时间包括电磁阀响应时间与液力系统响应时间，这个时间是非常短的，一般为 0.1～0.3ms。

第七章 发动机点火系统

第一节 传统点火系统结构与原理

一、点火系统的基本要求

现代汽油发动机气缸内的可燃混合气普遍采用点火系统产生的电火花点燃。因此，点火系统应保证在发动机的各种工况和使用条件下可靠、准确地点火。因此对发动机点火系统的基本要求如下：

（1）能产生足以击穿火花塞电极间隙所需的高电压。火花塞电极间产生火花的电压称为击穿电压。实验表明，发动机在低速满负荷运行时，需要 $8\sim10kV$ 的击穿电压，启动时需要击穿电压最高可达 $17kV$。为了保证发动机在各种工况下都能可靠地点火，点火系统必须具有一定的次级电压储备，大多数点火系统可提供 $28kV$ 以上的击穿电压。

（2）火花塞产生的火花应具备足够的能量。要使混合气可靠点燃，火花塞产生的电压应具有一定的能量。点燃混合气所必需的最低能量，与混合气的成分、浓度、火花塞电极的间隙及电极形状等有关。发动机正常工作时，由于混合气压缩终了的温度已接近其自燃温度，所需的火花能量很小，为 $1\sim5mJ$。在发动机启动、怠速及加速时，则需较高的火花能量。为保证可靠点火，一般应保证有 $50\sim80mJ$ 的点火能量。目前采用的高能点火装置，一般点火能量都要求超过 $80\sim100mJ$。

（3）点火时刻必须适应发动机工作情况。点火时刻对发动机的性能影响很大，点火系统应按发动机气缸的工作顺序进行点火，并且各缸必须在最佳的时刻进行点火，以满足发动机获得最大功率、最小燃料消耗和减少有害气体的排放等要求。

二、点火提前角

1. 最佳点火提前角

点火时刻是用点火提前角来表示的。点火提前角是指火花塞电极跳火时曲柄位置与活塞到达上止点时曲柄位置的夹角，即在活塞到达压缩行程上止点之前点火，使气体压力在活塞达到上止点后 $10°\sim15°$ 时达到最高值，这样混合气燃烧产生的热能在作功行程中得到充分利用。若点火过迟，在活塞到达上止点时才点火，使气缸中压力降低，发动机功率下降并导致发动机过热，油耗增大。而点火过早，则燃烧完全在压缩过程中进行，气缸内压力急剧上升，在活塞到达上止点前即达到最大压力，给正在上升的活塞一个很大的阻力，使发动机功率下降，油耗增加，并引起发动机爆燃。

有一个保证发动机的动力性、经济性和排放都达到最佳值的点火提前角，这个最佳点火提前角也不是一成不变的，它与转速、进气量（歧管压力）等许多因素有关。

2. 影响点火提前角的因素

（1）发动机转速。发动机转速升高，点火提前角应该增大。是因为在转速增大而其他因素不变的情况下，最佳点火提前时间基本不变（实际稍有减小），导致最佳点火提前角增大。在触点式点火系统和电子点火系统中，由于采用的是机械式离心调节器，所以调节曲线与理想点火调节曲线相差较大。当采用电控的点火系统时，可以使发动机的实际点火提前角非常接近于理想的点火提前角。

（2）发动机负荷（进气歧管绝对压力）。当发动机负荷增大（即节气门开度增大、压力大），进气量较多，燃烧速度较快，在转速等其他因素不变情况下，要求点火提前角减小；反之，当发动机负荷减小（即节气门开度减小、压力小），要求点火提前角增大。在触点式点火系统和电子点火系统中，由于采用的是真空点火提前装置，所以调节曲线与理想点火调节曲线相差较大。当采用电控的点火系统时，可以使发动机的实际点火提前角非常接近于理想的点火提前角。

（3）辛烷值。发动机在一定条件下会出现爆震现象。爆震使发动机动力下降、油耗增加、发动机过热，对发动机极为有害。发动机的爆震与汽油品质有密切关系，常用辛烷值来表示汽油的抗爆性能。汽油的辛烷值越高，抗爆性越好，点火提前角可以加大；反之，汽油的辛烷值越低，抗爆性越差，点火提前角应减小。在触点式点火系统和电子点火系统中，是靠人工分电器初始位置进行调节来实现的。在电控的点火系统中，靠微机和爆震传感器等控制发动机在爆震极限（即最佳点火提前角）工作。

按照点火系统的组成和产生高压电的方法不同，可将点火系统分为传统点火系统、电子点火系统和发动机电控点火系统。

三、传统点火系统

1. 传统点火系统的组成

传统点火系统的组成如图7-1所示。

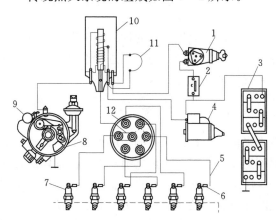

图7-1 触点式点火系统的组成

1—点火开关；2—启动开关；3—蓄电池；4—启动机；
5—高压导线；6—阻尼电阻；7—火花塞；8—断电器；9—电容器；10—点火线圈；11—附加电阻；12—配电器

（1）电源：传统点火系统的电源包括蓄电池和发电机（启动时蓄电池供电，启动后由发电机供电），标称电压为12V，用于为点火系统提供所需的电能。发动机启动时由蓄电池供电，正常工作时由发电机供电。

（2）点火开关：用于接通或断开点火系统的初级电路，控制发动机启动、工作和熄火。

（3）点火线圈：将12V的低压电转变为能击穿火花塞间隙所需的15～20kV的高压电。

（4）分电器：主要包括断电器、配电器、电容器和点火提前机构等部分。其中，断电器用来接通或切断点火线圈初级电路；配电器的作用是将点火线圈产生的高压电按气缸的工作顺序送往各缸的火花塞；电容器与断电器触点并联，其作用是减小断电器触点分开时的火花，延长触点使用寿命，提高次级电压；点火提前机构的作用是随发动机转速、负荷和汽油辛烷值的变化而改变点火提前角。

（5）高压导线：用以连接点火线圈与分电器中心插孔以及分电器旁电极和各缸火花塞。

（6）火花塞：其作用是将高压电引入气缸燃烧室，产生电火花，点燃混合气。

（7）附加电阻：其作用是在启动时被短路以提高启动电压，低速时防止点火线圈过热，高速时提高点火电压。

2. 传统点火系统工作原理

发动机工作时，由曲轴带动分电器轴转动，在分电器轴的驱动下断电器凸轮旋转，交替将触点闭合或打开，使点火线圈初级触点接通与闭合而产生高压电。断电器触点闭合时初级线圈内有电流流过，并在线圈铁芯中形成磁场；触点打开时，初级电流被切断，磁场迅速消失。此时，在初级线圈和次级线圈中均产生感应电动势。由于次级线圈匝数多，可感应出高达 $15\sim30\mathrm{kV}$ 的高电压。这个点火高压电通过分电器轴上的分火头，根据发动机工作要求按顺序送到各个气缸的火花塞上，该高电压击穿火花塞间隙，形成火花放电，点燃燃烧室内的气体。

低压电路中初级电 i_1（如图 7-2 中实线所示）的回路为：蓄电池正极→电流表→点火开关 SW→点火线圈"＋"开关接线柱→附加电阻→开关接线柱→点火线圈初级绕组→点火线圈"－"接线柱→断电器触点→搭铁→蓄电池负极。

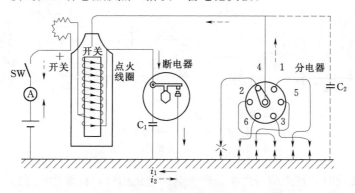

图 7-2 触点式点火系统工作原理示意图

次级线圈中高压电流 i_2（如图 7-2 中虚线所示）的回路为：次级绕组→点火线圈开关接线柱→附加电阻→点火线圈"＋"开关接线柱→点火开关 SW→电流表→蓄电池→搭铁→火花塞侧电极、中心电极→配电器旁电极、分火头、中央电极→次级绕组。

分电器轴每转一转（发动机曲轴转两转），各缸按点火顺序轮流点火一次。发动机工作时，上述过程周而复始地重复。若要停止发动机的工作，只要断开点火开关、切断电源电路即可。

由此可知，传统触点式点火系统的工作过程基本可分为断电器触点闭合、初级电流增长，触点打开、次级绕组产生高电压以及火花放电三个过程。

汽车上传统点火系统的应用已有半个多世纪的历史了，虽然它的部件不断地有所改进，使其发火性能及使用寿命有所提高，但是并未从根本上解决问题。传统点火系统，其点火时刻的调整是依靠真空式调节装置和机械离心式调节装置完成的，由于机械的滞后、磨损及装置本身的局限性，故不能保证点火时刻在最佳值。

传统的点火系统的另一缺陷是断电器触点的薄弱。当断电器触点分开时，在触点之间产生火花，使触点氧化、烧蚀，因而断电器触点的使用寿命短，需要经常维护；触点火花的大小与初级电流的大小有关，使点火系统初级电流和次级电压的提高受到限制；初级电流和次级电压的大小随着发动机的转速的升高和气缸数的增多而下降，使多缸发动机高速时工作不可靠；当火花塞积炭时，因漏电次级电压低不能可靠地点火等。

第二节　无触点式电子点火系统

与传统点火系统相比，无触点电子点火系统采用信号发生器和点火器取代白金触点控制点火线圈初级电流的接通与关断。无触点电子点火系统主要由点火信号发生器、点火器、点火线圈、分电器和火花塞等组成。如图7-3所示为桑塔纳轿车使用的无触点电子点火系统。

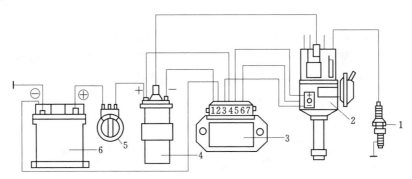

图7-3　桑塔纳轿车霍尔效应式电子点火系统的结构示意图
1—火花塞；2—分电器（内装霍尔信号发生器）；3—点火控制器；
4—点火线圈；5—点火开关；6—蓄电池

分电器轴转动时，点火信号发生器产生脉冲电压信号，此脉冲电压信号经电子点火器放大电路处理后，控制串联于点火线圈初级回路的导通和断开。当输入电子点火器的点火脉冲信号使初级电路接通时，点火线圈初级储存点火能量；当输入电子点火器的点火脉冲信号使初级电路断开时，次级线圈产生高压，通过配电器及高压导线等将点火高压送至点火气缸的火花塞。

1. 点火信号发生器

点火信号发生器的作用是产生与气缸数及曲轴位置相对应的电压信号，用以触发电子点火器按发动机各缸的点火需要，及时通断点火线圈初级回路，使次级产生高压。

图7-4所示为桑塔纳轿车霍尔效应式无触点点火系统分电器的结构，它采用了霍尔效应点火信号发生器。该分电器还配有配电器、点火提前调节机构。

霍尔传感器（点火信号发生器）由霍尔触发器、永久磁铁和带缺口的转子组成，工作原理如图7-5所示。

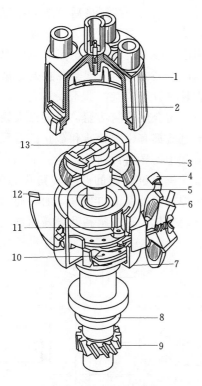

图7-4 桑塔纳轿车霍尔效应式无触点点火
系统分电器的结构图

1—抗干扰屏蔽罩；2—分电器盖；3—防尘罩；4—弹簧夹；
5—带缺口转子；6—真空式点火提前器；7—分电器
外壳；8—密封圈；9—斜齿轮；10—离心式点火
提前器；11—霍尔传感器；12—分电
器轴；13—分火头

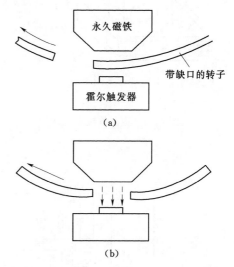

图7-5 霍尔传感器工作原理示意图
（a）转子叶片处于永久磁铁和霍尔元件之间；
（b）转子的缺口处于永久磁铁和
霍尔元件之间

霍尔触发器是一个带有集成电路的半导体基片。当外加电压作用在触发器两端时，便有电流 I 在其中通过。如果在垂直电流方向上同时有外加磁场作用，则在垂直于电流和磁场的方向产生霍尔电压 U_H，这种现象称为霍尔效应，如图7-6所示。

霍尔电压 U_H 的大小与通过的电流 I、外加磁场强度 B、基片厚度 d 存在以下关系：

$$U_H = \frac{R_H}{d} IB \tag{7-1}$$

式中：R_H 为霍尔系数；d 为基片厚度；I 为电流；B 为外加磁场的磁感应强度。

霍尔效应传感器（点火信号发生器）的输出电压幅度不受发动机转速的影响，且结构简单、工作可靠、抗干扰能力强，因此得到广泛应用。

无触点电子点火系统按点火信号发生器的工作原理不同可分为：磁感应式、霍尔效应式、光电式等无触点电子点火系统。目前汽车上广泛使用的是磁感应式和霍尔效应式。

2. 电子点火器

图7-7是桑塔纳轿车用霍尔效应式电子点火器电路控制原理图。其工作过程是：分电器内磁感应式点火信号发生器产生的交变信号由传感器输入点火控制器，经点火控制

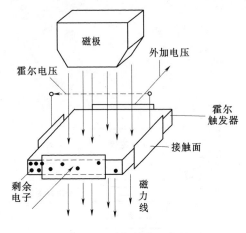

图 7-6　霍尔效应示意图

器整形、放大后，控制最后一级功率三极管的通断，从而控制端子 1 与 2 的通断，即控制点火线圈中初级电流的通断，点火线圈次级绕组产生的高压经分电器分配给各缸火花塞。

它具有以下特点：

（1）闭合角控制功能。流过点火线圈初级绕组的电流都有一个导通和截止的过程。从初级电流截止到导通再到截止这一周期，四冲程多缸发动机每缸所占的凸轮转角称为闭合角。闭合角控制可以保证初级电流的导通角随转速的变化而变化。转速越高，导通角越大；反之越小。

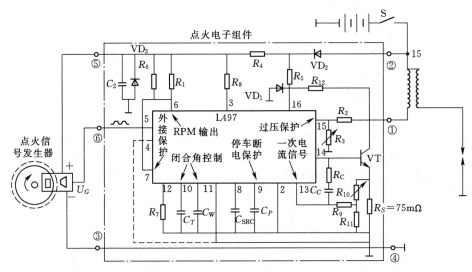

图 7-7　桑塔纳轿车点火器基本电路

（2）停车断电功能。当发动机停止运转而未关闭点火开关时，若霍尔效应式点火信号发生器输入高电平，则使点火线圈持续通路，对点火线圈、蓄电池及电子点火器不利。点火控制器可在发动机停止运转且点火开关仍然接通时，缓慢地切断点火线圈中的初级电流。

（3）初级电流限制。当初级电流上升到限定值，控制回路使大功率开关三极管 VT 基极（14 号端子）电流减小，使大功率开关三极管 VT 基极由饱和导通进入放大导通，限制初级电流，以防止点火线圈的烧毁。

无触点电子点火系统是在传统点火系统的基础上省去触点、采用点火信号发生器及点火控制器，对提高次级电压和点火能量，使用寿命及工作可靠性均有较大提高。但对点火时间的调节，与传统点火系统一样，仍靠离心式和真空式两套机械点火提前装置来完成。由于机械滞后、磨损及装置本身的局限性等许多因素的影响，机械式点火提前调节机构还不能保证使发动机的点火时刻总是等于最佳值。

近年来，汽车发动机向着多缸高速的方向发展，人们还力图通过改善混合气的燃烧状况，以及燃用稀混合气，以达到减少排气污染和节约燃油的目的。这些都要求汽车的点火系统能够有足够高的次级电压、火花能量和最佳的点火时刻。为此，电控点火系统应运而生。

第三节　发动机电控点火系统

用 ECU 控制的电控点火系统，可使发动机在各种工况下均能达到最佳点火时刻，从而提高发动机的动力性、经济性，改善排放指标。发动机电控点火系统是随着电子技术的进步而发展起来的一门新技术，也是汽车电子化的必然趋势。

一、电控点火系统的组成与功能

电控点火系统主要由电子控制单元（ECU）、传感器和点火器三大部分组成，如图 7-8 所示，各部分功能如下。

1. 传感器

传感器是用来检测发动机各种运行工况信息的装置。电控点火系统的传感器与电控汽油喷射系统共用。各种传感器的结构、类型、数量和安装位置因车而异，但其作用大同小异。常用传感器的作用如下：

（1）曲轴位置传感器，用来检测曲轴转角、活塞上止点位置和发动机转速，是电控点火系统最基本的输入信号。

（2）空气流量或进气压力传感器，用来检测流入进气管的空气量，提供发动机的负荷信号。

（3）节气门位置传感器，用来检测节气门的开度或加速信号。

（4）冷却液温度传感器，用来检测发动机冷却水温度。

（5）车速传感器，用来检测车速信号。

（6）爆震传感器，用来检测气缸爆震信号。

2. 电子控制单元（ECU）

电子控制单元即为发动机的 ECU，是电控点火系统的中枢，由输入回路、输出回路、A/D 转换器、微型计算机以及电源电路、备用电路等组成。其作用是根据发动机各传感器输入的转速、曲轴位置、发动机的水温、进气温度、节气门开度等信号按照控制程序，计算出发动机的最佳点火提前角，并向点火控制器送出点火正时信号，通过点火控制器控制点火线圈的闭合时间和断开时刻，实现闭合角和点火提前角的控制。

3. 点火器

点火器是电子控制单元的执行器之一。它按电子控制单元输送的指令，通过内部大功率三极管的导通和截止，控制点火线圈初级电流的通断完成点火工作。有些点火器只有大功率三极管，单纯起开关作用，有的除开关作用外，还有恒流控制、闭合角控制、气缸判别、点火监视及过电压保护等功能。有的发动机不另设点火模块，大功率三极管组合在ECU 内部，由 ECU 直接控制点火线圈中初级电流的通断。

二、电控点火系统的分类

电控点火系统可分为有分电器式和无分电器式两种形式，其中无分电器式电控点火系统又可根据点火线圈的数量和高压电分配方式的不同，分为无分电器线圈配电式同时点火系统、无分电器二极管配电式同时点火系统和无分电器单独点火系统三种形式。

1. 有分电器的电控点火系统

（1）基本组成和原理。有分电器的电控点火系统的分电器中只有配电器（可能有曲轴位置传感器），没有真空点火提前装置和离心提前装置。点火提前角由计算机根据各传感器的信号控制，克服了电子点火系统点火提前角控制不够精确的缺点，进一步提高了发动机的动力性和经济性，同时排放污染进一步减小。其组成和基本电路如图 7-8 所示，主要由电源、传感器、ECU、点火器、点火线圈、分电器和火花塞等组成。有分电器的电控点火系统的主要特点：只有 1 个点火线圈。

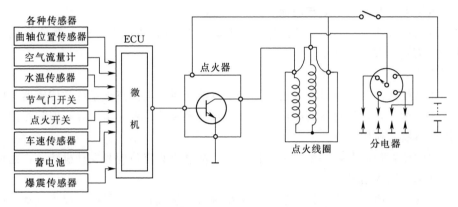

图 7-8 有分电器的电控点火系统组成

（2）有分电器的电控点火系统的工作过程。各种车型有分电器电控点火系统的工作过程基本相同，下面以丰田系列轿车常用的有分电器电控点火系统为例加以说明。

如图 7-9 所示，丰田轿车电控点火系统电路主要由点火线圈、点火器、发动机 ECU 和分电器（包含配电器和磁感应式曲轴位置传感器）等组成。工作时由点火开关提供的电源同时进入点火线圈正极、点火器和发动机 ECU，向点火线圈、点火器和发动机 ECU 供电，点火线圈的初级线圈通电。该电流由点火线圈的"＋"端子→点火线圈的"－"端子→点火器接线柱 1，经点火器内部三极管搭铁，从而形成初级电流。随后 ECU 根据转速信号（N_e）和曲轴位置信号（G）、进气歧管真空度（或进气流量）信号以及启动开关信号等计算最佳点火提前角，通过 IGT 端向点火器接线柱 4 输出点火正时信号，控制点火器接线柱 1 和搭铁之间的三极管饱和和截止的时刻。三极管截止时，在点火线圈的次级线圈产生很高的感应电动势，经分电器送至工作气缸的火花塞，点火能量被瞬间释放，并迅速点燃气缸内的混合气，发动机完成作功过程。点火控制器在执行 ECU 的点火正时信号的同时，还向 ECU 送回一个已点火信号（IGF）。当 ECU 接收不到点火控制器反馈的 IGF 信号时，会立即控制喷油器停止喷油，使发动机熄火，以避免点火不正常或不点火时喷入的燃油未经燃烧直接由气缸排入排气管中，造成三元催化反应器因过量的氧化反应而被烧坏。

此外，ECU 还会在发动机工作期间不断地检测爆震传感器输出的信号，在产生爆震时将点火提前角减小，爆震消除后又分步将点火提前角调回到爆震前的状态，实现点火提

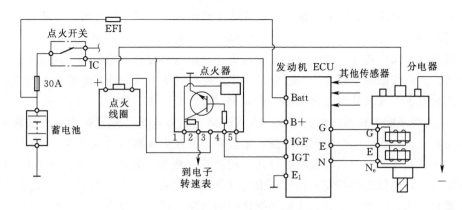

图 7-9　丰田凌志轿车电控点火系统电路

前角的闭环控制。

2. 无分电器的电控点火系统

无分电器的电子点火控制系统又称为直接点火系统（Distributorless Ignition System 或 Direction Ignition System，DIS），用电子控制装置取代了分电器，电控单元控制点火线圈模块实现点火高压的分配。它取消了传统点火系统或普通电子点火系统中的分电器总成，直接将点火线圈次级绕组与火花塞相连，即把点火线圈产生的高压电直接送给火花塞进行点火。利用电子分火控制技术将点火线圈产生的高压电直接送给火花塞进行点火，点火线圈的数量比有分电器电控点火系统多，其结构和控制电路复杂。无分电器的电子点火控制系统具有以下优点：由于废除分电器，节省空间；没有配电器，不存在分火头与分电器旁电极间产生火花，因此有效地降低点火系统对无线电的干扰；点火系统为全电子电路，无机械零件，无机械故障。无分电器的电子点火系统可分为双缸同时点火的配电方式和单独点火的配电方式，如图 7-10 所示。

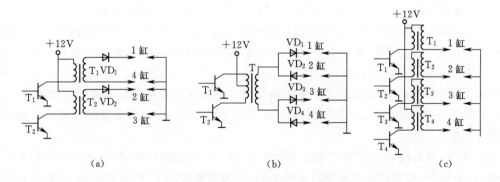

图 7-10　无分电器点火配电方式

(a) 同时点火点火线圈配电；(b) 同时点火二极管配电；(c) 单独点火

（1）同时点火的无分电器电控点火系统。同时点火方式是利用一个点火线圈对活塞接近压缩上止点和排气上止点的两个气缸进行点火的高压配电方式。其中，活塞接近压缩行程上止点的气缸点火后，混合气燃烧做功，该气缸火花塞产生的电火花是有效火花；活塞接近排气行程上止点的气缸，火花塞产生的电火花是无效火花。由于排气气缸内的压力远低于压缩气缸内的压力，排气气缸中火花塞的击穿电压也远低于压缩气缸中火花塞的击穿电压，因而绝大部分点火能量主要释放在压缩气缸的火花塞上。同时在点火方式中，由于点火线圈仍然远离火花塞，所以点火线圈与火花塞仍然需要高压线连接。同时点火方式的主要特点：点火线圈的个数等于气缸数的一半。同时点火方式只能用于气缸数为偶数的发动机。同时点火方式又分为点火线圈配电式和二极管配电式两种。

1）点火线圈配电式同时点火系统。点火线圈配电方式是一种直接用点火线圈分配高压电的同时点火方式。几个相互屏蔽的、结构独立的点火线圈组合成一体，称为点火线圈组件。点火控制器中有与点火线圈数量相等的功率三极管，各控制一个点火线圈的工作。点火控制器根据电脑提供的点火信号，由气缸判别电路按点火顺序轮流触发功率三极管，使其导通或截止，以此控制点火线圈初级绕组的通断，产生次级电压而点火。

有些点火线圈分配式同时点火系统，在点火线圈的次级绕组中串联一个高压二极管，其作用是防止高速时初级绕组导通而产生的次级电压形成误点火。

2）二极管配电式同时点火系统。二极管配电式同时点火方式［图 7 - 10（b）］是利用二极管的单向导通特性，对点火线圈产生的高压电进行分配的同时点火方式。与二极管配电方式相配的点火线圈有两个初级绕组，一个次级绕组，相当于是共用一个次级绕组的两个点火线圈的组件。次级绕组的两端通过两个高压二极管与火花塞构成回路，其中配对点火的两个气缸的活塞必须同时到达上止点，即一个处于压缩上止点时，另一个处于排气上止点。电控单元根据曲轴位置等传感器输入的信息，计算、处理，输出点火控制信号，通过点火控制器中的两大功率三极管，按点火顺序控制两个初级绕组的电路交替接通和断开。二极管配电式同时点火系统的主要特点是：四个气缸共用一个点火线圈，发动机气缸数必须是四的整数倍，因此特别适宜于四缸或八缸发动机。

下面以丰田皇冠汽车无分电器同时点火系统为例分析同时点火的无分电器电控点火系统基本控制原理。其控制电路如图 7 - 11 所示，曲轴位置传感器可向 ECU 输出 G_1、G_2 和 N_e 三个信号，用于判别气缸、检测曲轴转角和确定初始点火提前角。

a. G_1 信号的作用是用来判别六缸压缩行程上止点的位置：G_1 信号线圈产生电压波形的时刻设定在六缸压缩行程上止点，因此只要 G_1 信号出现，电控单元（ECU）即可断定为六缸处在压缩行程上止点附近。

b. G_2 信号与 G_1 信号波形相同，但两信号相隔 180°凸轮轴转角（360°曲轴转角）。因此，其作用是用来判别一缸压缩行程上止点的位置，即当 G_2 信号出现时，表示一缸在压缩行程附近。

c. N_e 信号的转子上有 24 个齿，每旋转一周（发动机旋转两周）产生 24 个信号，其波形与 G_1 和 G_2 信号波形基本相同。每个 N_e 信号波形表示 15°凸轮轴转角（即 30°曲轴转角）。由于每个波形表示的曲轴转角过大，点火控制会引起较大误差，因此需要通过电控单元（ECU）中的转角脉冲发生器将传感器产生的每个信号转换成 60 个脉冲，从而将 N_e 信号转子每转产生的 24 个脉冲转变成为 1440 个脉冲，即每个脉冲表示 0.5°曲轴转角，从而提高了点火提前角和闭合角的控制精度。实际点火控制就是以信号 G 为基准信号，根据 N_e 信号确定点火提前角和闭合角。

d. 电控单元（ECU）通过曲轴位置传感器接收到 G_1、G_2、N_e 信号后，向电子点火

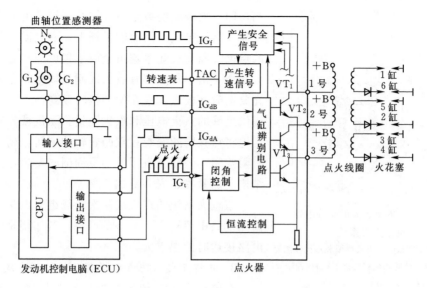

图 7-11 丰田皇冠汽车无分电器点火电路

器输出 IG_t、IG_{dA}、IG_{dB} 三个信号（图 7-12）。其中 IG_t 信号是点火正时信号，IG_{dA} 和 IG_{dB} 信号是 ECU 输送给点火器的判断信号，点火器中的气缸判别电路根据输入的 IG_{dA} 和 IG_{dB} 的信号状态，决定接通哪条驱动电路，并将点火正时的 IG_t 信号送往与此驱动电路相连接的三极管。当 IG_t 的下边沿到来时，与该三极管相连接的点火线圈产生高电压，完成该缸的点火。

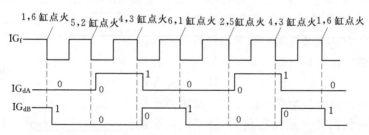

图 7-12 IG_t、IG_{dA} 和 IG_{dB} 信号和点火时刻

在点火系统完成正常点火的同时，电子点火系统向电控单元（ECU）反馈 IG_f 点火确认信号，即将点火线圈初级电路通、断的信号反馈给电控单元（ECU）。在发动机工作过程中，当 IG_f 点火确认信号连续 3~5 次无反馈时，ECU 则判断为点火系统有故障，发出指令强制停止喷油器工作，以免造成缸内喷油过多，使发动机再次启动困难或加大三元催化转化装置的负荷。

（2）单独点火的无分电器电控点火系统。单独点火的无分电器电控点火系统是将点火线圈直接安装在火花塞的顶上，这样不仅取消了分电器，也同时取消了高压线，故分火性能较好。相比而言，其结构与点火控制电路最为复杂。

单独点火方式每个气缸的火花塞配一个点火线圈，单独对本缸点火，单独点火方式可用于任意气缸数的发动机，如图 7-13 所示。绝大部分无分电器点火系统均采用无高压线的直接点火方式，这也是目前点火系统发展的最高阶段。其主要特点是：每缸一个点火线

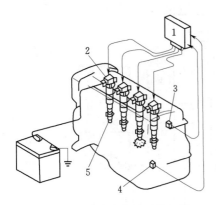

图 7-13　单独点火的无分电器
电控点火系统

1—发动机 ECU；2—点火线圈和点火控制器
总成；3—凸轮轴位置传感器；4—曲轴
位置传感器；5—火花塞

圈，即点火线圈的数量与气缸数相等。由于无机械分电器和高压导线，因而能量损失、漏电损失小，各缸的点火线圈和火花塞均由金属罩包覆，其电磁干扰大大减小。由于每缸都有点火线圈，该特制点火线圈的充放电时间极短，能在发动机转速高达 9000r/min 时提供足够的点火电压和点火能量。无机械分电器，恰当地将点火线圈安装在双凸轮轴的中间，充分利用了有限空间，因而节省了发动机周围的安装空间，使其结构更加紧凑、安装更加合理。

该点火系统的点火线圈次级绕组与火花塞之间的高压电路中留有 3～4mm 的间隙，其作用是防止初级电路接通时的误点火。

3. 电控点火系统点火提前角的控制方式

在电控点火系统中，根据有关传感器送来的信号，ECU 计算出最佳点火时刻，输出点火正时信号（IG_t），控制点火器点火。在发动机启动时，不经 ECU 计算，点火时刻直接由传感器信号控制一个固定的初始点火提前角。当发动机转速超过一定值时，自动转换为由 ECU 控制点火正时信号 IG_t。

（1）初始点火提前角。为了确定点火正时，ECU 根据上止点位置确定点火的时刻。在有些发动机中，ECU 根据 G_1 或 G_2 信号把点火提前角定为压缩行程上止点前 10°，ECU 计算点火正时，就把这一点作为参考点。这个角度称作初始点火提前角，其大小随发动机而异。

（2）点火提前角的确定。发动机工作时，ECU 根据进气歧管压力（或进气量）和发动机转速，从存储器存储的数据中找到相应的基本点火提前角，再根据有关传感器信号值加以修正，得出实际点火提前角。实际点火提前角＝初始点火提前角＋基本点火提前角＋修正点火提前角（或延迟角），修正点火提前角受水温、进气温度等因素影响（图 7-14）。

（3）点火提前角的控制。

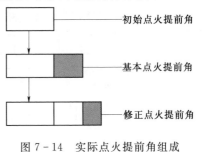

图 7-14　实际点火提前角组成

点火提前角的控制如图 7-15 所示。

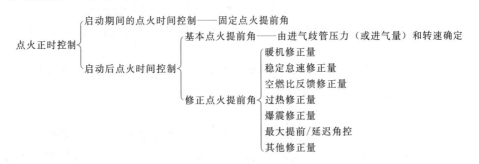

图 7-15　点火提前角的控制

1）启动期间的点火时间控制。发动机在启动时，在固定的曲轴转角位置点火，与发动机的工况无关。

2）启动后发动机正常运行期间的点火时间控制。点火时间由进气歧管压力信号（或进气量信号）和发动机转速确定的基本点火提前角和修正量决定。修正项目随发动机而异，并根据发动机各自的特性曲线进行修正。

4. 爆震控制

爆震是汽油机运行中最有害的一种故障现象。发动机工作如果持续产生爆震，火花塞电极或者是活塞就可能产生过热、熔损等现象，造成严重故障，因此必须防止爆震的产生。

爆震与点火时刻有密切关系，同时还与汽油的辛烷值有关。

在无爆震控制的点火系统中，为防止爆震的发生，其点火时刻的设定往往远离爆震边缘。这样势必就会降低发动机效率，增加燃油消耗；而具有爆震控制的点火系统，点火时刻到爆震边缘只留一个较小的余量，或者说就在爆震界面上工作，这样既控制了爆震的发生，又能更有效地得到发动机的输出功率。

（1）爆震控制系统它由爆震传感器和ECU两大部分组成。从硬件上看，爆震控制系统实际上就是加了爆震传感器的电控点火控制系统。

（2）爆震控制方法。其工作原理是：爆震传感器安装在发动机的缸体上，利用压电晶体的压电效应，把缸体的振动转换成电信号输入ECU，ECU把爆震传感器输出的信号进行滤波处理，同时判定有无爆震以及爆震强度的强弱，进而推迟点火时间。当ECU有爆震信号输入时，点火控制系统采用闭环控制方式，爆震强，推迟点火角度大；爆震弱，推迟点火角度小，并在原点火提前角的基础上推迟点火提前角，直到爆震消失为止。当爆震消失后，在一段时间内维持当前的点火时间角。如果没有爆震发生，则逐步增加点火提前角一直到爆震发生。当发动机再次出现爆震时，ECU又使点火提前角再次推迟，调整过程如此反复进行。

第八章 汽车润滑系统

第一节 润滑系统的功用及组成

一、功用

发动机工作时曲轴与主轴承、连杆轴承、活塞与气缸壁、凸轮轴与轴承等零部件之间必然有摩擦，如果金属表面之间产生干摩擦，不仅会增加发动机内部的功率消耗，使零件表面迅速磨损，而且由于摩擦产生的高温可能使某些摩擦表面的金属熔化，使得发动机无法运转。为保证发动机正常工作，必须对相对运动的表面进行润滑。从而达到提高发动机工作可靠性和耐久性的目的。

1. 润滑减摩作用

在发动机工作时连续不断地把数量足够、温度适当的洁净机油输送到全部传动件的摩擦表面，由于机油有一定的黏性，能黏附在摩擦表面上，形成一层油膜，实现液体摩擦，由于液体摩擦系数比干摩擦系数小得多，所以摩擦阻力显著减小，从而降低了功率消耗、减轻了机件磨损。

2. 冷却作用

在发动机工作时，由于零件的摩擦以及混合气的燃烧，使某些零件产生较高的温度。润滑系统可以通过机油的循环流动不断地从摩擦表面吸收和带走一定的热量，保持零件温度不致过高，以防摩擦表面过热而烧毁。

3. 清洗作用

利用机油的循环流动冲洗零件的工作表面，带走由于零件磨损产生的金属屑和其他脏杂物，以防止在零件之间形成磨料而加剧磨损。

4. 密封作用

利用机油的黏性，附着于运动零件表面，形成油封，提高了零件的密封效果。

5. 防腐作用

机油能吸附在金属零件表面，防止水、空气和酸性气体与零件表面接触而发生氧化和腐蚀。

6. 消除冲击负荷作用

当气缸压力急剧上升时，突然作用到活塞、活塞销、连杆、曲轴和它们的轴承上的力很大，这个负荷经过轴承的传递时，轴承间隙里的机油承受冲击负荷，从而起到缓冲的作用。

二、润滑方式

根据发动机中各运动副不同的工作条件，可采用以下三种不同的润滑方式。

（1）压力润滑：是在机油泵的作用下以一定的压力将润滑油不断输送到摩擦表面的润

114

滑方式。曲轴主轴承、连杆轴承及凸轮轴轴承等承受负荷较大的摩擦表面采用压力润滑。

（2）飞溅润滑：是利用发动机工作时运动零件飞溅起来的油滴或油雾来润滑摩擦表面的润滑方式。这种润滑方式主要用来润滑负荷较小的汽缸壁面和配气机构的凸轮、挺柱、气门杆以及摇臂等零件的工作表面。

（3）润滑脂润滑：是通过润滑脂嘴定期加注润滑脂来润滑零件工作表面的润滑方式。主要用于负荷小、摩擦力不大，露于发动机体外的一些附件的润滑面上，如水泵、发电机、启动机等部件轴承的润滑。近年来又采用尼龙、二硫化钼等耐磨润滑材料的轴承代替加注润滑脂的轴承。

三、润滑系统的组成和润滑油路

1. 润滑系统的组成

润滑系统的组成如图 8-1 所示，主要包括：油底壳 1、机油集滤器 2、机油泵 3、机油滤清器 6、上油道 8（通向摇臂轴）、主油道 9、分油道 10（通向凸轮轴轴承），此外还有机油散热器、机油压力表机油压力传感器、限压阀和旁通阀等。

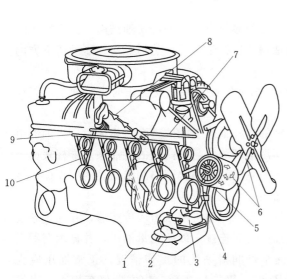

图 8-1 润滑系统的组成

1—油底壳；2—机油集滤器；3—机油泵；4—机油滤清器进油道；5—机油滤清器出油道；6—机油滤清器；7—回油道；8—上油道（通向摇臂轴）；9—主油道；10—分油道（通向凸轮轴轴承）

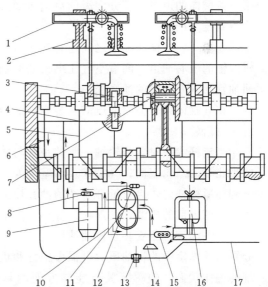

图 8-2 6100-1 型发动机润滑系统

1—摇臂轴；2—上油道；3—机油泵传动轴；4—主油道；5—横向油道；6—喷油器；7—连杆小头油道；8—机油粗滤器旁通阀；9—机油粗滤器；10—油管；11—机油泵；12—限压阀；13—磁性放油螺塞；14—固定式集滤器；15—进油限压阀；16—机油细滤器；17—油底壳

2. 润滑油路

（1）汽油机润滑油路（压力润滑油路）。图 8-2 所示为东风 EQ1090E 型汽车的 6100-1 型发动机润滑系统。在该润滑系统中，曲轴的主轴颈、连杆轴颈、凸轮轴轴颈、摇臂孔、凸轮轴止推凸缘、正时齿轮、机油泵驱动轴、分电器传动轴以及空气压缩机等均采用压力润滑；其余部件如：活塞、活塞环、活塞销、气缸壁、气门、挺杆和凸轮等采用飞溅润滑。

发动机工作时，在机油泵 11 的作用下，机油经固定式集滤器 14 从油底壳吸出，并产生一定的压力输出。由机油泵吸出的机油分为两路。一路即大部分的机油（占总流量的90%）进入机油粗滤器 9 滤去较大的机械杂质后进入主油道 4，并由此流向各运动零件的工作表面。机油粗滤器、主油道与机油细滤器是并联的，这样既不影响润滑油的流动，又能较好的过滤润滑油。另一路的机油流量较小（占总流量的 10% 左右），经进油限压阀 15直接流入机油细滤器 16，滤去机油中的较小杂质和胶质后流回油底壳，当润滑油路中的油压低于 100kPa 时，则进油限压阀不开，机油全部进入主油道，以保证进入主油道的机油压力。一般在汽车行驶 50km 左右，全部机油可以通过细滤器一次。

进入主油道 4 的机油经曲轴箱上的七条并联横向油道 5 分别润滑曲轴主轴颈、连杆轴颈（曲柄销）和凸轮轴轴颈。第五道凸轮轴轴承座孔处的机油，从轴颈上的泄油孔流出，第三条横向油道里的部分润滑油流向机油泵传动轴 3 和分电器传动轴。因此这些摩擦表面均得到压力润滑。

在第一、二横向油道之间还有油管从主油道前端引出，部分润滑油被引入到空气压缩机曲轴的中心油道，润滑空气压缩机的曲轴轴颈和连杆轴颈等，然后经空气压缩机下方的回油管回到发动机的油底壳中。

在气缸体第一横向油道前端装有喷油器 6，机油经此直接喷射至正时齿轮面上，以润滑正时齿轮。

当连杆大头对着凸轮轴一侧的小孔与曲轴的连杆轴颈上的油道孔口相通时，机油即由此小孔喷向凸轮表面、气缸壁及活塞等处。润滑推杆球头与气门端的机油顺着推杆表面流下到杯形挺杆内，再由挺杆下部的油孔流出，与飞溅的机油共同来润滑凸轮的工作面。飞溅到活塞内部的机油，溅落在连杆小头的切槽内，借以润滑活塞销。

在主油道中还安装了机油油压过低的警告灯传感器和机油压力表传感器，并通过导线分别与驾驶室中的机油压力过低警报灯和机油压力表连接，以便测量油压，并显示润滑系统的工作状态，使得驾驶员能够方便的掌握车辆润滑系统的工作情况。正常油压应为150～600kPa。当主油道内的油压低于 100kPa 时，警告灯变亮，应立即停车检查。当发动机冷机启动时，机油黏度增加，很有可能导致润滑系统中油压过大，这样势必增加发动机功率损失、润滑系统的密封处可能漏油、飞溅到活塞与气缸内壁的机油量增加而引起的润滑油窜入燃烧室，增大有害排放物。因此，当机油泵出油压超过 600kPa 时，作用在柱塞式限压阀 12 上的机油总压力将超过限压阀弹簧的预紧力，顶开柱塞阀而使部分机油流回到机油泵的进油口，在机油泵内进行小循环，使得润滑系统内的油压保持正常值。

在机油细滤器上还设有可接机油散热器的阀门。机油散热器一般安装在冷却液散热器的前面。在高温环境中，当发动机长时间在大负荷高转速下工作时，驾驶员可将阀门打开，使部分机油流入机油散热器进行散热。在寒冷季节或在气温较低的情况下，汽车行驶于好路面上时，须将阀门关闭。当油压高于 400kPa 时，机油散热器安全阀打开，机油经此阀流入油底壳，从而避免机油散热器的损坏。图 8 - 3 为本田轿车发动机润滑系统示意图。

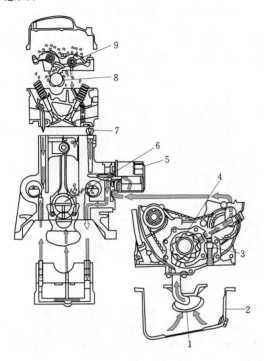

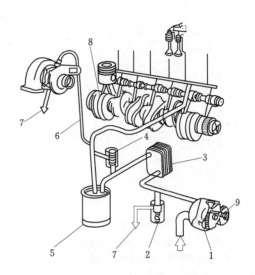

图8-3　本田轿车发动机润滑系统示意图
1—机油集滤器；2—油底壳；3—限压阀；4—机油泵；
5—机油滤清器；6—曲轴；7—机油控制节
流孔；8—凸轮轴；9—摇臂轴

图8-4　东风康明斯6BT柴油机润滑系统示意图
1—机油泵；2—调压阀；3—机油冷却系统；4—滤清器旁
通阀；5—机油滤清器；6—增压器机油供油管；7—机
油返回到油底壳；8—活塞冷却喷嘴；9—机油泵惰轮

（2）柴油机润滑油路。与汽油机润滑油路相比，其润滑系统的工作原理相同，但组成和油路则不同。柴油机的机油泵安装在曲轴箱内第一道或第二道主轴承盖处，由曲轴正时齿轮直接或间接驱动，由于柴油机无需驱动分电器，从而使得机油泵的转速等于或高于发动机转速，这样，柴油机润滑强度就比较高。因此就解决了柴油机热负荷和机械负荷较大的矛盾，润滑油路中一般专设油道对活塞进行冷却，柴油机所特有的喷油泵、调速器、增压器等也因此得以较大强度的润滑。为了保证润滑系统的可靠工作，通常设有机油散热器。图8-4所示为东风康明斯6BT柴油机的润滑系统。

第二节　润滑系统主要部件

一、机油泵

机油泵按形式可分为齿轮式和转子式两种。

1. 齿轮式机油泵

齿轮式机油泵的工作原理如图8-5所示。它主要由主动轴、主动齿轮、从动轴、从动齿轮和外壳等组成。两齿轮外啮合，装在壳体内，齿轮与壳体的径向和端面间隙都很小。当齿轮按图示方向旋转时，进油腔1处由于啮合着的齿轮逐渐脱开，密封工作腔容积逐渐增大，腔内形成一定的真空，油底壳中的润滑油便被吸入到进油腔来。随后又被轮齿带到出油腔 3。出油腔的容积由于轮齿逐渐进入啮合而减小，使润滑油压力升高，润滑油便经出油口被压入发动机机体上的润滑油道。在发动机工作时，机油泵齿轮不停地旋转，润滑油便连续不断地流入润滑油道，经过滤清之后被送到各润滑部位。

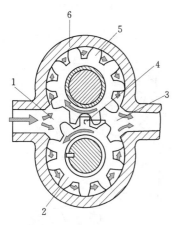

图 8-5　齿轮式机油泵工作原理

1—进油腔；2—机油泵主动齿轮；3—出
油腔；4—卸压槽；5—机油泵从动
齿轮；6—机油泵体

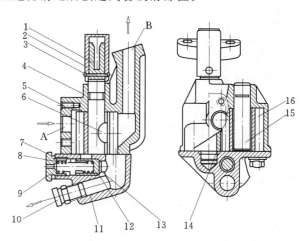

图 8-6　东风 EQ6100-1 型发动机的齿轮式机油泵

1—主动轴；2—连轴套；3—半圆头铆钉；4—油泵壳体；5—主动
齿轮；6—半圆键；7—调整垫片；8—限压阀弹簧；9—螺塞；
10—管接头；11—油泵盖；12—径向环槽；13—柱塞阀；
14—钢丝挡圈；15—从动齿轮轴；16—从动齿轮

当轮齿进入啮合时，封闭在轮齿径向间隙内的润滑油，由于容积减小，压力急剧升高，使齿轮受到很大的推力，并使机油泵轴衬套的磨损加剧和功率消耗增大。为此在泵盖上加工一道卸压槽 4，使轮齿径向间隙内被挤压的润滑油通过卸压槽流入出油腔。

如图 8-6 所示为齿轮式机油泵的典型结构。油泵壳体 4 上装有主动齿轮轴 1 和从动齿轮轴 15。主动齿轮轴上端通过连轴套 2 与分电器传动轴连接，下端则用半圆键 6 与主动齿轮 5 装配在一起。从动齿轮 16 松套在从动齿轮轴上，从动齿轮轴压装在泵体内。进油口 A 通过进油管与固定式机油集滤器相连，出油口 B 与曲轴箱上的油道及机油粗滤器的进油口相连，管接头 10 用油管与机油细滤器连接。

机油泵的使用性能主要取决于机油泵齿轮与泵体的配合间隙（端面间隙和径向间隙）。

齿轮与泵体的径向间隙一般不得大于 0.2mm，端面间隙不大于 0.05～0.2mm。当间隙过大时，润滑油泄漏严重，润滑油压力降低，泵油量就会减少，甚至机油泵不能泵油；当间隙过小时，泵体与齿轮易发生碰撞，产生磨损。泵体与泵盖之间的衬垫比较薄，既可以防止漏油，又可以用来调整齿轮的端面间隙。

齿轮式机油泵的优点是效率高、功率损失小、工作可靠；缺点是需要中间传动机构、制造成本相应较高。桑塔纳、捷达和奥迪等轿车都采用齿轮式机油泵。

2. 转子式机油泵

转子式机油泵的工作原理如图 8-7 所示。它主要由内、外转子，机油泵体及机油泵盖等组成。内转子用键或销固定在主动轴上，由曲轴齿轮直接或间接驱动；外转子松套在泵体内，内、外转子之间存在一定的偏心距。主动的内转子 2 带动从动外转子 3 一起沿同方向转动。通常内转子有 4 个凸齿，外转子有 5 个凹齿，这样内、外转子同向不同步地旋转。内、外转子工作面的轮廓是一对共轭曲线，当机油泵工作时，内、外转子每个齿的齿形廓线保证在任何角度时总有一点相接触，从而内、外转子间形成 4 个工作腔。

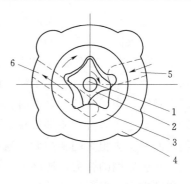

图 8-7 转子式机油泵工作原理
1—主动轴；2—内转子；3—外转子；
4—油泵壳体；5—进油口；
6—出油口

随着转子的转动，这 4 个工作腔的容积不断变化，当某一工作腔转到进油口时，由于转子间脱离啮合，容积增大，产生真空，润滑油经进油口被吸入工作腔内。当该工作腔转到出油口时，容积减小，油压升高，润滑油经出油口被压出。

转子式机油泵的优点是结构紧凑、质量轻、供油均匀、噪声小、泵油量大、成本低，在中、小功率高速发动机上的应用广泛。夏利、红旗轿车用汽油机以及康明斯 6B 系列柴油机均采用这种转子式机油泵。

二、机油滤清器

机油滤清器的功用是滤除机油中的金属磨屑、机械杂质和机油氧化物。如果这些杂质随同机油进入润滑系统，将加剧发动机零件的磨损，还可能堵塞油管或油道。机油滤清的方式有两种：全流式和分流式。

1. 全流式机油滤清器

现代汽车发动机所采用的全流式滤清器多为过滤式。机油从纸滤芯的外围进入滤清器中心，然后经出油口流进机体主油道。机油流过滤芯时杂质被截留在滤芯上。如果滤清器使用时间达到了更换周期，就把整个滤清器拆下扔掉换上新滤清器。纸滤芯由经过酚醛树脂处理的微孔滤纸制造，这种滤纸具有较高的强度、较好的抗腐蚀性和抗湿性；纸滤芯具有质量轻、体积小、结构简单、滤清效果好、阻力小和成本低等优点，因而得到了广泛的应用。机油滤清器的滤芯还可以采用其他纤维滤清材料制作。全流式机油滤清器串联于机油泵和主油道之间，因此全部机油都经过它滤清。目前在轿车上普遍采用全流式机油滤清器。

2. 分流式机油细滤器

分流式机油细滤器有过滤式和离心式两种。过滤式存在着滤清能力与通过能力的矛盾，而离心式则有滤清能力高、通过能力大、不受沉淀物影响等优点，因此车用发动机多以离心式机油滤清器作为分流式机油细滤器。

机油在流到摩擦面之前，所经过的滤清器滤芯愈细密，滤清次数愈多，机油流动阻力愈大，为此在润滑系统中一般装用几个不同滤清能力的滤清器（集滤器、粗滤器和细滤器），分别并联和串联在主油道中（与主油道串联的滤清器称为全流式滤清器，与主油道并联的则称为分流式滤清器），这样既能使机油得到较好的滤清，而又不至于造成很大的流动阻力。

（1）集滤器。集滤器一般是滤网式的，装在机油泵之前，防止粒度大的杂质进入机油泵。目前汽车发动机常用的集滤器分为浮式集滤器和固定式集滤器两种。

浮式集滤器的构造如图 8-8 所示。它由浮子 3、滤网 2、罩 1 及焊在浮子上的吸油管 4 所组成。浮子是空心的，以便浮在油面上。固定管 5 通往机油泵，安装后固定不动。吸油管 4 套在管 5 中，使浮子能自由地随油面升降。浮子下面装有金属丝制成的滤网 2。滤网有弹性，中间有环口，平时依靠滤网本身的弹性，使环口紧压在罩 1 上。罩 1 的边缘有缺口，与浮子装合后便形成狭缝。当机油泵工作时，机油从罩与浮子之间的狭缝被吸入，经过滤网滤去粗大的杂质后，通过油管进入机油泵。滤网被淤塞时，滤网上方的真空度增大，克服滤网的弹力，滤网便上升而环口离开罩 1，此时机油不经滤网面而直接从环口进入吸油管内，保证机油的供给不致中断。浮式集滤器能吸入油面上较清洁机油，但油面上泡沫易被吸入，使机油压力降低，润滑欠可靠。

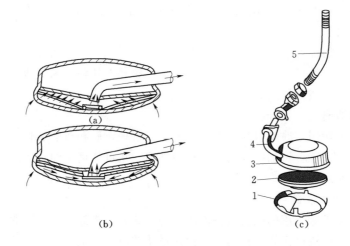

图 8-8　浮式集滤器的构造及工作情况
（a）滤网不堵；（b）滤网堵塞；（c）集滤器整体图
1—罩；2—滤网；3—浮子；4—吸油管；5—固定管

固定式集滤器装在油面下，吸入的机油清洁度虽稍逊于浮式，但可防止泡沫吸入，润滑可靠、结构简单，故基本取代了浮式集滤器。例如，解放牌 CA1091 型汽车、东风 EQIO90E 型汽车、依维柯轻型车以及奥迪 100 型轿车的发动机都采用了固定式集滤器。

（2）粗滤器。粗滤器用以滤去机油中粒度较大（直径为 0.05～0.1mm）的杂质。它对机油的流动阻力较小，故可串联于机油泵与主油道之间，即属于全流式滤清器。

粗滤器根据滤清元件（滤芯）的不同可以有各种不同的结构形式。汽车发动机常用的有金属片缝隙式和纸质式粗滤器。金属片缝隙式粗滤器由于质量大、结构复杂、制造成本高等缺点已基本被淘汰，目前国产汽车发动机都采用纸质粗滤器（图 8-9）。

图 8-10 所示为纸质滤芯的构造。芯筒是滤芯的骨架，用薄铁皮制成，其上加工出许多圆孔。微孔滤纸一般都折叠成折扇形和波纹形，以保证在最小体积内有最大的过滤面积，并提高滤芯刚度。滤芯用塑胶与上、下端正盖黏合在一起。微孔滤纸经过酚醛树脂处理，具有较高的强度、抗腐蚀能力和抗水湿性能。因此，纸质滤清器具有质量小、体积小、结构简单、滤清效果好、过滤阻力小、成本低和保养方便等优点，目前在国内外得到

广泛应用。

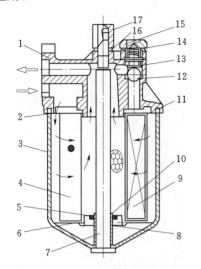

图 8-9　纸质滤芯机油粗滤器

1—上盖；2—滤芯密封圈；3—外壳；4—纸质滤芯；
5—托板；6—滤芯密封圈；7—拉杆；8—滤芯压
紧弹簧；9—压紧弹簧垫圈；10—拉杆密封圈；
11—外壳密封圈；12—球阀；13—旁通阀
弹簧；14—密封垫圈；15—阀座；
16—密封垫圈；17—螺母

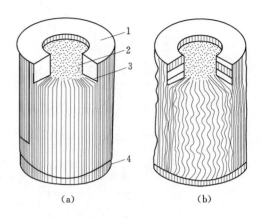

图 8-10　纸质滤芯

（a）折扇形；（b）波纹形

1—上端盖；2—芯筒；3—微孔滤纸；4—下端盖

（3）细滤器。细滤器用以清除直径在 0.001mm 以上的细小杂质，其结构如图 8-11所示。由于这种滤清器对机油的流动阻力较大，故多做成分流式，即与主油道并联，只有少量机油通过细滤器，因此细滤器属于分流式滤清器。细滤器按清除杂质的方法，分为过滤式机油细滤器和离心式机油细滤器两种类型。目前离心式机油细滤器应用较多，发动机工作时从油泵来的机油进入滤清器进油孔。若油压低于 0.1MPa，进油限压阀 19 不开启，机油不进入滤清器而全部供入主油道，以保证发动机可靠润滑；当油压高于此值时，进油限压阀 19 被顶开，机油沿壳体中的转子轴内的中心油道，经出油孔 C 进入转子内腔，然后经进油孔 D、油道从两喷嘴喷出，于是转子内腔的机油随着转子高速旋转。当油压为0.3MPa 时，转子转速可高达 5000～6000r/min。由于转子内腔的机油随着转子高速旋转，机油中的机械杂质在离心力的作用下被甩向转子壁。因此，洁净的机油从油孔进入，再经喷嘴喷出，喷出的机油经滤清器出口流回油底壳。在发动机工作中，如机油温度过高，可旋松调整螺钉，机油通过球阀，经管接头流向机油散热器。当油压高于 0.4MPa 时，旁通阀打开，机油流回油底壳。离心式滤清器滤清能力高．通过能力好，且不受沉淀物影响，不需更换滤芯，只需定期清洗即可，但对胶质滤清效果较差。这种滤清器由于出油无压力，一般只用作分流式细滤器，在有些小功率发动机上也有用它作为全流式离心细滤器。

三、机油散热器

机油散热器是用来对润滑油进行强制冷却，以保持润滑油在适宜的温度范围内（70～80℃）工作。发动机机油散热器分为风冷式和水冷式两类。风冷式机油冷却器很像一个小

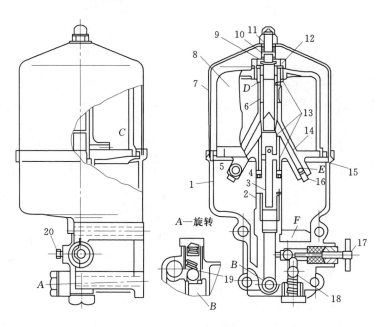

图 8-11　离心式机油细滤器

1—壳体；2—索片；3—转子轴；4—止推轴承；5—喷嘴；6—转子体端套；
7—滤清器盖；8—转子盖；9—支承座；10—弹簧；11—压紧螺母；
12—压紧套索；13—衬套；14—转子体；15—挡板；16—螺塞；
17—机油散热器开关；18—机油散热器安全阀；19—进油限
压阀；20—管接头；B—滤清器进油孔；C—出
油孔；D—进油孔；E—通喷油道；
F—滤清器出油孔

型散热器，利用汽车行驶时的迎面风对润滑油进行冷却。由于风冷式机油散热器在发动机启动后需要很长的暖机时间才能使润滑油达到正常的工作温度，所以普通轿车上很少采用。

风冷式机油散热器一般是管片式，与冷却系统水散热器的结构相似，装在水散热器的前面，利用风扇的风力使润滑油冷却。为了增加散热面积，管的周围焊有散热片，散热片常用导热性好的黄铜制造。润滑油从进口流入扁形机油管，利用风扇的风力和散热片的散热作用使润滑油冷却，降温后的机油从出口流出。

水冷式机油散热器将机油散热器装在冷却水路中，当润滑油温度较高时，靠冷却液降温，而在启动暖车期间润滑油温度较低时，则从冷却液吸热迅速提高润滑油温度。

第九章 汽车冷却系统

第一节 冷却系统组成及功用

一、冷却系统的功用与分类

发动机冷却系统的功用是使发动机在所有工况下都保持在适当的温度范围内。对水冷式发动机汽缸体水套中适宜的温度为 80～90℃；对风冷式发动机，汽缸壁适宜的温度为150～180℃。

发动机所采用的冷却方式分为水冷式和风冷式两种。以冷却液为冷却介质冷却发动机的高温零件，然后再将热量传给空气的冷却系统称为水冷系统；以空气为冷却介质的冷却系统称风冷系统。汽车发动机，尤其是轿车发动机大都采用水冷系统，只有少数汽油发动机采用风冷系统。

水冷式发动机冷却系统分为强制循环式和自然循环式两种。在水冷系统中，不设水泵，仅利用冷却液的密度随温度而变化的性质，产生自然对流来实现冷却液循环的水冷却系统，称为自然循环式水冷系统。这种水冷却系统的循环强度小，不易保证发动机有足够的冷却强度，因而目前只有少数小排量的汽车发动机在使用。

二、冷却系统的组成

强制循环式水冷却系统一般由补偿水箱12、冷却水套4和6、水泵2、散热器10、水温表5和传感器、放水阀8、分水管7、风扇1、百叶窗9、节温器3等组成，如图9-1所示。水泵从散热器中抽取低温冷却液，加压后输入气缸体的冷却水套内，冷却液从气缸壁吸收热量，温度升高，向上流入气缸盖冷却水套内，再次受热升温后从缸盖流出，沿水管流入散热器，由于有风扇的强力抽吸，空气流从前向后高速流过散热器，不断地把散热器处的冷却液的热量带走。此后的冷却液由水泵从散热器底部重新泵入水套，从而使冷却液在冷却系统中不断循环。这样就使得发动机的工作温度保持在适当的范围内。

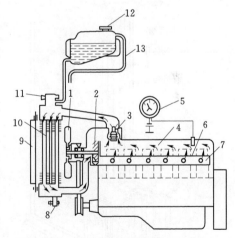

图 9-1 水冷却系统的组成与水路

1—风扇；2—水泵；3—节温器；4—气缸盖水套；5—水温表；6—机体水套；7—分水管；8—放水阀；9—百叶窗；10—散热器；11—散热器盖；12—补偿水箱；13—通气管

第二节 水冷却系统主要部件

1. 散热器

散热器主要由上、下水箱，散热器芯和散热器盖等组成，如图 9-2 所示。

散热器上水室顶部有加水口，平时用散热器盖盖住。在上下水箱上分别装有进水软管和出水软管，它们分别用橡胶软管和发动机气缸盖的出水管和水泵的进水管相连。这样既便于安装，而且当发动机和散热器之间产生少量位移时不会漏水。在散热器下面一般装有减振垫，防止散热器受振动损坏。在散热器下水室或出水管上还有放水开关，必要时可将散热器内的冷却水放掉，如图 9-2 所示。

散热器芯由许多冷却管和散热片组成，采用散热片是为了增加散热器芯的散热面积。

散热器芯多采用导热性好、焊接性好和耐腐蚀的黄铜制造。为减小质量、节约铜材，铝制散热器芯目前广泛用于许多使用条件较好的轿车上。也有些汽车发动机的散热器芯其冷却管仍用黄铜，而散热片则改用铝锰合金材料制成。

散热器一般为竖流式，即冷却水从顶部流向底部。为降低汽车发动机罩轮廓的高度，有些轿车采用了横流式散热器，即冷却水从一侧的进水口进入水箱，然后水平横向流到另一侧的出水口，如图 9-3 所示。

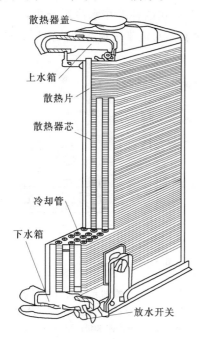

图 9-2 散热器结构

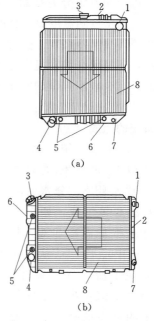

图 9-3 散热器结构
(a) 竖流式；(b) 横流式
1—进水口；2—进水室；3—散热器盖；4—出水口；
5—变速器油冷却器进、出口；6—出水室；
7—放水阀；8—散热器芯

2. 散热器盖

汽车上广泛采用的是封闭式水冷系统，该水冷系统的散热器盖具有空气-蒸汽阀门，如图9-4所示，可自动调节冷却系统内部压力，提高冷却效果。

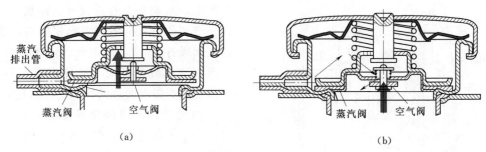

蒸汽排出管

蒸汽阀　　　空气阀

（a）

蒸汽阀　　　空气阀

（b）

图9-4　空气-蒸汽阀门
（a）蒸汽阀开启；（b）空气阀开启图

发动机热态工作正常时，两阀门在弹簧弹力的作用下均关闭，将冷却系统与大气隔开，而水蒸气的产生使冷却系统内的压力稍高于大气压力，从而可提高冷却水的沸点，改善了冷却效果。当散热器内蒸汽压力达到126～137kPa时，蒸汽阀打开，部分蒸汽从蒸汽排出管外泄，以防冷却系统中压力过高而损坏散热器和水管。当水的温度下降，蒸汽压力降到99～87kPa时，冷却系统内部产生一定的真空度，空气阀被大气压力压开，部分空气从空气阀口被吸入冷却系统，以防散热器及芯管被大气压瘪。

3. 风扇

风扇的功用是增大流经散热器芯部的流速，以增强散热器的散热能力，加速冷却液的冷却。冷却风扇通常安排在散热器后面，并与水泵同轴。当风扇旋转时，对空气产生吸力，使气流由前向后通过散热器芯，从而使流经散热器芯的冷却液加速冷却。风扇的扇风量主要与风扇的直径、转速、叶片形状、叶片安装角及叶片数目有关。目前风扇的形式很多，但汽车用的水冷发动机上大多数采用螺旋桨式风扇，其叶片多用薄钢板冲压制成，横断面多为弧形，也可以用塑料或铝合金铸成翼型断面。翼型风扇虽然制造工艺较复杂，但效率较高，功率消耗较少，故在轿车和轻型汽车上得到了广泛的应用。叶片应与风扇旋转平面安装成一定的倾斜角度（一般为30°～45°）。叶片数目通常为4片或6片。叶片之间的夹角一般不相等，以减小旋转时产生的振动和噪声。

风扇和水泵通常装在同一轴上，由曲轴皮带轮通过三角皮带驱动，利用发电机皮带轮作为张紧轮。在使用时，为了保证风扇、水泵的转速，皮带应有一定的张紧力。如果皮带太松将在皮带轮上滑动，而使风扇的风量减少，引起发动机过热和冷却液水沸腾；如果皮带太紧，轴承磨损将增加。

4. 风扇离合器

为减少发动机功率的损失、减小风扇的噪声、改善发动机低温启动性能、节约材料及降低排放，在有些汽车发动机采用风扇离合器来控制风扇的转速，自动调节冷却强度来达到上述的目的。风扇离合器主要有硅油式、电磁式等多种。这里主要介绍机械式的硅油式风扇离合器。

硅油式风扇离合器结构如图9-5所示，主动轴固定在风扇带轮上由曲轴驱动，主动

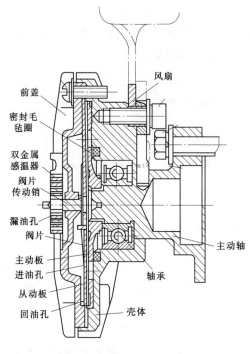

图 9-5　硅油式风扇离合器

板随主动轴一起旋转，从动板、前盖、壳体、风扇连成一体。前盖与从动板间空腔为储油腔，储有高黏度硅油；壳体与从动板间空腔为工作腔。从动板上有进油孔、回油孔、泄油孔。进油孔由双金属感温器根据水温高低控制封闭或打开。

当发动机温度低时，冷却水温度不高，双金属感温器带动阀片偏转，使进油孔关闭，工作腔内无油，风扇离合器处于分离状态。这时仅由于密封毛毡圈和轴承的摩擦，使风扇随同离合器壳体一起在主动轴上空转打滑，转速很低。当发动机的负荷增加而使吹向双金属感温器的气流温度超过 338K（65℃）时，阀片转到将进油孔打开的位置，于是硅油从储油腔进入工作腔，主动板利用硅油的黏性带动离合器壳体和风扇转动。此时离合器处于结合状态，风扇转速得到提高以适应发动机增强冷却的需要。若发动机的负荷减小，流经双金属感温器的气流温度低于 308K（35℃）时，双金属感温器复原，阀片将进油孔关闭。工作腔内油液继续从回油孔流向储油腔，直到甩空为止。这时风扇离合器又回到分离状态。漏油孔的作用是防止风扇离合器在静态时从阀片轴周围泄漏硅油。

5. 水泵

水泵的功用是对冷却液加压，使之在冷却系统中加速循环流动。水泵的结构形式有多种，但由于机械离心式水泵具有结构简单、尺寸小、出水量大，同时当水泵因故障而停止工作时，不妨碍冷却液在冷却系内热对流而自然循环等优点，因此机械离心式水泵在汽车上得到了广泛的应用。其工作原理如图 9-6 所示。

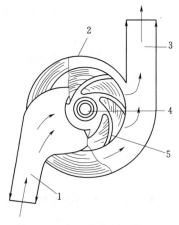

图 9-6　离心式水泵工作原理

1—进水管；2—水泵壳体；3—出水管；4—水泵轴；5—叶轮

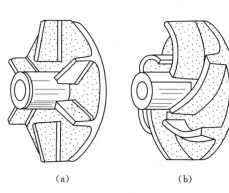

图 9-7　叶轮的叶片

(a) 翼形叶片；(b) 圆弧形叶片

　　离心式水泵主要由泵体、叶轮和泵轴组成。叶轮的叶片一般是径向或向后弯曲的，其数目一般为6～9片，如图9-7所示。当叶轮旋转时，水泵中的冷却液被叶轮带动一起旋转，在本身离心力作用下向叶轮边缘甩出，在蜗形壳体内将动能变为压能，经与叶轮成切线方向的出水口送入发动机水套。与此同时，叶轮中心处压力降低而将冷却液从进水口吸入。如此连续作用，使冷却液在冷却系中不断地循环。

　　图9-8为常见发动机用离心式水泵的结构示意图。水泵与风扇同轴，通过三角带传动。它主要由水泵壳体、泵盖、轴承、水封、叶轮、密封垫等组成。水封和轴承是水泵中的关键部件，其质量好坏直接关系水泵的可靠性和寿命。

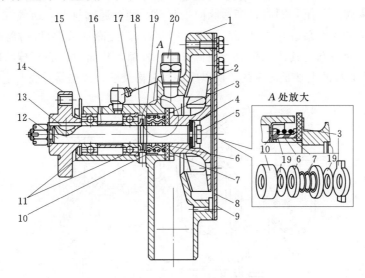

图9-8　离心式水泵的结构示意

1—泵壳；2—叶轮；3—胶木密封垫；4—垫；5—螺钉；6—水封皮碗；7—弹簧；8—衬垫；9—泵盖；
10—水封座圈；11—轴承；12—泵轴；13—键；14—凸缘盘；15—卡环；16—隔套；
17—注油嘴；18—挡水圈；19—垫圈；20—旁通管接头

　　水泵轴支承在水泵壳内的两个轴承上，叶轮紧固在水泵轴上。泵壳多制成蜗壳形状。进水孔用橡胶管与散热器出水管相连，旁通孔与气缸盖上的出水管连接，小循环时，冷却水由此直接进入水泵。叶轮旋转时，水由泵盖上的出水孔压送到发动机水套内。在叶轮前端有水封装置，防止水沿水泵轴向前渗漏。图9-8中水封由夹布胶木密封垫、水封皮碗和弹簧等组成，它利用胶木密封垫与密封端面之间的滑动起密封作用，耐磨性差。新式水封采用陶瓷、石墨组成摩擦副的水封结构，见图9-9。其密封性好，耐磨，使用寿命长。

　　水泵轴上装有挡水圈，渗出的水被挡水圈从检视孔甩出，可避免破坏轴承润滑。为了润

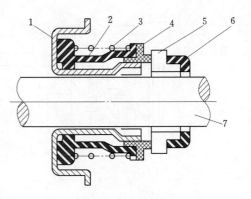

图9-9　石墨水封

1—水封座圈；2—水封皮碗；3—水封弹簧；4—石墨、静环；5—陶瓷动环；6—橡胶衬圈；7—水泵轴

滑水泵轴承，在水泵壳上装有注油嘴，定期向其中注入润滑脂。

6. 节温器

节温器用来控制流过散热器的冷却水流量和循环路线。目前多数发动机采用蜡式节温器，它分为单阀和双阀两种。双阀蜡式节温器，如图9-10所示，上支架与阀座以及下支架铆接为一体，中心杆的下端插入橡胶管10的中心孔中，其上端固定于上支架的中心。感应体5与橡胶管之间的空腔里装满了石蜡6，石蜡中掺有旨在提高导热性的铜粉和铝。为了不使石蜡向外流出，感应体上端向内卷边，并通过与密封垫12将橡胶管压紧在感应体外壳的台肩上。常温时石蜡呈固态，当冷却液温度低于349K(76℃)时，弹簧将主阀门压在阀座上，主阀门关闭，同时将旁通阀向上移动，使旁通阀打开，由气缸盖流出的冷却液经旁通管直接进入水泵进行小循环［图9-11（a）］。当冷却液温度升高到349K(76℃)时，石蜡逐渐变为液态，其体积膨胀，使得橡胶管收缩，从而对中心杆球状端头产生向上的推力。由于中心杆的上端是固定的，所以中心杆对橡胶管、节温器外壳产生向下的推力，

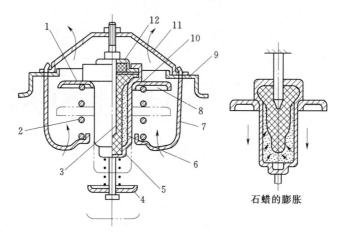

石蜡的膨胀

图9-10　蜡式双阀节温器

1—主阀门；2—弹簧；3—中心杆；4—旁通阀；5—感应体；6—石蜡；7—下支架；
8—通气孔；9—阀座；10—橡胶管；11—上支架；12—上盖和密封垫

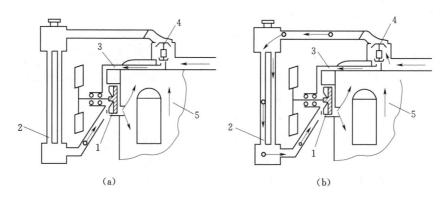

（a）　　　　　　　　　　　　　（b）

图9-11　冷却液大小循环

（a）小循环；（b）大循环

1—水泵；2—散热器；3—旁通阀；4—双阀节温器；5—水套

当冷却液温度超过 359K(86℃) 时，主阀门全开，旁通阀完全关闭了小循环路线，由气缸盖出水口流出的冷却液全部流向散热器进行大循环 [图 9-11 (b)]。当冷却液温度在 349~359K(76~86℃) 时，大小循环同时进行。节温器在冷却系统内有两种布置方式：第一种是在车辆上广泛采用的一种布置方式，节温器布置在气缸盖的出水管路上；另一种布置在气缸体的进水管路上。

第十章 汽车启动系统

第一节 概　述

使发动机从静止状态过渡到工作状态的全过程，叫做发动机的启动。完成启动所需要的装置叫做启动系统。它的作用是：使发动机曲轴转动，直至发动机能在自身动力作用下继续运转为止。

1. 启动条件

（1）启动转矩：能够使曲转旋转的最低转矩称为启动转矩，启动转矩必须克服压缩阻力和内摩擦阻力矩。启动阻力矩与发动机压缩比、温度、机油黏度等有关。

（2）启动转速：能使发动机启动的曲轴最低转速称为启动转速，在 0～20℃时，汽油机的启动转速为 30～40r/min，柴油机的启动转速为 150～300r/min。

2. 启动方式

转动曲轴使发动机启动的方式很多，汽车发动机常用的有两种：

（1）人力启动：启动最为简单，只需将启动手摇柄端头的横销嵌入发动机曲轴前端的启动爪内，以人力转动曲轴。

（2）电动机启动：电动机启动是用电动机作为机械动力，当将电动机轴上的齿轮与发动机飞轮周缘的齿圈啮合时，动力就传到飞轮和曲轴，使之旋转。电动机本身又用蓄电池作为电源。

第二节　启动系统组成与原理

一、启动机的组成

启动机由直流电动机 1、传动机构 2 和电磁操纵机构 3 等组成，如图 10-1 所示。

1. 直流电动机

（1）电动机原理。图 10-2 是一个最简单的直流电动机模型。在一对静止的磁极 N 和 S 之间，装设一个可以绕 $Z—Z'$ 轴而转动的圆柱形铁芯，在它上面装有矩形的线圈 $abcd$。这个转动的部分通常叫做电枢。线圈的两端 a 和 d 分别接到称为换向片的两个半圆形铜环 1 和 2 上。换向片 1 和 2 之间是彼此绝缘的，它们和电枢装在同一根轴上，可随电枢一起转动。A 和 B 是两个固定不动的碳质电刷，它们和换向片之间是滑动接触。来自直流电源的电流就是通过电刷和换向片流到电枢的线圈里。当电刷 A 和 B 分别与直流电源的正极和负极接通时，电流从电刷 A 流入，而从电刷 B 流出。这时线圈中的电流方向是从 a 流向 b，再从 c 流向 d。我们知道，载流导体在磁场中要受到电磁力，其方向由左手定则来决定。这样，在电枢上就产生了反时针方向的转矩，因此电枢就将沿着反时针方向转动起来。当电枢转到使线圈的 ab 边从 N 极下面进入 S 极，而 cd 边从 S 极下面进入 N 极时，与线圈 a 端连接的换向片跟电刷 B 接触，而与线圈 d 端连接的换向片跟电刷 A 接触，这样，线圈内的电流方向变为从 d 流向 c，再从 b 流向 a，从而保持在 N 极下面的导体中的电流方向不变。因此转矩的方向也不改变，电枢仍然按照原来的反时针方向继续旋转。

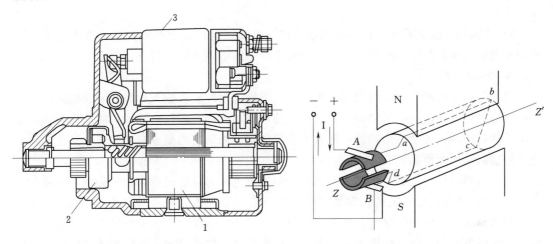

图 10-1　启动机的组成

1—直流电动机；2—传动机构；3—电磁操纵机构

图 10-2　直流电动机模型

（2）结构组成。汽车用启动电动机一般为直流电动机，它主要由磁极、电枢、换向器及机壳和前后端盖等组成。在直流电压的作用下直流电动机产生旋转力矩，该力矩被称为电磁力矩或电磁转矩。启动发动机时，它通过驱动齿轮、飞轮的环齿驱动发动机的曲轴旋转，使发动机启动，如图 10-3 所示。

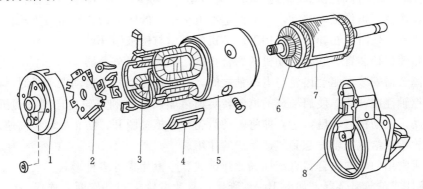

图 10-3　直流电动机

1—前端盖；2—电刷和电刷架；3—励磁绕组；4—磁极铁芯；5—机壳；

6—整流子；7—电枢；8—后端盖

1）磁极。磁极用来在启动机工作时建立磁场，它由固定在机壳上的磁极铁心 4 和缠绕在铁芯上的励磁绕组 3 组成。励磁绕组所产生的磁极应该是交错的。

2）电枢。在启动机通电时电枢与磁场相互作用而产生电磁转矩。它由外圆带槽的硅钢片叠成的铁芯、电枢轴和电枢绕组等组成。

启动机的电枢绕组与励磁绕组采用串联方式连接，称此种直流电机为串励式直流电动机。串励式直流电动机工作时，励磁电流与电枢电流相等，通过电枢绕组和磁场绕组的电流高达几百安或更大，这样可以产生强大的电磁转矩，有利于发动机的启动。它还具有低转速时产生的电磁转矩大、电磁转矩随着转速的升高而逐渐减小的特性，使启动发动机时安全可靠。

3）换向器。换向器由电刷和电刷架 2 以及由装在电枢轴上的整流子 6 组成，用来连接励磁绕组与电枢绕组的电路，并使电枢轴上产生的电磁力矩保持固定方向。

2. 传动机构

（1）传动机构的作用。传动机构安装在电动机电枢的延长轴上，启动发动机时，将电枢产生的电磁转矩传递给发动机飞轮，使发动机启动。在发动机启动后，驱动齿轮转速超过电枢轴转速时，传动机构中的超速保护装置使驱动齿轮与电枢轴自动脱开，防止发动机飞轮带动启动机电枢高速旋转。

（2）传动机构的类型。车用启动机的传动机构也称为啮合机构，它分为以下几种。

1）惯性啮合式传动机构。发动机启动时，依靠驱动齿轮自身旋转的惯性力的作用，沿电枢轴移出与飞轮环齿啮合，使发动机启动。发动机启动后，驱动齿轮转速提高，在惯性力的作用下自动沿电枢轴退回，脱离与飞轮的啮合。惯性啮合式结构简单，但可靠性较差，现已很少采用。

2）强制啮合式传动机构。接通启动开关启动发动机时，依靠电磁力通过拨叉或直接推动驱动齿轮作轴向移动与飞轮环齿啮合。启动后，切断启动开关，外力的作用消除后，驱动齿轮在回位弹簧的作用下沿电枢轴退回，脱离与飞轮的啮合。强制啮合式传动机构工作可靠，结构简单，应用比较广泛。

3）电枢移动式传动机构。接通启动开关启动发动机时，靠磁极产生的电磁力克服弹簧拉力的作用使电枢作轴向移动，带动固定在电枢轴上的驱动齿轮移出与飞轮齿环进入啮合。启动机不工作时，在弹簧的作用下启动机的电枢与磁极错开。

（3）超速保护装置。它是启动机的离合机构，称为单向离合器。

单向离合器安装在驱动齿轮与电枢轴之间，在接通启动开关启动发动机时，它将驱动齿轮与电枢轴连成一体，使启动机的电磁转矩通过驱动齿轮和飞轮传递到发动机的曲轴，发动机启动。发动机启动后，它立即将驱动齿轮与电枢轴脱开，防止发动机高速旋转的转矩通过飞轮传递给电枢轴，起到超速保护的作用。

启动机常用的单向离合器有滚柱式、弹簧式、摩擦片式等多种形式。

1）滚柱式单向离合器。如图 10-4 所示，驱动齿轮 1 与外座圈 2 连成一体，花键套筒 6 与十字块固定连接，外座圈 2 与十字块 3 形成的四个楔形槽内分别装有一套滚子 4 及弹簧，并通过花键套装在启动机电枢的延长轴上。单向离合器总成在传动拨叉的作用下，可以在电枢轴上轴向移动，也可随电枢轴转动。

如图 10-4（b）所示发动机启动时，电枢轴通过花键套筒带动十字块旋转，滚子借摩擦力及弹簧推力的作用，进入楔形槽的窄端，将十字块与外座圈连成一体。于是将启动机轴上的转矩通过十字块、楔紧的滚子传递到外座圈，与外座圈连成一体的驱动齿轮随电枢轴一同旋转，从而带动飞轮齿圈转动，使曲轴旋转启动发动机。

发动机启动后，随着曲轴转速升高，飞轮齿圈将带动驱动齿轮高速旋转。此时，驱动齿轮的旋转方向并没有改变，但它已由主动轮变为从动轮，而且驱动齿轮和单向离合器外座圈的转速超过十字块的转速。在摩擦力的作用下，滚子克服弹簧张力的作用滚入楔形槽的较宽一端而打滑，使十字块、外座圈脱离联系而自由的相对转动，高速旋转的驱动齿轮与电枢轴脱开，电枢轴仍以正常转速旋转，这样转矩就不能从驱动齿轮传给电枢轴，从而防止了启动机超速。

图 10-4（d）所示滚柱式单向离合器的楔形缺口开在外座圈上，其工作原理与上述单向离合器相同。

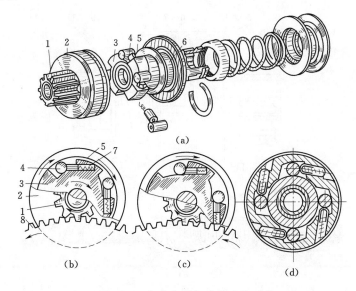

图 10-4　向离合器组成与工作示意

（a）组成；（b）启动时；（c）启动后；（d）楔形缺口开在外座圈上的

单向离合器

1—启动机驱动齿轮；2—外座圈；3—十字块；4—滚子；

5—柱塞；6—花键套筒；7—弹簧；8—飞轮齿圈

2）弹簧式单向离合器。弹簧式单向离合器结构简单，如图 10-5 所示。

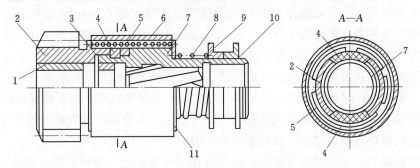

图 10-5　弹簧式单向离合器

1—衬套；2—启动机驱动齿轮；3—限位套；4—扇形块；5—离合弹簧；6—护套；

7—花键滑套；8—缓冲弹簧；9—拨叉滑环；10—卡环；11—挡板

启动机驱动齿轮套与花键滑套的外圆上紧套着离合弹簧 5，离合弹簧的内径略小于两套筒的外径，有一定的过盈量（0.25～0.5mm）。安装时，离合弹簧与护套 6 有间隙。花键滑套 7 套在电枢轴的螺旋花键上。花键滑套 7 前端的光滑部分套着启动机驱动齿轮 2。启动机驱动齿轮右端的相应缺口中装着两个扇形块 4，并伸入花键滑套左端的环槽内。当发动机启动时，电枢轴带动花键滑套旋转，使离合弹簧扭紧，并紧箍在两套筒外圆面上传递转矩。发动机启动后，由于花键滑套的转速低于飞轮齿圈转速，使离合弹簧松开而打滑，防止了启动机电枢超速运转带来的危害。

3）摩擦片式单向离合器。在一些大功率启动机上常采用摩擦片式单向离合器，以传递较大的转矩，其结构如图 10-6 所示。

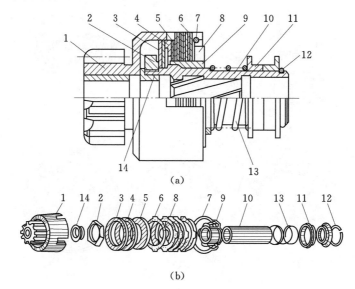

图 10-6　摩擦片式单向离合器
（a）剖视图；（b）零件组合
1—启动机驱动齿轮；2—螺母；3—弹性垫圈；4—压环；5—调整
垫圈；6—从动摩擦片；7、12—卡环；8—主动摩擦片；9—内
花键鼓；10—花键套；11—滑套；13—弹簧；14—限位套

摩擦片式离合器的主动摩擦片 8 的内圆有四个凸起，嵌入内花键鼓外圆的四个直槽中。从动摩擦片 6 的外圆有四个凸起，嵌入外接合鼓的四个直槽中。外接合鼓与驱动齿轮 1 成一体，内花键鼓 9 靠三线螺旋花键套装在花键套 10 的左端，花键套则通过内螺旋花键套装在电枢轴的花键部分。摩擦片之间的压力通过垫圈的数量变化来调整。

启动发动机时，启动机的电磁转矩通过电枢轴传递给花键套，由于内接合鼓与花键套之间的转速差，内接合鼓沿螺旋花键左移，将从动片与主动片压紧使驱动齿轮与电枢轴连成一体，启动机的转矩通过驱动齿轮传递给发动机曲轴，使发动机启动。

发动机启动后，飞轮带着驱动齿轮和外接合鼓高速旋转，其转速超过花键套的转速，内接合鼓则沿螺旋花键右移，从动摩擦片与主动摩擦片分离，驱动齿轮与电枢轴脱开，防止电动机超速。

3. 控制机构

控制机构主要控制启动机主电路的通断和驱动齿轮的移出与退回。常见的控制机构有两种形式。

(1) 直接操纵式控制机构。由驾驶员通过启动踏板和杠杆机构，直接操纵启动开关接通启动机的主电路，并使驱动齿轮移出与飞轮环齿啮合。

(2) 电磁操纵式控制机构。由驾驶员通过启动开关操纵启动机的电磁开关，或通过启动继电器操纵启动机的电磁开关，接通启动机的主电路，并将驱动齿轮推出与飞轮啮合。

电磁啮合式启动机是目前普遍使用的装置，它主要是通过电磁开关的作用，控制启动机传动叉的动作和主电路的通断，使驱动齿轮往复移动。启动机的电磁开关安装在启动机的上部，用来控制启动机驱动齿轮与飞轮的啮合与分离，以及电动机电路的接通与关断。它由启动按钮 8、固定铁芯 12、吸拉线圈 6、保持线圈 5、活动铁芯 4、拨叉 3 等组成。

如图 10-7 所示，按下启动按钮，吸拉线圈和保持线圈都通电，并在各自铁芯中产生了方向相同的磁场，在吸拉线圈和保持线圈磁场的共同作用下，使活动铁芯克服弹簧力右移。于是活动铁芯推动插在固定铁芯内的接触盘 13 右移，将主接线柱 14 和 15 接通，此时蓄电池和发电机的电流流过电动机励磁线圈和电枢，电动机开始转动。同时活动铁芯使拨叉移动，叉形下端向左摆动，推动单向离合器左移，回位弹簧 2 推动驱动齿轮与飞轮上启动齿圈啮合。于是电动机带动发动机曲轴转动，启动发动机。发动机启动后转速尽管较低，但因启动齿圈齿数远大于驱动齿轮（约 16:1），发动机可能带动电动机超速运转而损坏起动电动机。此时，单向离合器使驱动齿轮打滑，同时因启动按钮回位，电磁开关铁芯线圈断电，磁力消失。接触盘在回位弹簧地作用下向左移动，主接线柱 14、15 脱离接触，切断启动机电路，停止运转。而单向离合器在回位弹簧 2 的作用下，带动驱动齿轮与飞轮脱离啮合。

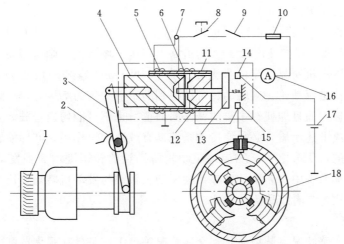

图 10-7 电磁操纵式控制机构结构示意图

1—单向离合器；2—回位弹簧；3—拨叉；4—活动铁芯；5—保持线圈；6—吸拉线圈；7—接线柱；
8—启动按钮；9—总开关；10—熔断器；11—黄铜套；12—固定铁芯；13—接触盘；
14、15—主接线柱；16—电流表；17—蓄电池；18—电动机

第十一章 汽车传动系统

第一节 传动系统的功能与组成

一、传动系统的功能

传动系统是汽车底盘的重要组成部分，是从发动机到驱动轮之间的一系列传动零部件的总称，其作用是将发动机的动力传给驱动轮，使汽车能够正常行驶。

目前，汽车上广泛使用的活塞式内燃机具有转速高、输出转矩变化范围小、不能反转、带负荷启动困难等特性，而汽车的车速和驱动力变化范围大，并要求能倒退行驶、平稳起步和停车。为使汽车在不同使用条件下都能正常工作，并获得较好的动力性和经济性，必须设置传动系统，且令其实现以下基本功能。

1. 减速增矩

发动机曲轴转速往往高达 $2000 \sim 6000 \mathrm{r/min}$，它所输出的扭矩则比较小。假若将其转速和扭矩直接传递给驱动轮，不仅使汽车车速大到惊人的程度而失去其利用价值，而且该扭矩形成的驱动力难以使汽车起步和行驶。

现以东风 EQ1090E 型汽车为例，该汽车的 6100Q-1 型发动机在发出最大功率 99.3kW 时的曲轴转速为 3000r/min，如果将发动机与驱动轮直接连接，则对应这一曲轴转速的汽车速度将达 510km/h。这样高的车速既不实用，又不可能实现（因为相应的牵引力太小，汽车根本无法起步）。

另一方面，该车满载质量为 9290kg（总重力为 91135N），其最小滚动阻力约为 1376N。若要求满载汽车在坡度为 30% 的道路上匀速上坡行驶，则所需要克服的上坡阻力即达 2734N。其发动机所能产生的最大转矩为 353N·m（1200～1400r/min）。假设将这一转矩直接如数传给驱动轮，则驱动轮可能得到的牵引力仅为 784N。显然，在此情况下，汽车不仅不能爬坡，而且即使在平直的良好路面上，也不可能匀速行驶。

因此，为解决上述矛盾，必须使传动系统具有减速增矩作用，亦即使驱动轮的转速降低为发动机转速的若干分之一，相应地驱动轮所得到的转矩则增大到发动机转矩的若干倍。在机械式传动系统中，若不计摩擦，则驱动轮转矩与发动机转矩之比等于发动机转速与驱动轮转速之比，二者统称为传动比。

2. 变速变矩

汽车经常因道路状况、装载质量和交通情况等，工作条件在很大范围内不断变化，要求其驱动力和行驶速度亦在很大范围内与之相适应，即根据汽车不同的行驶工况，改变传到驱动轮上的扭矩和转速，使汽车得到在该种工况下最合适的车速和驱动力。

3. 实现倒驶

汽车在某些情况下（如进入停车场或车库，或者在窄路上调头时），需要倒向行驶。

然而，内燃机是不能反向旋转的，故与内燃机共同工作的传动系统必须保证在发动机旋转方向不变的情况下，使驱动轮反向旋转。一般结构措施是在变速器内加设倒挡机构（具有中间齿轮的减速齿轮副），以便在发动机不能反转的条件下，实现车辆的反向行驶。

4. 中断传动

发动机只能在无负荷情况下启动，而且启动后的转速必须保持在最低稳定转速上，否则就可能熄灭。所以，在汽车起步之前，必须将发动机与驱动轮之间的传动路线切断，以便启动发动机。发动机进入正常怠速运转后，再逐渐地恢复传动系统的传动能力。此外，在变换传动系统传动比（换挡）以及对汽车进行制动之前，也都有必要暂时中断动力传递。为此，在发动机与变速器之间，可装设一个依靠摩擦来传动，且其主动和从动部分可在驾驶员操纵下彻底分离，随后再柔和接合的机构——离合器。

在汽车长时间停驻，以及在发动机不停止运转而使汽车暂时停驻，或在汽车获得相当高的车速后，欲停止对汽车供给动力，使之依靠自身惯性进行长距离滑行时，传动系统应能长时间保持在中断传动状态。为此，变速器须设有空挡，即所有各挡齿轮都能自动保持在脱离传动位置的挡位。

5. 差速作用

当汽车转弯行驶时，左右车轮在同一时间内滚过的距离不同，如果两侧驱动轮仅用一根刚性轴驱动，则二者角速度必然相同，因而在汽车转弯时必然产生车轮相对于地面滑动的现象。这将使转向困难，汽车的动力消耗增加，传动系统内某些零件和轮胎加速磨损。汽车直线行驶时，由于在同一轴上两端的轮胎新旧程度不等、气压不等以及装载质量不均等原因，均会造成两端的车轮直径不等；同时，两端车轮通过的路面高低不平，所驶过的路程也不相等。如果驱动桥两端的车轮都刚性的安装在一根轴上，会加速轮胎和有关机件的磨损。所以，驱动桥内装有差速器，使左右两驱动轮可以不同的角速度旋转。

6. 万向传动

发动机、离合器、变速器固定在车架上，驱动桥通过弹性元件与车架连接，所以一般汽车发动机的动力输出轴与驱动桥的动力输出轴不在同一轴线上。加之汽车由于装载质量的变化和在不平的路面行驶时震动引起的驱动桥与发动机相对位置的变化等，均需要设置一个能够适应动力输出装置和动力输入装置不在同一轴线上的万向传动装置，以满足汽车传动的需要。

二、传动系统的类型及组成

由于汽车动力装置的性能不同，以及所采用传动系统类型的不同，其传动系统的组成和具体功能也有差别。汽车传动系统按照结构和传动介质分为机械式、液力机械式、静液式（容积液压式）、电力式等4种类型。

机械式传动系统因效率较高、结构简单、工作可靠、成本较低而被广泛采用。比较而言，液力机械式传动系统结构较复杂、造价较高，但由于其操纵的方便性和挡位选择的合理性，被广泛用于轿车和部分重型汽车。静液压式传动系统也是造价较高，但具有传动系统布置灵活的特点，因此广泛应用于工程机械和军用车辆。电力式传动系统目前多应用于工程机械。

1. 机械式传动系统

普通汽车的传动系统多采用机械式传动系统，它由离合器、变速器、万向传动装置（万向节）、驱动桥（包括主减速器、差速器、半轴）等零部件组成的，如图 11-1 所示。

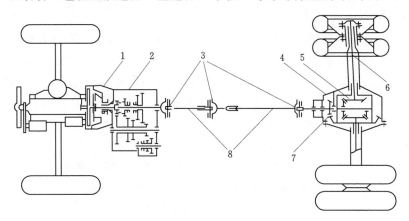

图 11-1 普通汽车传动系统示意图

1—离合器；2—变速器；3—万向节；4—驱动桥；5—差速器；6—半轴；

7—主减速器；8—传动轴

机械式传动系统具有结构简单、工作可靠、价格低廉、质量轻、传动效率高，以及可以利用发动机运动零件的惯性进行工作等优点，因此机械传动系统在中小功率的车辆上得到广泛的应用。但机械传动系统也存在以下主要缺点：在工作阻力急剧变化的工况下，发动机容易过载熄火；采用人力换挡时，换挡动力中断时间长；传动系统零件受到的冲击载荷大；由于外载荷的急剧变化，因而降低了传动系统中各零件的使用寿命。

2. 液力机械式传动系统

液力机械式传动也称动液传动。该传动方式的原理是，发动机将动力传给液力变矩器（或液力耦合器），再传给机械变速器，最后驱动车轮，推动汽车行驶。它是液力传动和机械传动的组合装置。所谓液力传动，是指以液体为传递动力的介质，利用液体在元件间循环流动中动能的变化来传递动力的。液力传动装置可以是液力耦合器或液力变矩器，如图 11-2 所示。

液力机械传动具有能在规定范围内根据外界阻力的变化，自动进行无级变速的特点。这不仅提高了发动机的功率利用率，而且大大减少了换挡次数，降低了驾驶员的劳动强度。变矩器具有自动变速能力，在同样的变速范围内，可减少变速器的挡位数，简化变速器结构。由于变矩器利用液体作为传递动力的介质，输出轴和输入轴之间没有刚性的机械联系，因而减少了传动系统及发动机零件的冲击载荷，提高了车辆的使用寿命。又由于变矩器具有自动无级变速的能力，因而车辆起步平稳，并可得到很低的行驶速度。

3. 静液式传动系统

静液式传动系统主要由发动机、液压泵、液压电动机、控制装置和辅助装置等组成。发动机驱动液压泵转动进行吸油和压油，使工作油液产生压力，经驾驶员控制的操纵装置（阀）使工作油液流向执行机构的液压电动机，液压电动机得到油液压力而转动，进而驱

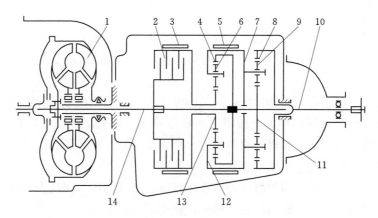

图 11-2　红旗 CA7560 型轿车液力机械变速器传动示意图

1—液力变矩器；2—直接挡离合器；3—低速挡离合器；4—前排内齿圈；5—倒挡
制动器；6—前排行星齿轮；7—后排行星齿轮架；8—后排内齿圈；9—后排
行星齿轮；10—变速器第二轴；11—后排太阳齿轮；12—前排行星
齿轮架；13—前排太阳齿轮；14—变速器第一轴

动车轮滚动，如图 11-3 所示。

　　液压传动具有以下优点：能实现无级变速，变速范围大，能实现微动，并且在相当大的变速范围内，保持较高的效率；用一根操纵杆便能改变行驶方向和变速，操纵简便；利用液压传动系统本身，可以实现制动；液压传动使传动系统简化，能取消机械传动和液力机械传动系统中的传动轴和差速器；使用低速大扭矩电动机分别驱动左、右驱动轮时，改变左、右驱动轮的转速，能平稳地实现按任意转向半径转向及原地转向，车辆的机动性能大大提高。静液式传动系统存在着传动效率低、造价高、使用寿命短和可靠性差等缺点，目前在汽车上采用得很少。

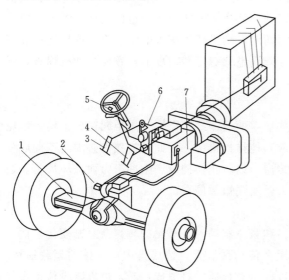

图 11-3　静液式传动系统示意图

1—驱动桥；2—液压电动机；3—制动踏板；4—加速踏板；
5—变速操纵杆；6—液压自动控制装置；7—液压泵

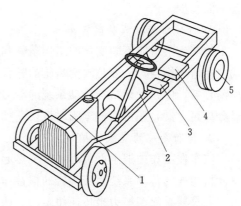

图 11-4　电力式传动系统示意图

1—发动机；2—发电机；3—晶闸管整流器；
4—逆变装置；5—电动轮

4. 电力式传动系统

电力式传动系统是发动机驱动发电机，发电机将发出的电能传给电动机，电动机将发电机传来的电能转变为机械能，通过减速装置传给驱动轮驱动汽车行驶，如图 11 - 4 所示。

电动车辆也可采用机械传动系统，其结构形式采用集中驱动和分别驱动两种形式。集中驱动的传动系统是由减速器、差速器、半轴等组成。这些组成部分均安装在驱动桥壳内，构成驱动桥总成。电动车辆的驱动轮为分别驱动时，不再有驱动桥及差速器等，电动机通过减速装置直接驱动一个驱动车轮。

电力式传动系统的性能与静液式传动系统相近，而且传动效率高，但电动机质量比液压泵和液压电动机大得多，故目前还只限于在超重型汽车上应用。

第二节 离 合 器

一、离合器的基本功能和类型

（一）离合器功能

在汽车的传动系统中，离合器是与发动机直接关联的重要部件，它通常装在发动机曲轴的后端。其功用如下：

1. 保证发动机启动和车辆起步平稳

汽车起步前应使变速器挂空挡，断开发动机与驱动轮之间的联系，待发动机启动并正常急速运转后，再将变速器挂挡；在缓慢接合离合器的同时，逐渐加大油门，致使发动机传给驱动轮的转矩逐渐增大，当驱动力足以克服车辆起步阻力时，汽车开始行进并可逐渐加速，最终实现平稳安全起步。否则，如果发动机与传动系统刚性联系，当变速器挂上挡，汽车将因突然接受动力而猛烈地向前窜动，使汽车未能起步而迫使发动机熄火。原因是汽车由静止至窜动时，产生很大的惯性力而对发动机产生很大的阻力矩。这种突然加在发动机曲轴上的阻力矩使发动机转速瞬间下降到最低稳定转速以下，致使发动机熄火，汽车不能起步。

2. 行进中换挡或临时停车

汽车为了适应不断变化的工作条件和要求，变速器经常需要换用不同挡位工作。齿轮式变速器的换挡，一般是改变齿轮的啮合或其他挂挡机构，因此，换挡前必须迅速彻底分离离合器，中断发动机与传动系统的动力传递，以防止换挡时产生冲击力而破坏齿轮。通过分离离合器，还可使汽车临时性切断动力，实现短暂停车。

3. 传动系统的过载保护

汽车在工作中遇上严重障碍或突然起步和紧急制动时，车轮的转速会急剧变化，而与发动机相连的传动系统由于旋转的惯性作用在传动系统上，造成其内部机件的超载损坏。由于离合器是靠摩擦力来传递扭矩的，所以通过离合器的打滑或切断，可以减少传动系统的冲击载荷，避免传动系统零部件损坏。离合器在正常接合状态下，均应具有可靠传递该车辆发动机最大转矩的能力。

（二）离合器类型

目前，用于车辆上的离合器主要有摩擦式离合器、液力耦合器、电磁离合器等三类。本节主要介绍摩擦式离合器。

现在，汽车仍广泛采用摩擦式离合器，按其结构及工作特点可分类如下。

（1）按摩擦片（从动片）数目，分为单片式、双片式和多片式。

（2）按压紧装置的结构，分为弹簧压紧式、杠杆压紧式、液力压紧式和电磁力压紧式。

（3）按摩擦表面工作条件，分为干式和湿式。

（4）按离合器在传动系统中的作用，分为单作用式和双作用式。

二、摩擦式离合器的组成和工作原理

（一）基本组成

离合器位于发动机飞轮与变速器之间，当前汽车所采用的摩擦式离合器多为干式离合器，依靠传动件摩擦表面之间的摩擦力来传递转矩。因此，它主要由主动部分、从动部分、压紧机构和操纵机构四大部分组成，如图 11－5 所示。

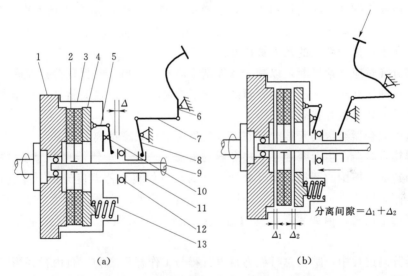

图 11－5　摩擦式离合器及其工作原理示意图

（a）接合状态；（b）分离状态

1—飞轮；2—从动盘；3—离合器盖；4—压盘；5—分离拉杆；6—踏板；7—调节拉杆；

8—拨叉；9—离合器从动轴；10—分离杠杆；11—分离轴承座套；

12—分离轴承；13—压紧弹簧

（1）主动部分。包括内燃机飞轮 1、离合器盖 3 和压盘 4 以及中间压盘（双片或多片）等结构，它们与发动机曲轴一起旋转。离合器盖用螺钉固定在飞轮上，压盘一般通过凸台或传动片与离合器盖联接，由飞轮带动旋转。分离或接合离合器时，压盘作少量的轴向移动。

（2）从动部分。包括从动盘 2 和离合器从动轴 9。从动盘安装在飞轮与压盘之间，从动盘通过毂部的内花键孔与离合器从动轴 9 联接，可作少量轴向移动。离合器从动轴连接到变速器的主动轴上。

（3）压紧机构。由装在压盘4与离合器盖3之间的若干压紧弹簧13或膜片弹簧组成。若干压紧螺旋弹簧一般在压盘圆周方向上均匀分布。

（4）操纵机构。由分离轴承12、分离轴承座套11、分离杠杆10、分离拉杆5、踏板6、调节拉杆7和拨叉8等组成。分离轴承座套活套在离合器从动轴上，并可轴向移动。分离杠杆以某种方式支承在离合器盖上，通过分离拉杆5与压盘4连接。若干分离拉杆和分离杠杆沿压盘圆周均布。踏下踏板6可以操纵压盘右移，分离离合器的传动。

（二）工作原理

图11-5所示的弹簧压紧摩擦式离合器的基本工作原理，就是依靠其主动部分和从动部分的相互摩擦表面之间的摩擦力来传递转矩。

当离合器从动盘2被压紧弹簧13紧压在飞轮与压盘之间时，分离杠杆头部与分离轴承端面之间留有间隙Δ，此称之为自由间隙，如图11-5（a）所示。对于东风EQ1090E型汽车而言，$\Delta = 3 \sim 4$mm。

当踏下踏板6时，通过调节拉杆7和拨叉8，使分离轴承沿轴向左移并推压分离杠杆，致使其绕支点摆动，继而拉动压盘并使弹簧压缩。由于压盘右移且不再压紧从动盘，这时摩擦面之间出现间隙$\Delta_1 + \Delta_2$，此称之为分离间隙。这时离合器处于分离状态，如图11-5（b）所示，传动系统的动力被切断。

离合器分离时应迅速果断，以减少摩擦副不应有的磨损，并保证分离彻底。

当踏板逐渐松开时，被压紧的弹簧随之逐渐伸展，通过压盘又将从动盘压紧在飞轮表面上，离合器又处于接合状态，如图11-5（a）所示。

由于这种离合器经常处于接合状态，故又称为常压式摩擦离合器。

离合器接合时会产生滑摩现象，离合器的滑摩一方面使车辆能平顺起步，减少冲击，另一方面却造成摩擦副的磨损，而且大量产生的热量使离合器温度升高，弹簧退火变软，摩擦片的摩擦系数下降，甚至摩擦片烧损，离合器使用寿命降低。虽然缩短滑摩时间，可以减少滑摩功率损失，但如果踏板松放过快，则产生很大惯性力，造成冲击及诸多不良后果。

离合器分离过程中，踏板总行程为自由行程与工作行程之和。自由行程用以消除各连接杆件运动副间隙和自由间隙；与摩擦面分离间隙对应的行程称为工作行程。东风EQ1090E型汽车离合器踏板的自由行程设计值为$30 \sim 40$mm，而且规定东风EQ1090E型汽车每行驶1000km左右，要检查调整离合器踏板的自由行程。

当从动盘摩擦片磨损变薄时，自由间隙变小，踏板自由行程也随之变小。若自由间隙过小或等于0，意味着摩擦片再稍有磨损，分离杠杆的端头会顶住分离轴承端面，使弹簧压紧力减小，造成离合器打滑。同样，自由间隙也不宜过大，由于踏板总行程是一定的，若自由行程增加，则工作行程就减小，这将使离合器分离不彻底。为了保证适当和均匀的自由间隙，离合器上设有相应调整机构。

此外，如果分离杠杆端头不在同一平面上，也会导致分离时压盘倾斜而影响彻底分离。

三、摩擦式离合器的基本构件

摩擦式离合器的组成结构如图 11－6 所示。

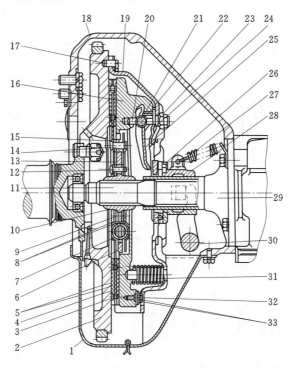

图 11－6 东风 EQ1090E 型汽车离合器示意图

1—离合器壳底盖；2—飞轮；3—摩擦片铆钉；4—从动盘本体；5—摩擦片；6—减振器盘；7—减振器
弹簧；8—减振器阻尼片；9—阻尼片铆钉；10—从动盘毂；11—变速器第一轴（离合器从动轴）；
12—阻尼弹簧铆钉；13—减振器阻尼弹簧；14—从动盘铆钉；15—从动盘铆钉隔套；16—压
盘；17—离合器盖定位销；18—离合器壳；19—离合器盖；20—分离杠杆支承柱；
21—摆动支片；22—浮动销；23—分离杠杆调整螺母；24—分离杠杆弹簧；
25—分离杠杆；26—分离轴承；27—分离套筒回位弹簧；28—分离
套筒；29—变速器第一轴轴承盖；30—分离叉；31—压紧
弹簧；32—传动片铆钉；33—传动片

（一）主动部分

1. 压盘

无论离合器接合还是分离，压盘都必须通过一定的联接方式和飞轮一起旋转，且自身还应该能做轴向移动。当传递发动机转矩时，压盘和飞轮共同带动从动盘转动。通常飞轮或离合器盖驱动压盘的方式有多种选择，如图 11－7 所示。

一种是离合器盖固定在飞轮上，在离合器盖上开有长方形窗口，压盘上的铸造有相应的凸台，凸台伸进窗口以传递扭矩。在设计时，应考虑到摩擦片磨损后，压盘将向前移，因此应是凸台高出窗口，以保证转矩的可靠传递，如图 11－7（a）所示。这种结构在原BJ212 汽车上采用。单片摩擦离合器也有采用键连接传力方式的，如图 11－7（b）所示。

双片和双作用摩擦离合器常采用综合式联接传力方式，即前压盘通过驱动键销驱动，后压盘利用凸台驱动。当然，双片摩擦离合器前后压盘也有完全用驱动销传力的，如图

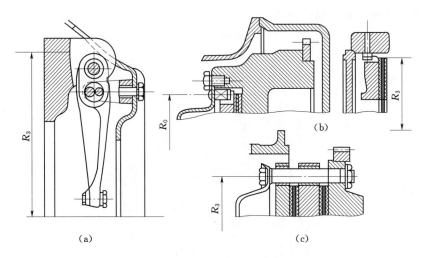

图 11-7 压盘的几种常用传力方式

(a) 凸块—窗孔式；(b) 键连接式；(c) 传力销式

11-7（c）所示，通过驱动销将飞轮与前压盘、后压盘连结在一起。

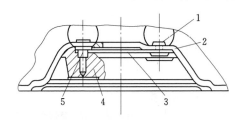

图 11-8 传动片驱动方式

1—铆钉；2—离合器盖；3—传动片；

4—压盘；5—传动片固定螺钉

目前，汽车上广泛采用传动片式的连接传力方式，如图 11-7 和图 11-8 所示。前述凸块—窗孔式、键连接式以及传力销式三种驱动方式的连接部位均存在间隙，传动时产生的噪音和冲击随连接部位的磨损而增加，造成压盘凸台和键销过早损坏。传动片式的连接方式克服了上述缺点，连接处不存在磨损。

2. 离合器盖

离合器盖常采用定位销和螺钉与飞轮固定在一起，并保持良好的对中。它不仅可以传递发动机的部分转矩，而且用来支撑离合器压紧弹簧和分离杠杆。因此，要求它有足够的刚度，保证操纵部分的传动效果。汽车的离合器盖常用 3～5mm 厚的低碳钢板冲压成比较复杂的形状。少数重型车辆也有采用铸铁制成的。

为加强离合器的冷却，离合器盖的侧面开有四个缺口，装合后形成四个窗口，离合器旋转时，空气循环流动，使离合器通风散热良好。

（二）从动部分

1. 从动盘

从动盘分为带扭转减振器的从动盘和不带扭转减振器的从动盘两种。不论是哪种从动盘，一般都由从动片、摩擦片和从动盘毂三个基本部分组成。

（1）从动片。从动片的质量应尽可能小，并使其质量分布尽可能靠近旋转中心，以减小从动盘转速变化时引起的惯性力。从动片通常用 1.3～2.0mm 厚的钢板冲压而成。为使离合器结合平顺，车辆起步平稳，从动片的结构应使其具有轴向弹性，使主动盘（飞轮和压盘）和从动片之间的压力逐渐增长。具有轴向弹性的从动片有整体式、分开式和组合式三种。

整体式弹性从动片沿半径方向开有 T 形槽,如图 11-9 所示。其外缘部分分成许多扇形块,并将扇形部分依次向不同方向冲压成弯曲的波纹形状,使其具有轴向弹性。两侧的摩擦片则分别铆在扇形片上。离合器结合时,从动片被压紧,弯曲的扇形部分逐渐被压平,从动片上的压力和所传递的扭矩也逐渐增大,致使接合过程较为平顺。

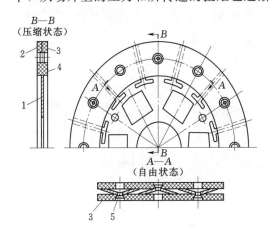

图 11-9　整体式弹性从动盘
1—从动片;2、4—摩擦片;3—波形弹簧片;
5—摩擦片铆钉

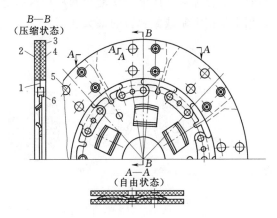

图 11-10　分开式弹性从动盘
1—从动片;2、4—摩擦片;3—波形弹簧片;
5—摩擦片铆钉;6—波形弹簧片铆钉

分开式弹性从动盘如图 11-10 所示。其波形弹簧片 3 与从动片 1 做成两件,然后用铆钉 6 铆在一起。波形弹簧片厚度为 0.7～0.8mm,使从动片的转动惯量减少。

组合式弹性从动盘如图 11-11 所示。靠近压盘一侧的从动片 1 上铆有波形弹簧片 3;摩擦片 4 铆在波形弹簧片 3 上;靠近飞轮一侧的摩擦片 2 则直接铆在从动片 1 上。

双片离合器的从动片一般都不做成具有轴向弹性的,因其摩擦片增加,离合器的接合过程本身就比较平顺。

(2)摩擦片。摩擦片因所用材料及其成份的差异,分为石棉塑料摩擦片、金属摩擦片、金属陶瓷摩擦片等多种。传统的摩擦片为圆环形,一般与从动片铆接。为了充分利用摩擦片的面积和厚度,摩擦片与从动片的连接愈来愈多地采用黏结方式。

(3)从动盘毂和扭转减振器。一般从动盘毂通过其内花键孔与离合器花键轴连接,从动片与从动盘毂常用铆接。

目前,轿车上无一例外的都采用带扭转减振器的从动盘,以避免汽车传动系统的共振,并缓和冲击,提高传动系统零件的寿命,使汽车起步平稳。

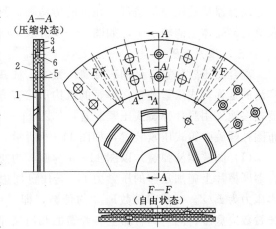

图 11-11　组合式弹性从动盘
1—从动片;2、4—摩擦片;3—波形弹簧片;
5—摩擦片铆钉;6—波形弹簧片铆钉

带减振器的从动盘结构及工作原理如图 11-12 所示。减振盘 1 与从动片 4 用限位销 11 铆接，其中间夹有从动盘毂 3，限位销 11 通过从动盘毂 3 圆周上的缺口。在从动片和减振盘圆周切线方向，均布四个长方形窗孔，从动盘毂 3 有相同数目的缺口与之对应。窗孔中设置的减振弹簧 2 将从动片、减振盘与从动盘毂在周向弹性地联接。当传递发动机转矩时，减振弹簧被压缩，从动片和从动盘毂之间实现相对转动。为了防止减振弹簧超载，采用限位销限制减振弹簧的最大变形。

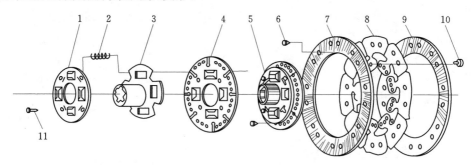

图 11-12 带扭转减振器的从动盘

1—减振盘；2—减振弹簧；3—从动盘毂；4—从动片；5—从动片与从动盘毂总成；6—铆钉；

7、9—摩擦片；8—波形弹簧片；10—摩擦片铆钉；11—限位销

同时，在减振盘和从动盘毂之间还装有减振摩擦片，依靠减振摩擦片与它们之间的摩擦吸收传动系统扭转振动能量。

近来，在有些汽车离合器从动盘中采用两组或多组刚度不同的减振器弹簧，并将装弹簧的窗口长度做成尺寸不一，利用弹簧先后起作用的办法获得变刚度特性。这种变刚度特性可以避免不利的传动系统共振，降低传动系统噪声。减振器中也有采用橡胶弹性元件的，其形状有空心圆柱形以及星形等多种。

2. 离合器从动轴

离合器从动轴通常是带有花键的传动轴，其前端支承在飞轮中心的轴承上，后端支撑在离合器壳体上的轴承中，如图 11-6 所示。

（三）压紧装置

离合器压紧装置常见的有弹簧压紧式、杠杆压紧式和液压压紧式三类。目前，应用最广泛的是弹簧式压紧装置，弹簧的机构形状有圆柱螺旋弹簧、膜片弹簧等。汽车上的离合器较多地采用膜片弹簧式压紧装置，如图 11-13 所示；EQ1090E 型汽车的离合器采用周布圆柱螺旋弹簧式压紧装置，如图 11-6 所示。

（1）圆柱螺旋弹簧。以图 11-6 为例，为使离合器能产生足够的摩擦力矩，必须在离合器摩擦片上施加足够的压紧力 F，若压盘周边均布 Z 根圆柱螺旋弹簧，则每根弹簧的工作压力为 F/Z。一般弹簧数取 3 的倍数，即 $Z=6$、9、12、15 等，摩擦片外径愈大，则弹簧数应愈多。同一离合器上各弹簧的几何尺寸和刚度应尽可能相等。

（2）膜片弹簧。如图 11-13 所示，某微型货车上的膜片弹簧离合器，其膜片弹簧 8 是用薄弹簧钢板冲压成形的空心无底截锥体，锥面均布 18 个径向切口，构成弹性杠杆。膜片弹簧两侧的钢丝支承圈 15 依靠 6 个膜片弹簧固定铆钉 9 使其安装在离合器盖 14 上。

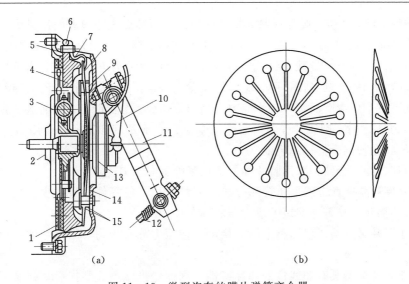

图 11 - 13　微型汽车的膜片弹簧离合器

(a) 膜片弹簧离合器；(b) 膜片弹簧

1—从动盘；2—飞轮；3—扭转减振器；4—压盘；5—压盘传动片；6—固定铆钉；

7—分离弹簧钩；8—膜片弹簧；9—膜片弹簧固定铆钉；10—分离叉；

11—分离叉臂；12—操纵索组件；13—分离轴承；14—离合器

盖；15—膜片弹簧钢丝支承圈

　　如图 11 - 14 (a) 所示，正确安装后的膜片弹簧离合器，其钢丝支承圈 6 压向膜片弹簧 3，迫使膜片弹簧发生一定的弹性变形，即锥角适度变小，由此膜片弹簧外端对压盘 1 产生足够的压紧力，使离合器处于常接合状态。当操纵离合器使分离轴承 7 左移，如图 11 - 14 (b) 所示，膜片弹簧被压在钢丝支承圈上，并以此为支点迫使该膜片弹簧变形呈反锥形，以致膜片弹簧外端右移，并通过分离弹簧钩 5 拉动压盘右移，使离合器处于分离状态。

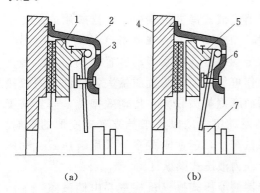

图 11 - 14　微型汽车的膜片弹簧离合器

(a) 接合状态；(b) 分离状态

1—压盘；2—离合器盖；3—膜片弹簧；4—飞轮；

5—分离弹簧钩；6—钢丝支承圈；7—分离轴承

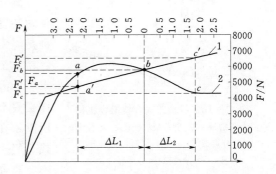

图 11 - 15　离合器压紧弹簧的弹性特性曲线

　　图 11 - 15 所示为膜片弹簧与螺旋弹簧工作特性的比较，1 表示处于预压紧状态的螺

旋弹簧的特性曲线，2 表示膜片弹簧的特性曲线。当两种离合器弹簧的压紧力均为 F_b 时，两种弹簧的轴向压缩变形量均为 L_b。当两种离合器摩擦片磨损量达到容许极限值 ΔL_1，即两种弹簧轴向压缩变形量减小到 L_a 时，膜片弹簧压紧力为 F_a，不难看出 F_a 与 F_b 相差不大，该离合器仍能正常工作；而螺旋弹簧压紧力为 F_a'，显然远小于 F_b，导致离合器因压紧力严重不足产生滑磨而丧失工作能力。当两种离合器分离时，若两种弹簧所需附加轴向压缩量均为 ΔL_2 时，则膜片弹簧所需作用力为 F_c，而螺旋弹簧所需作用力为 F_c'，可见 F_c 远小于 F_c'，致使离合器操纵轻便省力。

综上所述，在离合器中采用膜片弹簧作压紧弹簧有很多优点：

1）膜片弹簧本身兼起压紧弹簧和分离杠杆的作用，使零件数目减少，质量减轻，离合器结构大为简化并显著地缩短了离合器的轴向尺寸。

2）由于膜片弹簧与压盘以整个圆周接触，使压力分布均匀，摩擦片的接触良好，磨损均匀。

3）由于膜片弹簧具有非线性的弹性特性，因此，当摩擦片磨损后，弹簧压力几乎可以保持不变，且可减轻分离离合器时的踏板力，使操纵轻便。

4）膜片弹簧的安装位置对离合器轴的中心线来说是对称的，因此它的压紧力实际上不受离心力的影响。

（四）操纵机构

离合器操纵机构是驾驶员借以使离合器可靠分离与平顺接合的一套专门机构。它由离合器脚踏板 1 至分离拉杆 7 之间的所有零部件组成，如图 11-16 所示。

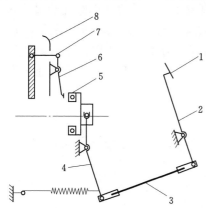

图 11-16 机械式离合器操纵机构
1—脚踏板；2—脚踏板杠杆；3—拉杆组；4—分离拨叉；5—分离轴承；6—分离杠杆；7—分离拉杆；8—离合器盖

依据离合器的结构特点，其操纵机构可分为机械式、液压式和气压式三种。某些汽车还有采用液压与气压综合式的。按照分离离合器时的能量来源，离合器操纵机构分为人力式操纵、助力操纵和动力操纵三种。

离合器机械式操纵机构中，广泛应用的是杆系传动装置，如东风 EQ1090E 型汽车的离合器；另一种是绳索传动装置。杆系传动装置结构简单、制造容易、工作可靠。但该装置质量大，杆件之间铰接点多，因而摩擦损失较大，传动效率低，而且其工作会受到发动机振动以及车身或车架变形的影响。所以，在汽车上，还愈来愈多地采用液压式、气压式、气压助力液压式操纵机构。

离合器的液压式操纵机构主要由储液室、主油缸、工作油缸及管路系统等组成，如图 11-17 所示。由于离合器工作缸活塞直径通常大于主缸活塞直径，故液压系统具有一定的增力作用，从而实现液压助力。

离合器液压操纵机构具有质量轻，布局灵活方便，操控摩擦阻力小，接合柔顺，且操控性能不受车身、车架等相关构件变形的影响，故其应用日益广泛。如北京 BJ2020 型轻型越野车、奥迪 100 型和红旗 CA7220 型等轿车的离合器均采用了液压操纵机构。

弹簧压紧式离合器在使用过程中，由于从动盘摩擦片的磨损，会使脚踏板的自由行程减小。调整该行程，只要改变踏板到分离拨叉之间拉杆组的长度即可，如图 11-16 所示。如果各分离杠杆内端与分离轴承之间的自由间隙不等，则需个别调整，否则分离时压盘倾斜，分离间隙不均，造成离合器分离不彻底和摩擦片局部严重磨损。为此，在分离杠杆 7 的外端或分离杠杆的支承叉处设有调整螺母 5，如图 11-18 所示。与此同时，通过该调整螺母，亦可调整踏板的自由行程。

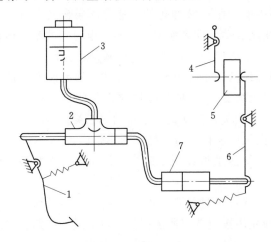

图 11-17　离合器液压式操纵机构示意图
1—踏板；2—主油缸；3—储液室；4—分离杠杆；
5—分离轴承；6—分离拨叉；7—工作油缸

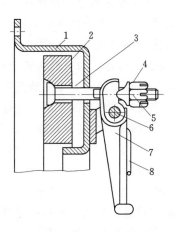

图 11-18　分离机构
1—离合器盖；2—压盘；3—分离拉杆；4—圆柱
面垫圈；5—调整螺母；6—销轴；7—分离
杠杆；8—反压弹簧离

第三节　变　速　器

一、变速器的功能和类型

（一）变速器的功能

现代汽车上广泛采用活塞式内燃机作为动力源，其转矩和转速变化范围都比较小，而复杂的使用条件则要求汽车的驱动力和车速在相当大的范围内变化。为解决这一矛盾，在汽车传动系统中设置了变速器，它是位于离合器之后的又一重要传动部件，其功能如下：

（1）在保持发动机转矩和转速不变的情况下，通过变速器改变传动系统的传动比，使汽车获得所需的驱动力和行驶速度。

（2）在发动机状态不变的前提下，通过变速器能使汽车前进或后退。

（3）在发动机不停机的情况下，通过变速器能使汽车较长时间停车或实现动力输出。

（4）通过变速器还能使汽车发动机在无负载情况下启动或怠速。

（二）变速器的类型

变速器通常由变速传动机构和操纵机构两大部分组成，根据需要还可以加装动力输出器。按照不同的分类标准，变速器有不同的类型。

（1）根据传动比的设置不同，变速器分为有级式、无级式和综合式三类。

1）有级式变速器是由若干个定值传动比组成的齿轮传动系统，通常称为机械式变速器。按轮系结构型式的不同，分为普通齿轮变速器（轴线固定式）和行星齿轮变速器（轴线旋转式）两种。目前，轿车和轻、中型货车变速器的传动比通常有3～5个前进挡位和一个倒挡，在重型货车所采用的组合式变速器中则有更多的挡位。变速器定值传动比的个数等于变速器或汽车的前进挡位数。

2）无级式变速器是传动比在一定范围内能无限连续变化的变速器。通常又可分为液力式（动液式）和电力式两种。液力式的变速传动部件为液力变矩器；电力式的变速传动部件为直流串励电动机。

3）综合式变速器由有级齿轮变速器和无级液力变矩器组成，故又可称为液力机械式变速器，其传动比可在若干间断范围内进行无级变化，目前应用较多。

（2）根据操纵方式的不同，变速器分为手动式、自动式和半自动式三类。

1）手动操纵式变速器依靠驾驶员直接操纵变速杆进行换挡，应用较广。

2）自动操纵式变速器只需要驾驶员通过加速踏板控制车速，其传动比的选择和挡位的转换自动进行。

3）半自动操纵式变速器又可分为两种形式：一种是常用的几个挡位自动操纵，其余挡位由驾驶员直接操纵；另一种是驾驶员预先用按钮选定所需挡位，再通过加速踏板接通电磁装置或液压装置实现换挡。

在多轴驱动的汽车上，变速器之后还装有分动器，以便把转矩分别输送给各驱动桥。

本节主要介绍手动操纵式的普通齿轮变速器（以下简称变速器），因为这种机械式的变速器具有结构简单、传动效率高、制造成本低、工作可靠和维修方便等优点，目前仍在汽车上广泛应用。

二、变速器的组成和工作原理

（一）变速器的基本组成

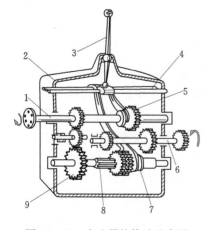

图 11-19 变速器的构造示意图
1—输入轴；2—箱体；3—变速杆；4—拨叉轴；5—滑移齿轮；6—输出轴；7—拨叉；8—中间传动轴；9—固定齿轮

如图 11-19 所示，变速器的结构一般由箱体 2、动力输入轴 1 和输出轴 6、中间传动轴 8、轴上固定齿轮 9 和滑移齿轮 5 或滑动接合套、变速杆 3、拨叉轴 4、拨叉 7 等零部件组成。视其需要，一般变速器设有倒挡轴、倒挡齿轮及相关操纵机构。

（二）变速机构的型式及工作原理

变速器包括变速传动机构和操纵机构两部分。根据传动型式的要求不同，现有的齿轮式变速传动机构按照变速器轴的数目可分为两轴式、三轴式和组合式三类，其工作原理分别介绍如下。

1. 两轴式变速器

在 FF 方式（发动机前置前轮驱动）或 RR 方式（发动机后置后轮驱动）的中级和普通级轿车上，由于总布置的需要，采用了两轴式变速器。这种变速器的特点是动力输入轴和动力输出轴相互平行，无中间轴，各前进挡的动力分别经一对齿轮传递。

图 11-20 所示为奥迪 100 型轿车的两轴式变速器传动机构简图。

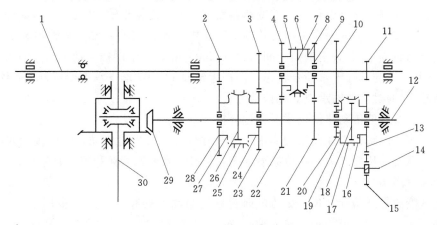

图 11-20　奥迪 100 型轿车变速器传动机构简图

1—输入轴；12—输出轴；2、3、4、9、10—Ⅰ，Ⅱ，Ⅲ，Ⅳ，Ⅴ挡主动齿轮；11、13—倒挡主、
从动齿轮；14—倒挡齿轮轴；15—倒挡中间齿轮；28、23、22、21、20—Ⅰ，Ⅱ，Ⅲ，Ⅳ，
Ⅴ挡从动齿轮；5、8、16、19、24、27—同步器锁环；7、18、26—同步器花键毂；
6、17、25—同步器接合套；29—主减速器主动锥齿轮；30—半轴

该变速器输入轴 1 通过离合器与发动机曲轴相连，输出轴 12 经主减速器将运动和动力传给驱动轮。具有 5 个前进挡和 1 个倒挡，并采用锁环式同步器换挡。

在输入轴上，从左向右的齿轮依次为Ⅰ、Ⅱ、Ⅲ、Ⅳ、Ⅴ挡和倒挡的主动齿轮，其中Ⅲ、Ⅳ挡主动齿轮通过轴承空套在输入轴上，其间设有与输入轴固定联接的同步器花键毂 7；Ⅰ、Ⅱ和倒挡主动齿轮与输入轴制成一体。Ⅳ挡齿轮与输入轴为过盈配合。

在输出轴上，从左向右的齿轮依次为上述各前进挡和倒挡的从动齿轮，其中齿轮 28、23、20、13 均通过轴承空套在输出轴上，且齿轮 28 与 23 之间和齿轮 20 与 13 之间，分别设有与输出轴固定连接的同步器花键毂 26 和 18；齿轮 21、22 与输出轴过盈配合。倒挡主动齿轮 11、倒挡中间齿轮 15 和倒挡从动齿轮 13 位于同一回转平面内。

空挡：当输入轴 1 旋转时，Ⅰ、Ⅱ、Ⅴ挡及倒挡的主动齿轮（2、3、10、11）与之同步旋转。Ⅲ、Ⅳ挡主动齿轮（4、9）处于自由状态，可空转（汽车行驶时），也可不动（汽车静止时）。Ⅰ、Ⅱ、Ⅴ挡和倒挡的从动齿轮（28、23、20、13）随输入轴 1 的旋转而在输出轴 12 上空转，输出轴 12 不被驱动，汽车处于静止或空挡滑行状态。

Ⅰ挡：操纵变速杆通过Ⅰ、Ⅱ挡换挡拨叉使Ⅰ、Ⅱ挡同步器接合套 25 左移，经Ⅰ挡同步器锁环 27 作用，使Ⅰ挡从动齿轮 28 与Ⅰ、Ⅱ挡同步器花键毂 26 在接合套 25 的作用下同步旋转。这样，从离合器传来的动力经输入轴 1 上的Ⅰ挡主动齿轮 2 及与其常啮合的从动齿轮 28，Ⅰ、Ⅱ挡同步器接合套 25 和花键毂 26，经花键传到输出轴 12，直至主减速器。

Ⅱ挡：通过Ⅰ、Ⅱ挡换挡拨叉使Ⅰ、Ⅱ挡同步器接合套 25 右移，退出Ⅰ挡进入空挡。继续向右推动该换挡拨叉，使Ⅰ、Ⅱ挡同步器接合套 25 借同步器锁环 24 的作用，使二挡

从动齿轮23与该挡同步器花键毂26同步旋转。发动机传来的动力经输入轴1上的Ⅰ挡主动齿轮3及与其常啮合的从动齿轮23、同步器接合套25和花键毂26经花键传到输出轴12，直至主减速器。

倒挡：要使汽车能倒退行驶，就变速器而言，只要使输出轴12反向旋转即可。为此，在前进传动路线中，加入一套中间齿轮副即可。本变速器在输入轴1与输出轴12之间增设一个倒挡齿轮轴14和一个倒挡中间齿轮（惰轮）15，介于倒挡主动齿轮11和倒挡从动齿轮13之间，并与其处于常啮合状态。倒挡齿轮轴14的两端支承在变速器后壳体上，倒挡中间齿轮15通过滚针轴承空套在该轴上。

Ⅲ、Ⅳ、Ⅴ挡的传动路线请读者自行分析。

比较而言，两轴式变速器结构简单，前进时只有一对齿轮传动，因而传动效率较高，噪声较低。若传动比要求大，挡位数要求多，势必导致变速器体积庞大且笨重。

2. 三轴式变速器

三轴式变速器适应于FR（发动机前置后轮驱动）的布置型式，多用于中型载货汽车。该种变速器设置有第一轴（输入轴）、第二轴（输出轴）和中间轴。第一轴前端通过离合器与发动机曲轴相连，第二轴后端通过凸缘连接万向传动装置，而中间轴则主要用来固定安装各挡的变速传动齿轮。

图11-21所示为东风EQ1090E型汽车的三轴式变速器变速机构简图。

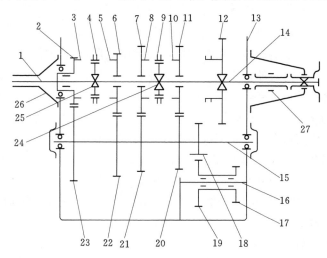

图11-21 东风EQ1090E型汽车变速器传动机构简图

1—第一轴；2—第一轴常啮合齿轮；3—第一轴齿轮接合齿圈；4、9—接合套；5—Ⅳ挡齿轮接合齿圈；
6—第二轴Ⅳ挡齿轮；7—第二轴Ⅲ挡齿轮；8—Ⅲ挡齿轮接合齿圈；10—Ⅱ挡齿轮接合齿圈；
11—第二轴Ⅱ挡齿轮；12—第二轴Ⅰ、倒挡滑动齿轮；13—变速器壳体；14—第二轴；
15—中间轴；16—倒挡轴；17、19—倒挡中间齿轮；18—中间轴Ⅰ、倒挡齿轮；
20—中间轴Ⅱ挡齿轮；21—中间轴Ⅲ挡齿轮；22—中间轴Ⅳ挡齿轮；23—中
间轴常啮合齿轮；24、25—花键毂；26—第一轴轴承盖；
27—车速里程表传动齿轮

该变速器具有第一轴1（输入轴）、中间轴15和第二轴14（输出轴）。第一轴前端与轴承配合并支承在发动机曲轴后端的内孔中，其上花键部分用以安装离合器从动盘；后端与轴承配合并支承在变速器壳体的前壁上，齿轮 2 与此轴制成一体。

中间轴两端均用轴承支承在变速器壳体上，其上固定联接齿轮 23 与齿轮 2 构成常啮合传动副；齿轮 20、21、22 分别为 Ⅱ、Ⅲ、Ⅳ 挡主动齿轮并固联其上；与该轴制成一体的齿轮 18 为 Ⅰ 挡和倒挡公用的主动齿轮。

第二轴前、后端分别用轴承支承于第一轴后端孔内和变速器壳体的后壁；其上齿轮 12 是采用花键连接并能通过操纵机构轴向滑动的 Ⅰ 挡和倒挡公用的从动齿轮；齿轮 11、7、6 分别为 Ⅱ、Ⅲ、Ⅳ 挡从动齿轮并用轴承支承其上，它们分别与齿轮 20、21、22 保持常啮合；花键毂 24 和 25 分别固定在齿轮 11 与 7 和 6 与 2 之间；两毂上的外花键分别与带有内花键的接合套 9 和 4 连接，且接合套通过操纵机构能沿花键毂轴向左右滑动，可分别实现与齿轮 11 或 7、齿轮 6 或 2 上的接合套圈接合。

倒挡轴 16 上的双联倒挡齿轮 17 和 19 采用轴承支承，且齿轮 19 和 18 呈常啮合。

如图 11 - 21 所示，当第一轴旋转时，通过齿轮 2 即可带动中间轴及其上所有齿轮旋转。但因从动齿轮 6、7、11 均采用轴承空套在第二轴上，且接合套 4、9 和齿轮 12 均处于中立位置，不与任何齿轮的接合齿圈接合，也不与齿轮 18 或 17 接合，第二轴不能被驱动，故变速器处在空挡状态。

使用变速器操纵机构，可知各挡位传动路线如下：

Ⅰ挡：使齿轮 12 左移与齿轮 18 啮合，则动力由第一轴依次经齿轮 2、23、18、12，最后传到第二轴。

Ⅱ挡：使同步器接合套 9 右移与齿圈 10 啮合，则动力由第一轴依次经齿轮 2、23、20、11 及齿圈 10、接合套 9、花键毂 24，最后传到第二轴。

Ⅲ挡：使同步器接合套 9 左移与齿圈 8 啮合，则动力由第一轴依次经齿轮 2、23、21、7 及齿圈 8、接合套 9、花键毂 24，最后传到第二轴。

Ⅳ挡：使接合套 4 右移与齿圈 5 啮合，则动力由第一轴依次经齿轮 2、23、22、6 及齿圈 5、接合套 4、花键毂 25，最后传到第二轴。

Ⅴ挡：使接合套 4 左移与齿圈 3 啮合，则动力由第一轴依次经齿轮 2 及齿圈 3、接合套 4、花键毂 25，直接传到第二轴。

倒挡：使齿轮 12 右移与倒挡中间齿轮 17 啮合，则动力由第一轴依次经齿轮 2、23、18、19、17、12，最后传到第二轴。

比较而言，该三轴式变速器第Ⅴ挡常称之为直接挡，即第一轴动力不经中间轴直接传到第二轴，其传动比为 1，传动效率最高，亦可获得最高车速。但此外的其他前进挡需经两对齿轮传动，倒挡需经三对齿轮传动，故传动效率有所降低，噪声会有所增大。

3. 组合式变速器

重型货车的装载质量大，使用条件复杂。为保证重型汽车具有良好的动力性、经济性和加速性，要求变速器有较多的挡数，以扩大传动比的范围。故常采用两个变速器相串联的方式构成组合式变速器，如图 11 - 22 所示。

在组合式两个相串联的变速器中，其中一个为挡数较多且有倒挡的主变速器，另一个为只有高低两挡的副变速器。

若主变速器各挡传动比间隔较小，而副变速器的低速挡传动比又较大时，由副变速器

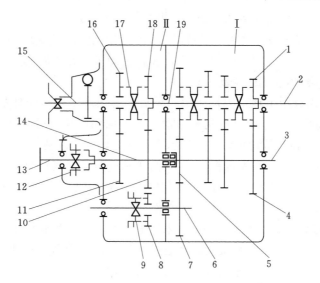

图 11-22　组合式变速器传动机构示意图

Ⅰ—主变速器；Ⅱ—副变速器；1—输入轴齿轮；2—输入轴；3—第一中间轴；4—第一中间轴驱动齿轮；
5—第一中间轴一挡齿；6—倒挡轴；7—倒挡传动齿轮；8—倒挡空套齿轮；9、17— 接合套；
10—第二中间轴一挡齿轮；11—第二中间轴低速挡齿轮；12—动力输出接合套；
13—动力输出轴；14—第二中间轴；15—输出轴；16—输出轴齿轮；
18—副变速器输入轴齿轮；19—副变速器输入轴

高、低速两挡传动比分别与主变速器各挡传动比搭配而组成高、低两段传动比范围，这种配挡方式称为分段式配挡。当主变速器各挡传动比较大，而副变速器低速挡传动比又较小时，组合得到的传动比均匀地插入主变速器各挡传动比之间，这种配挡方式称为插入式配挡。

图 11-22 所示为常见的一种组合式变速器传动机构示意图。它实质上是由四挡主变速器Ⅰ和串联安装在主变速器之后的两挡（高速挡和低速挡）副变速器Ⅱ组成（副变速器输入轴 19 同时也是主变速器输出轴），这样可得到 8 个前进挡。组合式变速器的传动比 $i=i'i''$，其中 i' 和 i'' 分别为主变速器和副变速器的传动比。主变速器各挡传动比间隔较小，而副变速器的一挡传动比较大。在换挡时，当变速器接合套 17 右移并与齿轮 18 的接合齿圈接合，副变速器即挂入高速挡（直接挡），其传动比为 $i''=1$，主变速器的四个挡位传动比 $i_1 \sim i_4$ 即分别等于组合式变速器的四个较小的传动比 $i_5 \sim i_8$。当接合套 17 左移并与齿轮 16 的接合齿圈接合时，副变速器便挂入低速挡，传动比 $i''_1>1$。此时将主变速器分别挂入一、二、三、四挡，便可得到组合式变速器的四个较大的传动比。它仅在四、五挡间换挡时，才需要操纵副变器。

倒挡轴 6 上有两个齿轮，其中倒挡传动齿轮 7 与第一中间轴一挡齿轮 5 啮合，从而保证了倒挡轴随输入轴 2 旋转。另一倒挡齿轮 8 空套在倒挡轴上，与副变速器输入轴齿轮 18 经常啮合。欲将组合式变速器挂入倒挡，应先将主变速器置于空挡，再将接合套 9 右移，使之与齿轮 8 的接合齿圈接合。于是，动力便可从输入轴 2 依次经齿轮 1、4、5、7、倒挡轴 6、接合套 9、齿轮 8 传到齿轮 18。此时，若将接合套 17 右移，便得到高速倒挡，左移便得到低速倒挡。为了保证倒车安全，常用低速倒挡。

动力输出轴 13 与第二中间轴 14 的接合与分离，由动力输出接合套 12 操纵。

三、同步器

目前，汽车的齿轮变速器换挡方式有三种：滑移齿轮式、接合套式、同步器式。

（一）无同步器时变速器的换挡过程

1. 滑移齿轮式换挡装置

变速器采用滑移齿轮式换挡装置时，如图 11-19 所示，滑移齿轮一般为直齿，内孔有花键孔套在花键轴上。变速杆通过拨叉移动滑移齿轮，使其轮齿与另一轴上对应的固联齿轮轮齿相互啮合或脱离，即可获得该挡位或退出该挡位。

这种换挡结构最简单，除齿轮本身之外不需要其他的零件。但是，要求进入啮合的两个齿轮圆周速度必须相等，否则，必然导致轮齿受到冲击产生较大噪音，甚至使轮齿严重损坏。因此，往往不得不切换空挡后再挂挡。这就要求驾驶员有熟练的技巧和采用特殊的操作方法进行换挡，否则很难实现无冲击换挡，特别是由高挡换低挡时更加困难。因此，在变速器中一般甚少采用。在个别变速器中，为使结构简单，把滑移齿轮式换挡装置用于 Ⅰ 挡和倒挡，因为这两个挡位的使用率很低，不经常换挡，例如东风 EQ1092 型汽车变速器中的 Ⅰ 挡和倒挡。

2. 接合套式换挡装置

如图 11-23 所示为无同步器的五挡变速器中 Ⅳ 和 Ⅴ 挡相互转换的接合套式换挡装置。它是通过操纵机构轴向移动套在花键毂（固联在第二轴上）4 上的接合套 3，使其内齿圈与齿轮 5 或齿轮 2 端面上的外接合齿圈啮合，从而获得高速挡或低速挡。

接合套式较滑移齿轮式有较大改进，但还是不能避免换挡时的冲击。这种换挡方式常用于某些变速器中的 Ⅰ 挡和倒挡，例如解放 CA1091 型汽车变速器的倒挡。

（1）从低速挡（Ⅳ挡）换入高速挡（Ⅴ挡）。如图 11-23 所示，变速器在 Ⅳ 挡工作时，接合套 3 与齿轮 2 上的接合齿圈啮合，二者啮合齿的圆周速度 V_3 和 V_2 相等，即 $V_3 = V_2$。若从此低速挡换入高速挡，驾驶员应先踩下离合器踏板使离合器分离，随即采用变速操纵机构将接合套右移，使其处在空挡位置。

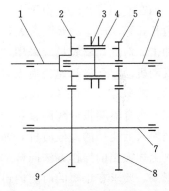

图 11-23　接合套式换挡装置简图

1—第一轴；2—第一轴常啮齿轮；3—接合套；4—花键毂；5—第二轴 Ⅴ 挡齿轮；6—第二轴；7—中间轴；8—中间轴 Ⅴ 挡齿轮；9—中间轴常啮齿轮

当接合套 3 与齿轮 2 上的接合齿圈刚刚脱离啮合时，V_3 与 V_2 仍相等。由于齿轮 2 的转速小于齿轮 5 的转速，所以圆周速度 $V_2 < V_5$，即由低速挡换入空挡的瞬间，$V_3 < V_5$。为使轮齿免受冲击，此时不应立即将接合套右移至与齿轮 5 上的接合齿圈啮合，即让空挡短时保留。此时，因离合器分离而使变速器第一轴上传动件与发动机中断了动力传递，加上与第二轴相比，第一轴乃至与其相关的传动件转动惯量都很小，所以 V_5 下降较快；接合套通过花键毂和第二轴直至与整个车辆联系在一起，转动惯量很大，所以 V_3 下降很慢。

如图 11-24（a）所示，因 V_5 下降速率快，而 V_3 下降速率慢，随着空挡停留时间的推移，V_5 和 V_3 终将在 t_0 时刻达到相等，此交点即为自然同步状态。此时，通过操纵机构将接合套 3 右移至与齿轮 5 上的接合齿圈啮合而挂入高速挡，则不会产生轮齿间冲击。因此，由低速挡换入高速挡时，驾驶员最重要的是把握好最佳时机。

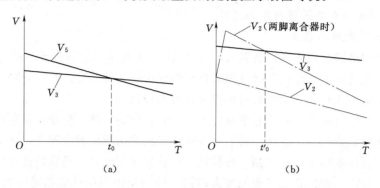

图 11-24 变速器换挡过程
(a) 低挡换高挡；(b) 高挡换低挡

（2）从高速挡（Ⅴ挡）换入低速挡（Ⅳ挡）。如图 11-23 所示，变速器在Ⅴ挡工作时，接合套 3 与齿轮 5 上的接合齿相互圈啮合。由上述分析知，无论是高速挡工作时，还是由高速挡换入空挡的瞬间，接合套 3 与齿轮 5 上的接合齿圈的圆周速度均相等，即 $V_3=V_5$。又因 $V_5>V_2$，所以 $V_3>V_2$，如图 11-24（b）所示，此时同样不宜立刻由空挡换入低速挡。

但在空挡停留时，由于 V_2 下降比 V_3 快，不可能出现 $V_3=V_2$ 的情况，且空挡停留时间愈长，V_3 与 V_2 的差距愈大，根本不可能达到自然同步状态，即在任何时刻换挡都会产生冲击。对此，驾驶员应采用"两脚离合器"的换挡步骤。即第一次踩下离合器踏板，切断发动机动力，将高速挡换入空挡；接着松开离合器踏板接合动力，同时踩油门加油，使发动机转速提高。这样，齿轮 2 及其接合齿圈的转速得以相应提高，直至 $V_2>V_3$。至此再踩下离合器踏板分离离合器，迫使 V_2 迅速下降至 $V_2=V_3$，与此对应的时刻 t_0，即是由空挡换入低速挡的最佳时机，如图 11-24（b）所示。

上述换挡的操作方法同样适用于滑移齿轮式换挡装置。但受驾驶经验及诸多其他因素的影响，要求在很短的时间内迅速准确地实施上述操作，完成所需的换挡，要靠相当熟练的操作技能，或者说实际中不能完全做到无冲击换挡。

因此，同步器便应运而生。

（二）同步器的组成及工作原理

同步器是对接合套换挡装置的继承与发展，其基本结构不仅包括接合套、花键毂、对应齿轮上的接合齿圈等接合装置，还包括推动件、摩擦件等组成的同步装置和锁止装置。

相较接合套而言，同步器的功用可以概括为两点：一是促使接合套与接合齿圈尽快达到同步，以缩短变速器换挡时间；二是在接合套与接合齿圈尚未达到同步时，锁住接合套，使其不能与接合齿圈相互啮合，防止齿间冲击。

同步器有常压式、惯性式、自行增力式等多种类型。目前，汽车的变速器中应用最广泛的是惯性式同步器。根据所采用的锁止机构的不同，常见的惯性式同步器又可分为锁环式和锁销式两种。特别是轿车、轻型和中型货车的变速器广泛采用了锁环式惯性同步器，现以解放 CA1091 中型货车变速器中的 V 挡和 VI 挡同步器为例，介绍其主要结构和工作原理。

1. 主要结构

如图 11 - 25 所示，该同步器主要由接合套 7、花键毂 15、锁环 4 和 8、滑块 5、定位销 6 和弹簧 16 等组成。

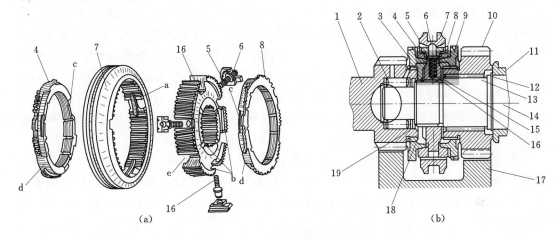

图 11 - 25　锁环式惯性同步器

(a) 组成零件；(b) 在变速轴上的安装结构图

1—第一轴；2、13—滚针轴承；3—VI挡接合齿圈；4、8—锁环（同步环）；5—滑块；6—定位销；7—接合套；
9—V挡接合齿圈；10—第二轴V挡齿轮；11—衬套；12、18、19—卡环；
14—第二轴；15—花键毂；16—弹簧；17—中间轴V挡齿轮

花键毂以其内花键套装在第二轴的外花键上，并用卡环 18 轴向定位。两个锁环分别安装在花键毂的两端及 VI 挡接合齿圈 3 和 V 挡接合齿圈 9 之间。锁环内锥面与接合齿圈端部外锥面保持接触，并且在锁环内锥面上加工了细密的螺纹槽，以使配合锥面间的润滑油膜招致破坏，提高锥面摩擦系数，增加配合锥面间的摩擦力。锁环外缘上有非连续的花键齿，其齿的断面形状和尺寸与接合齿圈、花键毂外缘上花键齿均相同，并且接合齿圈和锁环上的花键齿与接合套面对的一端均有倒角（锁止角），该倒角与接合套内花键齿端倒角一样。

锁环端部沿圆周均布了三个缺口 c 和三个凸起 d。在花键毂外缘上均布的三个轴向槽 b 内，分别安装了可沿槽移动的三个滑块。滑块中部的通孔中安插的定位销在压缩弹簧的作用下，将定位销推向接合套，并使其球头部分嵌入接合套内缘的凹槽 a 中，以保证在空挡时接合套处于正中位置。滑块两端伸入锁环缺口，锁环上的凸起伸入花键毂上的通槽 e，凸起沿圆周方向的宽度小于通槽的宽度，且只有凸起位于通槽的中央位置时，接合套的齿才有可能与锁环的齿进入啮合。

2. 工作过程

图 11 - 26 所示为变速器由低挡换入高挡（V 挡换入 VI 挡）时，该同步器的工作过程。

（1）挂空挡。如图 11 - 26（a）所示，当接合套刚从 V 挡换入空挡时，它与滑块均处于中间位置，并由定位销定位。锁环与接合齿圈之间的配合锥面并不接触，即锁环具有轴向自由度。在原轴方向上，由于锁环上凸起的一侧与花键毂上通槽的一侧相互靠合，于是花键毂推动锁环同步旋转。这时，接合套和花键毂连同锁环（与第二轴相关）以及Ⅵ挡接合齿圈（与第一轴相关），均在自身及其所联系的一系列运动件的惯性作用下，继续按原方向旋转。设接合齿圈、锁环和接合套的转速分别为 n_1、n_2 和 n_3，此时 $n_2 = n_3$，$n_1 > n_3$，则 $n_1 > n_2$。

（2）挂高挡。如果要挂入高挡（Ⅵ挡），通过变速器操纵机构，向左拨动接合套，同时通过定位销带动滑块向左移动。当滑块左端面与锁环缺口端面接触时，便同时推动锁环移向接合齿圈，促使具有转速差（$n_1 > n_2$）的两锥面一经接触便产生摩擦力矩 M_f。此时接合齿圈通过 M_f 带动锁环相对于接合套和花键毂快速转过一个角度，直到锁环凸起与花键毂通槽的另一侧接触时，锁环即与花键毂和接合套同步旋转。同时，接合套的齿与锁环的齿相互错开约半个齿厚，从而使接合套齿端倒角和锁环齿端倒角正好相互抵触，导致接合套不能继续向左移动进入啮合。

在上述两倒角相互抵触的情况下，如果要使接合齿圈与锁环齿圈进入啮合，则必须要求锁环相对接合套向后倒退一定角度。由于驾驶员始终对接合套施加了向左的轴向推力 F_1，致使作用在锁环倒角面上的法向力 F_N 产生了切向分力 F_2，如图 11 - 26（b）左上方受力图所示。

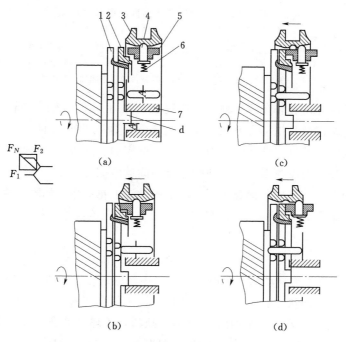

图 11 - 26 锁环式惯性同步器工作过程
（a）空挡位置；（b）接合套与锁环齿端倒角互抵；（c）接合套与锁环
啮合；（d）接合套与齿圈啮合
1—Ⅵ挡接合齿圈；2—锁环（同步环）；3—接合套；4—定位销；
5—滑块；6—弹簧；7—花键毂

显然，切向分力 F_2 形成了试图使锁环相对接合套向后倒转的力矩 M_b，称之为拨环力矩。但是，由于 F_1 使锁环与接合齿圈配合锥面的持续压紧，M_f 迫使接合齿圈迅速减速，以尽快与锁环同步。因接合齿圈作减速旋转，根据惯性原理所产生的惯性力矩的方向与旋转方向相同，且通过摩擦锥面作用在锁环上，阻碍锁环相对接合套向后倒转。

也就是说，在接合齿圈与锁环以及接合套未到同步之前，在锁环上作用着两个方向相反的力矩，即拨环力矩 M_b 和惯性力矩（即摩擦力矩）M_f。若 $M_b>M_f$，则锁环即可相对接合套向后倒转一定角度，以便接合套进入啮合；若 $M_b<M_f$，则锁环阻止接合套进入啮合。正是因为待接合齿圈及与其联系的一系列零件的惯性力矩的大小决定锁环的锁止作用，故称其为惯性式同步器。

对于一定的轴向推力 F_1，拨环力矩 M_b 的大小取决于锁环和接合套齿端倒角（锁止角）的大小；而惯性力矩（也就是摩擦力矩）M_f 的大小取决于接合齿圈与锁环配合锥面锥角的大小。因此，进行同步器设计时，需要适当选择锥角和锁止角，以保证达到同步之前始终是 $M_f>M_b$。这样，驾驶员施加在接合套上的轴向推力 F_1 无论有多大，锁环都能有效阻止接合套进入啮合。

（3）挂入高挡。只要驾驶员继续对接合套施加轴向推力，锥面间的摩擦力矩就会使接合齿圈的转速迅速降到与锁环的转速相等，即两者相对角速度为 0，因而惯性力矩也就不复存在。但由于轴向推力 F_1 的作用，两摩擦锥面之间依靠静摩擦作用仍紧密结合在一起，此时在拨环力矩 M_b 的作用下，锁环连同接合齿圈及与其联系的所有零件同时相对于接合套向后倒转一定角度，导致锁环凸起转到正对花键毂通槽中央，接合套与锁环二者的花键齿不再抵触，即锁止现象消失。此时驾驶员还要继续向前拨动接合套，使接合套克服弹簧阻力，压下定位销继续左移，直至与锁环花键齿圈完全啮合，如图 11-26（c）所示。

此时，轴向推力 F_1 不再作用于锁环，则锥面间摩擦力矩随之消失。而驾驶员还要持续向左拨移接合套，倘若又出现了接合套花键齿与接合齿圈花键齿抵触的情况，如图 11-29（c）所示，则与上述分析类似，通过作用在接合齿圈花键齿端倒角面上的切向分力，使接合齿圈及其相联系的零件相对接合套转动一定角度，最终使接合套与接合齿圈完全啮合，完成低挡向高挡的转换，如图 11-26（d）所示。

如果是Ⅵ挡换入Ⅴ挡，上述过程也适用。但应注意，此时Ⅴ挡齿圈 9 和第二轴Ⅴ挡齿轮 10（图 3-28）被加速到与锁环 8（即与接合套）同步，从而使接合套先后与锁环及Ⅴ挡接合齿圈进入啮合而完成换挡。

上述换挡过程可简要归纳为：一是摩擦工作面接触产生摩接力矩，锁环转动一个角度；二是锁止元件起锁止作用，阻止接合套前移；三是摩擦力矩增长至同步，惯性力矩消失，锁止作用消失；四是接合套进入啮合完成换挡。

四、变速器操纵机构

变速器操纵机构的作用是根据汽车使用条件，保证驾驶员能准确可靠地使变速器挂入所需要的任一挡位工作、并可随时使之退到空挡。变速器操纵机构一般由变速杆、拨块、拨叉、拨叉轴以及锁止装置等组成，多集中安装于上盖或侧盖内，结构简单，操纵方便。

（一）换挡机构

如图 11-27 所示，为解放 CAl091 型汽车六挡变速器操纵机构的组成与布置示意图。拨叉轴 7、8、9 和 10 的两端均支承于变速器盖的相应孔中，可以轴向滑动。所有的拨叉和拨块都以弹性销固定于相应的拨叉轴上。Ⅲ、Ⅳ挡拨叉 2 的上端具有拨块。拨叉 2 和拨块 3、4、14 的顶部制有凹槽。变速器处于空挡时，各凹槽在横向平面内对齐，叉形拨杆 13 下端的球头即伸入这些凹槽中。选挡时可使变速杆绕其中部球形支点横向摆动，则其下端推动叉形拨杆 13 绕换挡轴 11 的轴线摆动，从而使叉形拨杆下端球头对准与所选挡位对应的拨块凹槽，然后使变速杆纵向摆动，带动拨叉轴及拨叉向前或向后移动，即可实现挂挡。

例如，横向摆动变速杆使叉形拨杆下端球头深入拨块 3 顶部凹槽中，再纵向摆动变速杆使拨块 3 连同拨叉轴 9 和拨叉 5 沿纵向向前移动一定距离，便可挂入二挡；若向后移动一段距离，则挂入一挡。当使叉形拨杆下端球头深入拨块 14 的凹槽中，并使其向前移动一段距离时，便挂入倒挡。

不同变速器的挡数和操纵机构的结构与布置都有所不同，因而相应于各挡位的变速杆上端手柄位置排列，即挡位排列也不相同。因此，汽车驾驶室仪表板上或操纵手柄上应标有该车变速器挡位排列图，如图 11-28 所示。

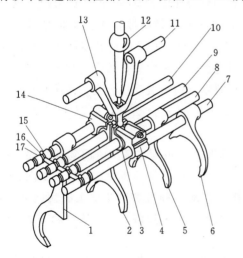

图 11-27 六挡变速器操纵机构示意图

1—Ⅴ、Ⅵ挡拨叉；2—Ⅲ、Ⅳ挡拨叉；3—Ⅰ、Ⅱ挡拨块；
4—倒挡拨块；5—Ⅰ、Ⅱ挡拨叉；6—倒挡拨叉；7—倒
挡拨叉轴；8—Ⅰ、Ⅱ挡拨叉轴；9—Ⅲ、Ⅳ挡拨叉轴；
10—Ⅴ、Ⅵ挡拨叉轴；11—换挡轴；12—变速杆；
13—叉形拨杆；14—Ⅴ、Ⅵ挡拨块；15—自锁
弹簧；16—自锁钢球；17—互锁销

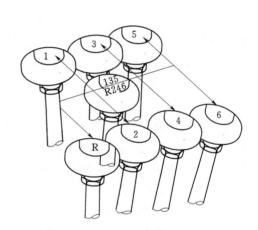

图 11-28 变速器挡位排列示意图

在有些汽车上，由于变速器离驾驶员座位较远，则需要在变速杆与拨叉之间加装一些辅助杠杆或一套传动机构，构成远距离操纵。这种操纵机构称为间接操纵式变速器操纵机构。该操纵机构应有足够的刚性，且各连接件间隙不能过大，否则换挡时手感不明显。由

于布置上的原因，它多用在轿车和轻型汽车上。

（二）锁止装置

为保证变速器在任何情况下都能准确、安全、可靠地工作，其操纵机构应满足如下要求：

（1）保证挂挡后，进入啮合的齿轮或花键齿以全齿宽啮合，不自行脱挡，也不自动挂挡；

（2）保证变速器不同时挂入两个挡位；

（3）保证误挂倒挡。

1. 自锁装置

该装置的功用是保证滑移齿轮或接合套齿圈工作时处于全齿宽啮合，不工作时彻底脱挡，并在工作中不产生自动挂挡或脱挡现象。

如图 11-29 所示为东风 EQ1090E 型汽车变速器自锁和互锁装置。该变速器的自锁装置由自锁钢球 1 和自锁弹簧 2 组成。在变速器盖前端有三个凸起，凸起中钻有三个深孔，自锁钢球和自锁弹簧即装入其中。一般一根拨叉轴连同拨叉可以完成两个挡位的挂挡，其间位置为空挡，所以每根拨叉轴端部表面沿轴向分布三个能与自锁钢球嵌合的凹槽。当任何一根拨叉轴连同拨叉被轴向移动到空挡或某一工作挡位置时，必有一个凹槽正好对准自锁钢球 1，此时在自锁弹簧的作

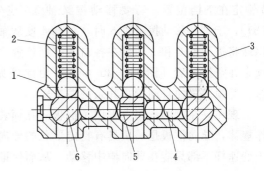

图 11-29　变速器的自锁和互锁装置工作示意图
1—自锁钢球；2—自锁弹簧；3—变速器盖（前端）；
4—互锁钢球；5—互锁销；6—拨叉轴

用下，该钢球即被嵌入该凹槽内，拨叉轴连同拨叉的轴向位置亦被固定，该拨叉带动下的滑移齿轮（或接合套）被固定在空挡或某一工作挡位置，而不会因振动等原因自行脱挡。当需要挂挡或换挡时，驾驶员必需通过变速杆对拨叉轴施加轴向力直至克服自锁弹簧的压力，将自锁钢球从凹槽中挤出，拨叉轴连同拨叉才能被轴向移动到所需位置。可见，拨叉轴上相邻凹槽之间的距离，等于保证全齿宽啮合或完全退出啮合所需的拨叉轴应该移动的距离。

2. 互锁装置

对于多档变速器中拨叉轴较多，如果操纵时同时使两个拨叉轴移动，就可能会出现同时挂上两个挡的情况。该装置的功用就是为了防止变速杆同时拨动两根拨叉轴及拨叉，即防止同时挂上两个挡位，造成齿轮传动间的干涉，导致变速器无法工作甚至严重损坏。

如图 11-30 （a）所示，互锁装置由互锁钢球 2、4 和互锁销 3 组成。每根拨叉轴相对于自锁凹槽的侧表面均有一个深度相等的凹槽，当任何一根拨叉轴处于空挡位置时，该凹槽正好对准互锁钢球。两个钢球直径之和正好等于相邻两拨叉轴间距加上一个凹槽的深度。中间的拨叉轴上两个侧面凹槽以孔贯通，该孔内放置一根可左右移动的互锁销，其长度为拨叉轴直径减去一个凹槽的深度。

如图 11-30 所示，当变速器处于在空挡位置时，所有拨叉轴的侧向凹槽与互锁钢球、互锁销位于同一直线上。当移动中间拨叉轴时［图 11-30 （a）］，轴 6 两侧的内钢球从其

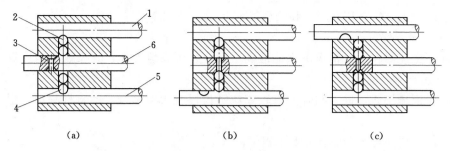

图 11-30 互锁装置工作示意图

（a）拨叉轴 6 移动；（b）拨叉轴 5 移动；（c）拨叉轴 1 移动

1、5、6—拨叉轴；2、4—互锁钢球；3—互锁销

侧面凹槽中被挤出，而外钢球 2 和 4 分别嵌入拨叉轴 1 和 5 的侧面凹槽中，因而将轴 1 和 5 锁定在空挡位置。若要移动拨叉轴 5，应先将拨叉轴 6 退回到空挡位置 ［图 11-30（b）］，于是在移动拨叉轴 5 时，钢球 4 便从轴 5 的凹槽中挤出，同时通过互锁销 3 和其他钢球将拨叉轴 6 和 1 锁定在各自的空挡位置。同理，当移动拨叉轴 1 时，拨叉轴 6 和 5 被锁定在空挡位置 ［图 11-30（c）］。由此可见，当驾驶员用变速杆移动某一拨叉轴挂挡时，互锁装置便自动锁止其余的拨叉轴。

现在，在有的汽车上采用了框板式互锁装置，根据变速器挡位的多少及合理地换挡操作规律，导向框板是一块具有特定形状的导向槽限位板，每条导向槽对准一根拨叉轴。由于变速杆下部只能在导向槽中移动，从而保证了不会同时拨动两根拨叉轴，也就不会同时挂上两个挡。

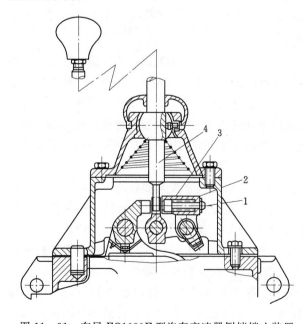

图 11-31 东风 EQ1090E 型汽车变速器倒挡锁止装置

1—倒挡锁销；2—倒挡锁弹簧；3—倒挡拨块；4—变速杆

它能起到提醒驾驶员注意的作用。

3. 倒挡锁止装置

该装置的功用是，驾驶员挂倒挡时，必须使用较大的力，才能够换上倒挡，起到提醒作用，避免因车辆在起步时或在前进行使中误挂倒挡，变速器轮齿间将发生极大冲击，导致零件损坏，甚至造成人机安全事故。

图 11-31 所示为东风 EQ1090E 型汽车五挡变速器中的倒挡锁止机构，它由 I 挡和倒挡拨块 3 中的倒挡锁销 1 和倒挡锁弹簧 2 组成。锁销在弹簧的作用下伸进拨块 3 的凹槽中，驾驶员要挂 I 挡或倒挡时，必须花费较大的力使变速杆 4 的下端压缩弹簧，将锁销推向右方后，才能使变速杆下端进入拨块的凹槽中，以拨动 I 挡、倒挡拨叉而挂入 I 挡或倒挡。由此可见，

第四节 自 动 变 速 器

一、自动变速器的类型和特点

自动变速器即通常所说的自动操纵式变速器。它可根据发动机负荷和汽车行驶速度自动地改变传动系统传动比。

（一）自动变速器的类型

（1）按照传动比变化方式，汽车自动变速器分为有级式、无级式和综合式三种。

1）有级式自动变速器。它是指在机械式齿轮变速器的基础上实现自动控制的变速器，也称为电控机械自动变速器（简称 AMT）。

2）无级式自动变速器。除变速器分类中所提及的电力式和动液式（液力变矩器）无级变速器之外，还有已在汽车上成功应用的金属带式无级自动变速器。

3）综合式自动变速器。它是指实现自动控制的液力机械式变速器，即液力机械式自动变速器。

（2）按照齿轮变速系统的控制方式，汽车自动变速器又可分为液控液压和电控液压两种。

1）液控液力自动变速器。它是通过机械的手段，在手控制阀选定位置后，由反映节气门开度的节气门阀和反映车速的调速器阀把节气门开度和车速等参数转变为液压控制信号，按照设定的换挡规律，在换挡点，这些液压控制信号直接控制换挡阀进行换挡，如图 11-32 所示。

2）电控液压自动变速器。它是在手控制阀选定位置后，通过反映节气门开度的节气门位置传感器和反映车速的车速传感器把节气门开度

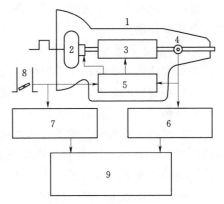

图 11-32 液控液压式自动变速器的组成示意图

1—自动变速器；2—液力变矩器；3—行星齿轮机构；4—速控阀；5、9—液压控制系统；6—车速信号；7—节气门工作信号；8—节气门

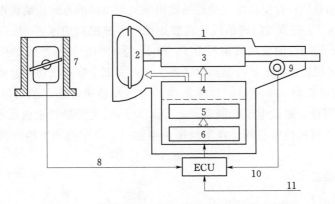

图 11-33 电控液压式自动变速器的组成示意图

1—自动变速器；2—液力变矩器；3—行星齿轮机构；4—液力控制系统；5—液压控制板；6—电磁阀；7—节气门；8—节气门工作信息；9—车速传感器；10—车速信号；11—其他传感器信息

和车速等参数转变为电信号，并输入电子控制单元（ECU）。电子控制单元（ECU）根据这些电信号，按照设定的换挡规律控制液压阀和液压执行机构进行换挡，如图 11-33 所示。

（二）自动变速器的特点

（1）操纵方便，消除了驾驶员换挡技术的差异性。

（2）有良好的传动比转换性能，速度变化不仅快而且连续平稳，从而提高了乘坐的舒适性。

（3）减轻驾驶员疲劳，提高行车安全。

（4）可不中断地充分利用发动机的功率，降低排气污染。

（5）结构复杂，造价高，传动效率低。

二、自动变速器的组成及其工作原理

目前，汽车上装用的自动变速器多采用液力机械式自动变速器。本节主要介绍液力机械式自动变速器。

（一）自动变速器的基本组成

自动变速器主要由以下四部分构成：

（1）液力传动装置。液力传动装置有液力耦合器和液力变矩器。因后者在传递动力的同时能自动增大输出轴的转矩，所以，目前越来越多地采用液力变矩器。

（2）辅助变速机构。辅助变速机构有行星齿轮式变速器和平行轴齿轮变速器。前者应用较广泛，一般由 2~3 排行星齿轮组成，实现 2~5 个速比，因而使输出轴转矩进一步增大，车辆的行驶适应能力进一步提高。同时，行星齿轮变速器是常啮合传动，无冲击，加速性能好，结构紧凑，操作简便。

（3）液压控制系统。根据车辆实际工况的需要，驾驶员利用该系统使相关离合器和制动器在一定的条件实现行星齿轮系统自动换挡。

（4）电子控制装置。为改善和提高全液式自动变速器的性能，针对液压控制系统而增设的控制装置，该装置使变速器成为电控式自动变速器。

（二）自动变速器基本工作原理

如图 11-32 所示，液力变矩器 2 输入端与发动机曲轴端部固联；其输出端与行星齿轮变速器 3 的输入端联接；行星齿轮变速器的输出端又与车辆的万向传动装置联接。基于设定的节气门控制油压 P_z 与节气门脚踏板行程成正比；车速控制油压 P_v 与自动变速器输出轴转速成正比，则不同挡位的自动转换可由 P_z 和 P_v 适时控制液压系统中换挡阀的动作。通过油路的改变，使相应挡位的离合器和制动器工作，完成全液式自动变速器的自动换挡。

图 11-33 为电控自动变速器的基本原理。根据发动机转速、油门位置、车速和换挡控制信号等相关信息，通过电子控制单元（ECU）控制变矩器锁止电磁阀、换挡电磁阀、强制低挡电磁阀、超速挡电磁阀、停车挡锁止电磁阀、停车挡和空挡启动开关、监控传感器等电控装置。

三、液力传动装置

（一）液力耦合器

1. 主要结构

如图 11-34 所示，液力耦合器是一种液力传动装置，又称为液力联轴器，主要的功能有防止发动机过载和调节工作机构的转速。它主要由泵轮 3 和涡轮 4 以及外壳 2 三个部分组成，其中泵轮和涡轮是能量转换乃至动力传递的基本元件。

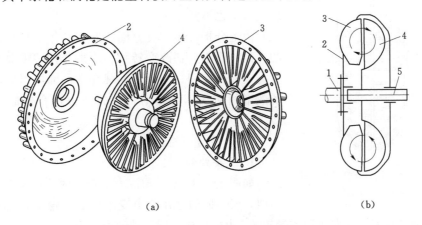

图 11-34　液力耦合器结构示意图
(a) 组成零件；(b) 结构示意图
1—输入轴；2—耦合器外壳；3—泵轮；4—涡轮；5—输出轴

耦合器的外壳 2 分别与输入轴（发动机曲轴）1 和泵轮固联，是液力耦合器的主动部分；涡轮与输出轴 5 固接，是液力耦合器的从动部分。泵轮与涡轮具有相等的内外径和径向均布的许多叶片。二者面对面组装到密闭的壳体内，其端面留有间隙，大约 3～4mm。通过两轮的轴向纵断面呈环形，且称之为循环圆，其内腔储存有工作油液。

2. 工作过程

发动机运转时，曲轴带动液力耦合器的外壳和泵轮一同转动。耦合器内的工作油液在泵轮叶片的推动下，不仅随泵轮一起绕轴线旋转，而且在离心力的作用下，工作油液经叶片间通道从叶片内缘被甩向叶片外缘。当工作油液到达叶片外缘即将要离开泵轮时，已成为具有较高动能和速度的液流，此时耦合器完成了将发动机的机械能转换成工作油液动能的过程，其能量大小取决于泵轮半径和转速。

在液力耦合器正常工作时，其泵轮转速总是高于涡轮转速。由于两轮半径相等，所以泵轮叶片外缘油液动能大于涡轮叶片外缘油液动能。因此，离开泵轮的油液冲向涡轮叶片并进入涡轮后，当其克服涡轮转动阻力时，则推动涡轮以低于泵轮的转速转动，但转向与泵轮一致。至此，涡轮带动输出轴转动，耦合器完成了将工作油液动能转换成机械能输出的最终过程。

同时，在上述能量差的作用下，油液不仅随着工作轮绕轴 1 和轴 5 的轴线做圆周运动，还沿循环圆并按图 11-35 箭头所示方向循环流动，致使油液质点的流线形成一个首尾相连的螺旋线。

汽车起步前，将变速器挂上一定挡位，启动发动机驱动泵轮旋转，而涡轮暂时仍处于静止状态，工作液则立即产生绕工作轮轴线的圆周运动和循环流动。当液流冲到涡轮叶片上时，其圆周速度降低到 0 而对涡轮叶片造成一个冲击力，对涡轮形成一个绕涡轮轴线的力矩，力图使涡轮与泵轮同向旋转。发动机转速愈高，则扭矩愈大。当发动机转速增大到

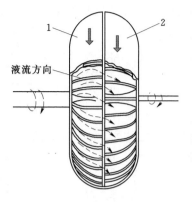

图 11-35 液力耦合器工作原理图
1—泵轮；2—涡轮

一定值时，作用于涡轮上的扭矩足以使汽车克服起步阻力，汽车开始起步。随着发动机转速的继续增高，涡轮连同汽车也不断加速。

由上分析可知，液力耦合器在工作中只有传递转矩的功能，而不具备改变转矩大小的作用，需要有变速装置与其配合使用。同时，客观存在的油液损失使传动系统效率相对无耦合器时低，故液力耦合器的应用日趋减少。

（二）液力变矩器

1. 主要结构

如图 11-36 所示，液力变矩器的结构与液力耦合器相似，所不同的是在液力变矩器的泵轮 4 和涡轮 3 之间增设了一个具有液流导向作用的导轮 5，由此构成了三元件液力变矩器。

变矩器的导轮亦沿周向均布了许多弧形叶片，通过固定套管 6 固定在变速器壳体上，导轮与固定套管之间还装有单向离合器。泵轮随壳体 2 固定在发动机曲轴 1 后端凸缘上；涡轮通过输出轴 7 与后续传动系统相连。壳体做成前后两半用螺栓连接或焊接成一体。壳体前部外缘上有启动齿圈 8。组装完成后的液力变矩器，导轮分别与泵轮和涡轮保持一定的轴向间距，三轮的轴向纵断面构成环状空腔，亦称循环圆，工作油液可在循环圆中做环流运动。

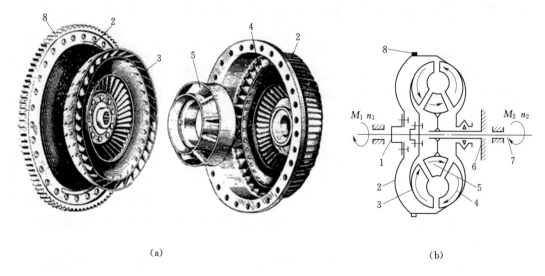

（a）   （b）

图 11-36 三元件液力变矩器结构示意图
（a）组成零件；（b）结构示意图
1—发动机曲轴；2—变矩器壳体；3—涡轮；4—泵轮；5—导轮；6—导轮固定套管；7—输出轴；8—启动齿圈

2. 工作过程

与液力耦合器相似，液力变矩器正常工作时，环形空腔中的工作油液不仅绕变矩器轴作圆周运动，而且在循环圆内做循环流动，故能将发动机的转矩经泵轮传到涡轮直至输出轴。

与液力耦合器不同的是液力变矩器不仅能传递转矩，而且由于增加了导轮，使得在泵轮转矩不变的情况下，随着涡轮转速的变化而自动改变涡轮输出转矩的大小，满足车辆不同运行条件下的不同要求。

下面通过液力变矩器工作轮展开示意图来说明变矩的工作过程。展开图的制取方法如图11-37所示。循环圆上的中间流线将油液环流通道断面分成了面积相等的内外两部分，若将中间流线展开成一直线，各循环圆中间流线均在同一平面上展开。于是，在展开图上即可展现泵轮 B、涡轮 W 和导轮 D 三个环形平面及叶片相互位置关系。为了便于分析，首先设发动机的转速及负荷不变，即变矩器泵轮的转速 n_b 和转矩 M_b 为常数。

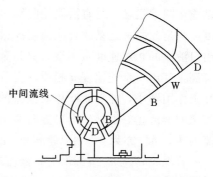

图 11-37 液力变矩器工作轮展开示意图
B—泵轮；W 涡轮；D—导轮

首先，车辆起步时变矩器涡轮转速为 0，如图11-38（a）所示。发动机带动的泵轮转速为 n_b；泵轮叶片作用下的工作油液转矩为 M_b；油液以 v_1 的绝对速度沿图中箭头 1 的方向冲向涡轮叶片。由于此时涡轮转速为零，涡轮叶片给液流施加的转矩使液流沿涡轮叶片流出，并以 v_2 的绝对速度按图中箭头 2 的方向冲向导轮叶片，试图使导轮相对泵轮逆向旋转。但因单向离合器将导轮与固定套管相互锁定，此刻固定不动的导轮对液流产生反作用转矩 M_d，使液流沿导轮叶片流出，并以 v_3 的绝对速度按图中箭头 3 的方向流回泵轮。

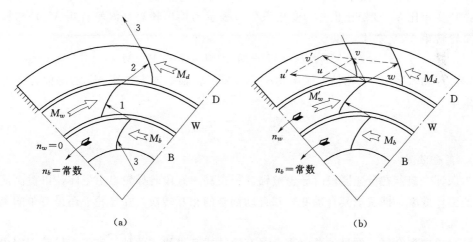

（a）   （b）

图 11-38 液力变矩器工作原理图
（a）当 n_b＝常数时；n_w＝0 时；（b）当 n_b＝常数时，n_w 逐渐增加时

可见，油液流动过程中受到叶片的作用力，使其方向显著变化。设泵轮、涡轮和导轮对液流作用的转矩分别为 M_b、M_w' 和 M_d，则根据力矩平衡条件可知：$M_w'＝M_b+M_d$。由于液流对涡轮作用的转矩 M_w 与 M_w' 应是大小相等、方向相反，因而在数值上，涡轮转矩 M_w 等于泵轮转矩 M_b 与导轮转矩 M_d 之和。此时涡轮转矩 M_w 大于泵轮转矩 M_b，即液力

变矩器起了增大转矩的作用。

当变矩器输出的转矩经传动系统到达车辆驱动轮,所产生的牵引力足以克服起步阻力时,车辆即起步并开始加速,涡轮转速 n_w 也从 0 逐渐增高。这时如图 11-38（b）所示,涡轮叶片间液流不仅沿循环圆作循环流动,具有沿叶片方向的相对速度 ω,而且随涡轮绕轴线作圆周运动,具有沿涡轮圆周切线方向的牵连速度 u。故冲向导轮叶片的液流绝对速度 v 应是此两种运动的合成速度。根据原设泵轮转速 n_b 恒定,当涡轮转速变化时,涡轮出口液流的相对速度 ω 不变,只是牵连速度 u 发生相应变化。可见,随着涡轮转速 n_w 的升高,其出口牵连速度 u 相应增高,绝对速度 v 则随之向左逐渐偏斜,液流对导轮叶片的冲击作用渐小,即导轮叶片对液流的反作用转矩 M_d 渐小。当 n_w 升高到某一值,由涡轮流出的液流正好沿导轮出口方向冲向导轮时,液流对导轮叶片无冲击作用,此时导轮对液流的转矩 M_d 亦为 0,则涡轮转矩 M_w 等于泵轮转矩 M_b,变矩器失去变矩作用。

若涡轮转速 n_w 继续增大,液流绝对速度 v 的方向将继续左倾,如图 11-38（b）中 v' 所示的方向。致使导轮叶片背面承受液流冲击,导轮转矩方向与泵轮转矩方向相反,则涡轮转矩 $M_w=M_b-M_d$。此时变矩器输出转矩反而比输入转矩小。

若涡轮转速 n_w 增大到与泵轮转速 n_b 相等时,由于循环圆中的油液停止流动,则变矩器不能传递动力。

3. 特性参数

（1）传动比 i。输出转速（涡轮转速 n_w）与输入转速（泵轮转速 n_b）之比称为变矩器的传动比。即

$$i=n_w/n_b \leqslant 1 \tag{11-1}$$

（2）变矩比 k。变矩比也称为变矩系数,表示为输出转矩（涡轮转矩 M_w）与输入转矩（泵轮转矩 M_b）之比。即

$$k=M_w/M_b=(M_b+M_d)/M_b=1+(M_d/M_b) \tag{11-2}$$

（3）传动效率 η。涡轮轴上输出功率 N_w 与泵轮轴上输入功率 N_b 之比称为变矩器的传动效率。即

$$\eta=\frac{N_w}{N_b}=\frac{M_w \cdot n_w}{M_b \cdot n_b}=k \cdot i \tag{11-3}$$

4. 离合装置

为保证变矩器在低速区段时导轮被锁住;在高速区段时导轮自由空转,以提高液力变矩器的工作效率,即实现其自动变矩和自动耦合的相互转换,在导轮上还设有单向离合器或锁止离合器。

（1）单向离合器。常见的单向离合器有滚柱式和楔块式两种,安装在导轮固定内圈和转动外圈之间,此两种单向离合器的工作原理相同。

图 11-39 为滚柱式单向离合器,它由内座圈 1、外座圈 2、滚柱 5 和叠片弹簧 6 等组成。导轮 3 用铆钉 4 铆接在外座圈 2 上,内座圈 1 通过花键与导轮固定套管固定联接。外座圈 2 的内表面有若干偏心圆弧面,与内座圈共同构成若干楔形槽,槽内装有滚柱和弹簧。滚柱则经常被弹簧压向楔形槽较窄的一端,以至将内外座圈楔紧。

当涡轮转速较低且与泵轮转速差较大时,从涡轮流出的液流冲击导轮叶片,力图使导

轮顺时针方向转动（虚线箭头所示）。由于滚柱被紧卡在楔形槽的窄端，因此导轮无法转动而对液流产生反作用转矩，使涡轮转矩增大，液力变矩器起增大转矩的作用。当涡轮转速升高到一定程度时，涡轮出口液流冲击导轮叶片背面，导轮逆时针方向转动（实线箭头所示）。此时外座圈与内座圈松脱，因此导轮连同外座圈一起绕内座圈自由转动，液力变矩器转入耦合状态工作。

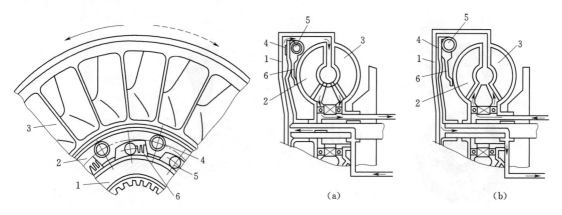

图 11-39　滚柱式单向离合器工作过程示意图
1—内座圈；2—外座圈；3—导轮；4—铆钉；
5—滚柱；6—叠片弹簧

图 11-40　锁止离合器工作过程
(a) 解除锁止；(b) 锁止
1—前盖；2—涡轮；3—泵轮；4—锁止活塞；5—减振盘；
6—涡轮传动板

（2）锁止离合器。因液力变矩器的效率不如机械变速器高，故采用液力变矩器的汽车在正常行驶时的燃油经济性较差。为提高变矩器的效率，在液力变矩器的涡轮左面加装锁止离合器，如图 11-40 所示。该离合器由锁止活塞 4、减振盘 5 和涡轮传动板 6 等组成。锁止活塞左边和前盖 1 的里面均以覆盖有摩擦材料，锁止活塞用键与减振盘连接，涡轮传动板和减振盘靠弹簧传力，以减轻离合器接合时的扭转振动，涡轮传动板铆接在涡轮壳上。

当工作油液由变矩器输入轴中心油道进入锁止活塞左边时，油压力使活塞向右移，如图 11-40（a）所示，则因锁止离合器的分离使变矩器起变矩作用。当工作油液经导轮轴套上油道流入变矩器内部，而由变矩器输入轴中心油道排出时，锁止活塞左移并压靠在前盖上，如图 11-40（b）所示，此时因锁止离合器的接合使泵轮和涡轮锁成一体而失去变矩作用。

四、行星齿轮传动装置

液力变矩器虽能在一定范围内自动地、无级地改变传动比和转矩比，但变速范围不宽，变矩比不大，且存在传动能力与传动效率之间的矛盾，难以满足车辆所需工况的使用要求。因此，在紧接液力变矩器之后串联一个行星齿轮传动变速器。

行星齿轮变速器的传动机构常由多个行星排组成，其主要结构及工作原理可用单排行星齿轮传动机构予以说明。

行星齿轮机构中最简单的是单排行星齿轮，如图 11-41 所示，由太阳齿轮 1、环形内齿圈 2、行星齿轮架 3 和若干行星齿轮 4 及相应行星齿轮轴 5 等组成。行星齿轮均布在太阳齿轮周围，并同时与太阳齿轮和环形内齿圈常啮合。

　　实际使用的行星齿轮变速器还装有必要的几组换挡离合器和制动器。通过换挡离合器控制行星齿轮传动机构某些基本构件与输入轴的接合或分离；通过制动器对传动机构某些基本构件的制动，使各行星排的运动关系得到有效控制，以获得所需的不同挡位。不同形式的行星齿轮变速器所采用的行星排、离合器和制动器的数目及组合方式各不相同。

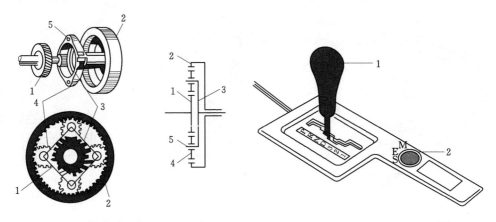

图 11-41　单排行星齿轮传动机构
1—太阳齿轮；2—环形内齿圈；3—行星齿轮架；
4—行星齿轮；5—行星齿轮轴

图 11-42　自动变速器挡位示意图
1—变速杆；2—程序开关

五、变速器挡位

　　装有自动变速器的汽车，在驾驶室内装有变速杆和程控开关（即模式选择开关），供选择变速器的挡位和车辆的运行模式。

　　现代轿车的电控自动变速器一般都具有四个前进挡和一个倒挡。如图 11-42 所示为奥迪轿车电控自动变速器的变速杆挡位示意图。

　　它具有 P、R、N、D、3、2、1 七个换挡位置和 S、E、M 三种换挡模式。丰田汽车自动变速器具有 P、R、N、D、Z、L 六个挡位。其中：

　　P——停车挡，变速器机械锁止。

　　R——倒车挡。

　　N——空挡，发动机怠速。

　　D——前进挡，变速杆位置置于 D 挡位时，具有 1、2、3、4 四个挡位，4 挡一般为超速挡，简称 O/D 挡。在 D 挡位时，自动变速器可以根据汽车的运行情况，在 1→2→3→4 或者 4→3→2→1 挡位之间自动的升挡或者降挡，实现自动变速。

　　Z——锁定挡，变速杆置于 Z 挡位时，自动变速器可以根据运行条件的变化，自动的在 1→2 挡，2→1 挡（或 1→2→3，3→2→1）间自动换挡，但不能自动升入更高的挡位。

　　L——低挡，变速杆置于 L 挡位时，自动变速器只能在 1 挡行驶或只能在 1→2 挡，2→1 挡之间自动换挡（有些自动变速器），而不能换入更高的挡位。

　　在汽车上坡或下坡行驶时，一般使用 Z 挡位或者 L 挡位，使汽车上坡行驶时具有足够的驱动力稳定上坡，下坡时可以利用发动机制动。

六、自动操纵系统

自动变速器的操纵系统是指汽车行驶时，根据车速和发动机负荷的变化，使变速器换入不同挡位的一套系统。其操纵方式可分为强制操纵、半自动操纵和自动操纵等几种方式。红旗 CA7560 型轿车采用自动操纵式操纵系统。

自动操纵系统的组成包括动力源、执行机构和控制机构三大部分。前两大部分均为液压式，故整个自动操纵系统可按控制机构的形式分为液控液压式和电控液压式两种。

（一）液控液压式自动操纵系统

1. 基本组成及功用

图 11-43 为红旗 CA7560 型轿车液控液压式自动操纵系统，基本组成及功用如下：

（1）动力源。动力源式装在变矩器 1 与前阀体之间，通常是指被液力变矩器驱动的液压油泵 7 及油液滤清器 6、油液细滤器 5、油液散热器 4 等相关辅助部件。它除了向液力变矩器提供工作液外，还向控制机构和执行机构提供压力油以实现换挡，同时也向行星齿轮变速器提供润滑油。液压泵的排量取决于变矩器尺寸及执行机构工作缸尺寸和数目以及油路的繁简。

（2）执行机构。执行机构包括直接挡离合器 18、低速挡制动器 19 和倒挡制动器 20 及其液压操纵的油缸、活塞等。它是根据车辆行驶的不同条件，通过换挡控制机构，使相应换挡离合器和制动器的油缸充油或卸压，实现离合器和制动器的接合或分离，以此改变行星齿轮机构的传动方式和传动比，实现换挡的目的。

（3）控制机构。控制机构包括换挡信号系统、主油路系统和换挡阀系统、缓冲安全系统和滤清冷却系统组成。其作用是按照来自驾驶员和各传感器发出的控制信号，精确调节液压泵输出压力，并输入执行机构；保证换挡过程的正常进行和改善换挡过程的平顺性。

主油路系统包括主油路调压阀 3 及高压油管路部分。为得到不同挡位，主油路应具有不同的油压。主油路调压阀的作用就是精确调节液压泵的输出压力到所需值之后输入主油路。

换挡信号系统由节气门阀 9 和离心调速器阀 15 组成。前者的位置取决于油器节气门的开度，即取决于发动机负荷，所以驾驶员操纵加速踏板就可改变节气门阀输入换挡阀 10 的油压。后者装在变速器第二轴 14 上，它可根据车速的变化改变输给换挡阀 10 的油压。这两个分别反映发动机负荷和汽车行驶速度的信号压力各自引至换挡阀的两端。在二者综合作用下，换挡阀使变速器自动地由低速挡换入直接挡，或由直接挡自动地换入低速挡。

换挡阀系统包括换挡阀 10、手控制阀 8 和强制低挡阀 11。手控制阀有空挡、前进挡、手低挡和倒挡四个位置，其作用是根据驾驶员的意愿，将主油路压力油送至换挡阀或直接送到执行机构进行换挡。强制低挡阀用以强制接通低挡。

缓冲安全系统由缓冲阀 12、低挡限流阀 16、低挡单向阀 17 和节流空等组成。其作用是防止在换挡过程中车速发生突然变化而影响汽车的舒适性。

2. 操纵系统换挡过程

图 11-43 所示红旗 CA7560 型轿车自动变速器液压操纵系统，其换挡过程如下。

（1）空挡（N）。将操纵手柄置于 N 位置，手控制阀 8 亦处在相应的空挡位置。此时，

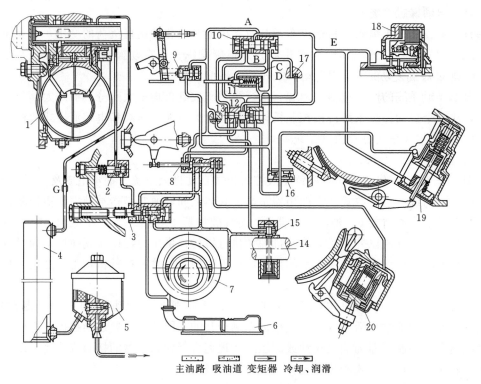

主油路 吸油道 变矩器 冷却、润滑

图 11-43 红旗 CA7560 型轿车自动变速器液压操纵系统示意图（空挡油路）

1—变矩器；2—变矩器阀；3—主油路调压阀；4—油液冷却器；5—油液细滤器；6—油液集滤器；

7—液压油泵；8—手控制阀；9—节气门阀；10—换挡阀；11—强制低挡阀；12—缓冲阀；

13—低挡阀片；14—变速器输出轴；15—离心调速阀（速控液压阀）；16—低挡限流阀；

17—低挡单向阀；18—直接挡离合器；19—低挡制动器；20—倒挡制动器

直接挡离合器 18 和低挡制动器 19 的油缸工作腔处于泄油状态；倒挡制动器 20 的油缸通道被切断。

（2）前进挡（D）。将操纵手柄置于 D 位置，手控制阀亦处在相应的前进挡位置。当车辆起步时，车速很低而节气门开度较大，即节气门阀 9 提供较高油压；速控液压阀 15 提供很低油压。此时，低挡制动器被制动，直接挡离合器分离，致使变速器自动挂入低挡。

随着车速逐渐提高，速控油压也相应提高。当速控油压力升到大于换挡阀右端弹簧力和节气门油压力的合力时，换挡阀的阀芯右移。此时，直接挡离合器逐渐结合，低挡制动器分离，该变速器自动挂入直接挡。

若直接挡车速降低，则速控油压也降低。在节气门阀油压力和弹簧力的共同作用下，换挡阀的阀芯将左移，则离合器自动分离，低挡制动器自动接合，致使变速器自动由直接挡换入低挡。

（3）强制低挡（L）。将操纵手柄置于 L 位置，手控制阀亦处在相应的低挡位置。因主油路油压总是高于速控油压，所以换挡阀的阀芯始终处于左端，变速器保持在低挡位置。显然，设置强制低挡是为了限制车辆下坡、路面状况或交通状况较差时的车速。

（4）倒挡（R）。将操纵手柄置于 R 位置，手控制阀的阀芯处在最右端位置，则主油路压力油只能通往变矩器 1 和倒挡制动器 20，通过刹住倒挡制动器而挂入倒挡。

（二）电控液压式自动操纵系统

1. 基本组成及功用

图 11-44 所示为自动变速器电子控制自动操纵系统。其主要组成及功用概括如下：

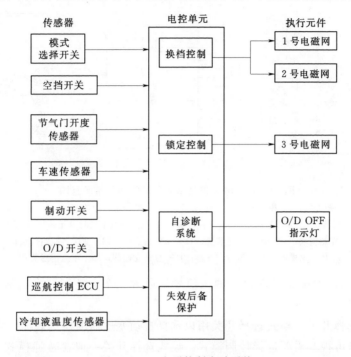

图 11-44 电子控制自动系统

（1）传感器。传感器包括节气门开度、车速、变速器油温、冷却液温度等传感器，以及空挡、制动、强制降挡、超速挡、模式选择等开关。其作用是用以检测节气门开度、车速、液温等状态信号，并将它们以电信号形式输入到电子控制单元。

（2）电子控制单元。电子控制单元一般采用微处理器，其作用是根据各传感器提供的电信号，确定换挡规律及锁定离合器的时间，并通过发出的指令控制执行元件。

（3）执行元件。执行元件是位于自动变速器控制阀体中的电磁阀，其作用是根据电子控制单元发出的指令使其接通或者断开，实现对换挡阀油路的控制，从而改变作用在阀体上的油压，进而实现对离合器和制动器的控制，以利换挡变速。

2. 主要电器元件及工作原理

图 11-45 所示为变速器电子控制元件相互作用关系。

（1）节气门开度传感器。其功用是输出节气门开度的大小与发动机负荷变化线性相关的电信号，并以此作为自动变速器的控制信号。

（2）车速传感器。车速传感器有电磁感应式、光电式和簧片开关式多种。电磁感应式车速传感器安装在变速器输出轴上。带有凸轮的信号转子旋转时，转子与铁芯的气隙发生周期性变化，由此通过线圈磁通的变化，使线圈产生感应电压。此车速电压信号经微处理

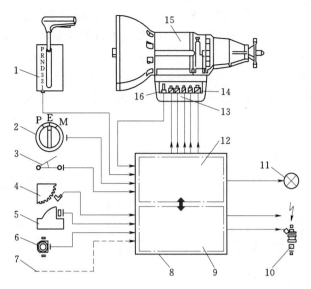

图 11-45　电子控制单元相互作用关系示意图

1—选挡手柄；2—模式开关；3—点火开关；4—发动机转速传感器；5—空气流量
传感器；6—节气门阀开关；7—备用输入信号；8—电子控制单元；9—发动机
控制模块；10—燃油喷射装置；11—失效指示灯；12—变速器控制模块；
13—电磁阀；14—压力调节器；15—自动变速器；16—车速传感器；

器 ECU 后，为自动变速器提供速控油压信号。通常汽车上还安装有机械式车速传感器，用以显示行车里程。

（3）模式选择开关。模式选择开关用以选择自动变速器的换挡规律，它位于挡位选择杆附近，驾驶员可视其需要选择控制模式。模式选择开关一般含普通模式（Normal）、动力模式（Power）、经济模式（Economic）和手动模式等。动力模式是指车辆获得最大动力性的换挡规律，通常在发动机转速相对较高时换入高一挡位。经济模式是指车辆获得最佳燃油经济性的换挡规律，通常是在发动机转速相对较低时换入高一挡位。

（4）电磁阀。根据电磁阀在自动变速器中的作用不同，可分为换挡电磁阀、锁止电磁阀和调速电磁阀；根据其结构原理差异，又可分为开关型电磁阀和脉冲式电磁阀等。

当微处理器 ECU 给电磁线圈通电，而使其产生的磁吸力将针阀向上移动时，排油孔被开启，流入电磁阀的油压因油液泄漏而降低。当电磁阀断电，则在弹簧力的作用下，针阀向下移动而关闭排油孔，流入电磁阀的油液得以保持。

（5）电液式换挡阀。在电控自动操纵系统中，换挡阀的工作状态亦由电磁阀控制。其控制方式分为加压控制和泄压控制。加压控制是指换挡阀的工作由开启或关闭换挡阀控制油路的进油孔来实现；泄压控制是指换挡阀的工作由开启或关闭换挡阀控制油路的泄油孔来实现。

七、液力机械式自动变速器工作原理

图 11-46 所示为红旗 CA7560 型高级轿车的液力机械式自动变速器传动简图，其行星齿轮变速器由前、后两排行星齿轮传动机构组成。前排内齿圈 4 和后排太阳齿轮 11 制成一体，并用花键与第一轴 14 连接，其为变速器主动部分。后排内齿圈 8 和第二轴 10 花

键连接，其为变速器从动部分。前、后排行星齿轮架 12 和 7 均采用花键与倒挡制动器 5 的制动鼓固接，且必要时可通过制动带将其制动。前、后排行星齿轮架上各压装三根活套着行星齿轮 6 和 9 的轴。前排太阳齿轮 13 活套在第一轴上，并以其前端凸缘盘外圈上的花键与低速挡制动器 3 的制动鼓连接，且必要时可通过制动带将其制动。直接挡离合器 2 的主动部分与第一轴连接，从动部分与前排太阳齿轮连接，则离合器结合时，两排行星齿轮机构连成一体。

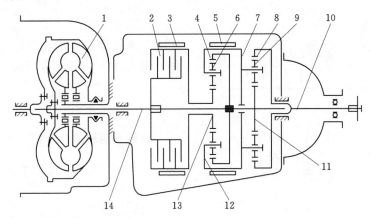

图 11-46　红旗 CA7560 型轿车液力机械变速器传动简图

1—液力变矩器；2—直接挡离合器；3—低速挡离合器；4—前排内齿圈；5—倒挡制动器；
6—前排行星齿轮；7—后排行星齿轮架；8—后排内齿圈；9—后排行星齿轮；10—变
速器第二轴；11—后排太阳齿轮；12—前排行星齿轮架；13—前排
太阳齿轮；14—变速器第一轴

图 11-47 所示为该轿车变速器的各挡传动路线：

（1）空挡（N）。直接挡离合器 14 处于分离状态，低速挡制动带 6 和倒挡制动带 7 均处于非制动状态。此时两排行星齿轮传动机构的各基本构件均可以自由转动，故行星齿轮变速器不能传递动力而处于空挡位置。

（2）低速挡（L）。离合器 14 处于分离状态，倒挡制动带 7 放松，低速挡制动带将制动鼓制动，使前排太阳齿轮 13 固定不动。液力变矩器输出的动力，一部分从前排内齿圈 12 经行星齿轮架传给后排行星齿轮，另一部分直接经后排太阳齿轮 11 传到后排行星齿轮，两部分动力合二为一后，由后排内齿圈 9 传递给变速器第二轴 10。该低速挡传动比计算如下：

设行星齿轮传动机构前排内齿圈与太阳齿轮齿数比为 α_1；后排内齿圈与太阳齿轮齿数比为 α_2。按图中序号分别设两行星齿轮传动机构各基本构件的转速为 n_{13}、n_{12}、n_8 和 n_{11}、n_9，则前排行星齿轮传动机构的运动特性方程式为

$$n_{13}+\alpha_1 n_{12}-(1+\alpha_1)n_8=0 \tag{11-4}$$

因制动带 6 箍紧，太阳齿轮 13 被固定，故行星齿轮架 8 的转速为

$$n_8=\frac{\alpha_1}{1+\alpha_1}n_{12} \tag{11-5}$$

175

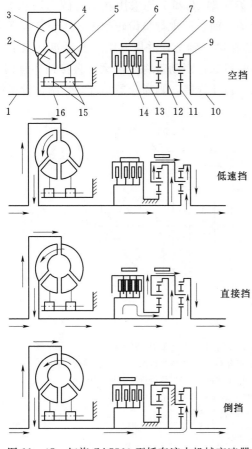

空挡

低速挡

直接挡

倒挡

图 11-47　红旗 CA7560 型轿车液力机械变速器
各挡传动路线示意图

1—发动机曲轴；2—第一导轮；3—涡轮；4—泵轮；5—第
二导轮；6—低速挡制动带；7—倒挡制动带；8—行星
齿轮架；9—后排内齿圈；10—变速器第二轴；
11—后排太阳齿轮；12—前排内齿圈；
13—前排太阳齿轮；14—直接挡离
合器；15—离合装置；
16—变速器第一轴

后排行星齿轮传动机构的运动特性方程为

$$n_{11} + \alpha_2 n_9 - (1 + \alpha_2) n_8 = 0 \qquad (11-6)$$

将式（11-5）代入式（11-6）得

$$n_{11} + \alpha_2 n_9 - \frac{\alpha_1 (1 + \alpha_2)}{1 + \alpha_1} n_{12} = 0 \qquad (11-7)$$

又因后排太阳齿轮与前排齿圈制成一体，则式（11-7）可以写成

$$\frac{\alpha_1 \alpha_2 - 1}{1 + \alpha_1} n_{11} = \alpha_2 n_9 \qquad (11-8)$$

故该变速器低速挡传动比：

$$i = \frac{n_{11}}{n_9} = \frac{(1 + \alpha_1) \alpha_2}{\alpha_1 \alpha_2 - 1} \qquad (11-9)$$

已知红旗 CA7560 型轿车变速器中 $\alpha_1 = \alpha_2 = 2.39$，故其传动比 $i = 1.72$。

（3）高速挡（D）。因制动带 6 和 7 均处于放松状态，离合器处于结合状态，前排太阳齿轮与前排内齿圈和第一轴联成一体，故 $n_{13} = n_{12} = n_8$。又因行星齿轮 8 为两行星齿轮传动机构所共有，故 $n_9 = n_{11} = n_8$。还因第二轴与后排内齿圈花键连接，则第一轴与第二轴融为一体，故其传动比为 1。

（4）倒挡。因倒挡制动带处于制动状态，行星齿轮架即被固定，且低速挡制动带放松，离合器分离。可见，前排太阳齿轮可以自由转动。动力由第一轴直接传给后排太阳齿轮后，经后排内齿圈输出，且旋转方向与后排太阳齿轮相反，即实现倒挡运行。故后排内齿圈齿数与后排太阳齿轮齿数之比，即为倒挡传动比 2.39。

可见，该液力机械式变速器总传动比为行星齿轮变速器第二轴输出转矩与液力变矩器泵轮转矩之比。亦即液力变矩器变矩系数 k 与行星齿轮变速器传动比 i 的乘积。

因红旗 CA7560 型轿车液力变矩器变矩系数 k 为 1～2.45，根据上述行星齿轮变速器低挡、高挡和倒挡传动比 i，故该液力机械变速器总传动比分别为 1.72～4.21、1～2.45 和 2.39～5.86。即在此三个总传动比范围内，分别可以实现无级变速。

第五节 分 动 器

一、分动器的功能和主要类型

（一）分动器的功能

四轮驱动（4WD）技术的诞生延伸了汽车运动的极限空间，而汽车分动器则是主宰四轮驱动的核心，分动器的功能就是将变速器输出的动力分配到各驱动桥，并且进一步增大扭矩，最后将动力传输至四个车轮。分动器也是一个齿轮传动系统，它单独固定在车架上，其输入轴与变速器的输出轴用万向传动装置连接，分动器的输出轴有若干根，分别经万向传动装置与各驱动桥相连。此时汽车全轮驱动，可在冰雪、泥沙和无路的地区地面行驶。

多轴驱动的越野汽车，其传动系统中均装有分动器。越野车需要经常在坏路和无路情况下行驶，尤其是军用汽车的行驶条件更为恶劣，这就要求增加汽车驱动轮的数目。因此，越野车都采用多轴驱动，分动器是越野车汽车传动系统中不可缺少的传动部件。

（二）分动器的主要类型

分动器的主要类型有如下 3 种。

1. 分时分动器

分时分动器是同时具有两轮驱动和四轮驱动挡位的分动器，其四轮驱动高挡不带轴间差速器机构。这种分动器需要驾驶员自己根据汽车行驶路况，手工切换 4×2 或 4×4 驱动方式。分时分动器是一种驾驶员可以在两驱和四驱之间手动选择的四轮驱动系统，由驾驶员根据路面情况，通过接通或断开分动器来变化两轮驱动或四轮驱动模式，这也是一般越野车或四驱 SUV 最常见的驱动模式。最显著的优点是可根据实际情况来选取驱动模式，比较经济。

2. 全时分动器

全时分动器是具有四轮驱动挡位的分动器，其四轮驱动高挡带轴间差速器机构。全时分动器依靠轴间差速器机构，自动切换为实际行驶时的两轮驱动或四轮驱动，并进行合理的扭力分配。全时分动器可以全自动地用于所有路面，例如冰雪路面、砂石路面、沙滩和干燥路面。这种传动系统不需要驾驶员选择操作，前后车轮永远维持四轮驱动模式，行驶时将发动机输出扭矩按 $1：1$ 设定在前后轮上，使前后排车轮保持等量的扭矩。全时驱动系统具有良好的驾驶操控性和行驶循迹性，有了全时四驱系统，就可以在所有的路面上顺利驾驶；但其缺点也很明显，那就是比较费油，经济性不够好。

3. 适时分动器

适时分动器同时具有两轮驱动和四轮驱动挡位，其四轮驱动高挡带轴间差速器机构。这种分动器在分时基础上增加了全时的功能，虽然可以自动切换驱动方式，但在扭力分配上是个定值，因而具有局限性。采用适时驱动系统的车辆可以通过电脑来控制选择适合当下情况的驱动模式。在正常的路面，车辆一般会采用后轮驱动的方式。而一旦遇到路面不良或驱动轮打滑的情况，电脑会自动检测并立即将发动机输出扭矩分配给前排的两个车轮，自然切换到四轮驱动状态，免除了驾驶员的判断和手动操作，应用更加简单。

二、分动器的组成和工作原理

在多轴驱动的汽车上，为了将输出的动力分配给各驱动桥，设有分动器。分动器一般都设有高、低档，以进一步扩大在困难地区行驶时的传动比及排档数目。

分动器的功用就是将变速器输出的动力分配到各驱动桥，并且进一步增大扭矩。分动器的基本结构也是一个齿轮传动系统，它单独固定在车架上，其输入轴直接或通过万向传动装置与变速器第二轴相连，而其输出轴则有若干个，分别经万向传动装置与各驱动桥连接，如图 11-48 所示。

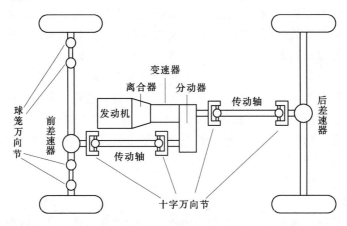

图 11-48　分动器布置示意图

图 11-49 所示为东风 EQ2080 型三轴越野汽车的两档分动器结构，分动器单独安装在车架上，其输入轴通过万向传动装置与变速器第二轴连接。输出轴共有三根，即通往后驱动桥的输出轴、通往中驱动桥的输出轴和通往前驱动桥的输出轴。

图 11-50 为分动器工作原理简图。越野汽车在坏路或无路情况下行驶时，为使汽车有足够的牵引力，需要前桥参加驱功；而在好路上行驶时，则前桥应作为从动桥，以免增加功率消耗和轮胎及传动系统零件的磨损。因此，分动器中通往前桥的输出轴与通往中桥的轴出轴之间装有前桥接合套。只有将接合套右移，使通往前驱动桥的输出轴与轴通往中驱动桥的输出轴刚性连接时，前桥方参加驱动。

当分动器挂入低速档工作时，其输出转矩较大。为避免中、后桥超载荷，此时前桥必须参加驱动，以分担一部分载荷。因此，分动器的操纵机构必须保证：非先接上前桥，不得挂上低速档；非先退出低速档，不得摘下前桥。

一种简单的越野汽车分动器的操纵机构如图 11-51 所示。轴 7 借两个支承臂 8 固定在变速器的盖上。分动器的两个操纵杆 1 和 2 位于变速器的变速杆的右侧。换档操纵杆 1 以其中部的孔松套在轴 7 上，其下端借传动杆 4 与分动器的换档摇臂相连。前桥操纵杆 2 的下端装有螺钉 3，其头部可以顶靠着换档操纵杆 1 的下部后侧，中部则固定于轴 7 的一端。在轴 7 的另一端固定着摇臂 6，其臂端经传动杆 5 与操纵前桥接合套的摇臂相连。驾驶员欲使分动器挂入低速档，只须将换档操纵杆 1 的上端推向前方。此时，操纵杆 1 绕轴 7 逆时针转动，其下臂便压推螺钉 3，带动操纵杆 2 向接前桥的方向转动。这就使得挂入低速档时也接上了前桥。但当操纵杆 1 被扳到空档或高速档位置时，并不能带动操纵杆 2

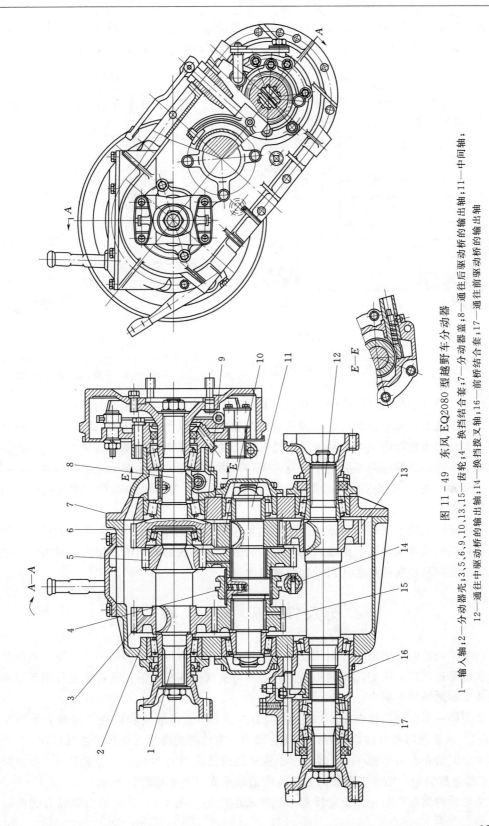

图 11-49 东风 EQ2080 型越野车分动器

1—输入轴;2—分动器壳;3、5、6、9、10、13、15—齿轮;4—换挡结合套;7—分动器盖;8—通往后驱动桥的输出轴;11—中间轴;
12—通往中驱动桥的输出轴;14—换挡拨叉轴;16—前桥结合套;17—通往前驱动桥的输出轴

回位而摘下前桥。同理,当将操纵杆 2 的上端拉向后方,以便摘下前桥时,螺钉 3 则绕轴 7 向前推动操纵杆 1 使之先退出低速挡位置,但并不妨碍退出低速挡后再接前桥。

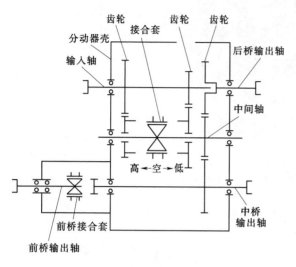

图 11-50　分动器工作原理简图

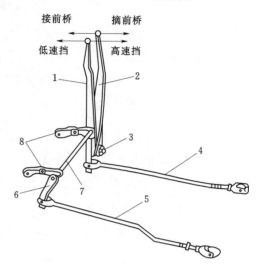

图 11-51　分动器操纵机构

1—换挡操纵杆;2—前桥操纵杆;3—螺钉;
4、5—传动杆;6—摇臂;7—轴;8—支撑臂

　　此外,分动器操纵杆机构中也有自锁装置,其结构原理与变速器的自锁装置相同。

　　装有上述形式分动器的汽车,当用全部车轮驱动行驶于不平路面或弯道上时,或在前后驱动车轮由于轮胎磨损而半径不等的情况下行驶时,将引起发动机功率的消耗和轮胎及传功系统零件的磨损。为克服这一缺点并将转矩大体根据轴荷比例分配给各驱动桥,有些汽车(如尤尼克 27-66 型汽车)的分动器内装设了带有差速锁的非对称式行星齿轮轴间差速器。

　　为保证输入轴上高速挡和低速挡主动齿轮和滚针轴承可靠工作,采用压力润滑。装在输出轴右端的柱塞式油泵,由输入轴驱动,将分动器壳底部的润滑油吸入,并将压力油沿输入轴的轴向和径向油道送往滚针轴承和齿轮处。

第六节　驱　动　桥

　　汽车驱动桥的功用是把万向传动装置或直接由变速器传来的转矩传递给左、右驱动车轮,实现降速增扭、改变转矩的传递方向,并可实现两侧车轮的差速,承受作用于路面和车架或车厢之间的各向力。

　　驱动桥一般由驱动桥壳 1、主减速器 2、差速器 3、半轴 4 和轮毂 5 组成,如图 11-52 所示。从变速器或分动器经万向传动装置输入驱动桥的转矩首先传到主减速器 2,经差速器 3 分配给左右两半轴 4,最后经过半轴外段的凸缘盘传至驱动车轮轮毂 5。驱动桥壳 1 由主减速器壳和半轴套管组成。轮毂 5 借助轴承支承在半轴套管上。

　　驱动桥的类型有断开式驱动桥和非断开式驱动桥。图 11-52 所示为非断开式驱动桥的结构组成。

整个驱动桥通过弹性悬架与车架连接，由于半轴套管与主减速器壳是刚性的连成一体的，因而两侧的半轴和驱动轮不可能在横向平面内作相对运动，故称这种驱动桥为非断开式驱动桥，亦称为整体式驱动桥。其结构简单，但平顺性差，一般多用于普通车辆。

有些轿车和越野车全部或部分驱动轮采用独立悬架，即将两侧的驱动轮分别用弹性悬架与车架相连，两轮可彼此独立的相对于车架上下跳动。与此相应，主减速器壳固定在车架上。驱动桥壳应制成分段并通过铰链连接，这种驱动桥称为断开式驱动桥，如图 11 - 53 所示。主减速器 1 固定在车架上，两侧车轮 5 分别通过各自的弹性元件 3、减速器 4 和摆臂 6 组成的弹性悬架与车架相连。为适应车轮绕摆臂 7 上下跳动的需要，差速器与轮毂间的半轴 2 两端用万向节连接。断开式驱动桥的优点是可以提高汽车行驶平顺性和通过性，相应采用的悬架为独立悬架。其缺点是结构复杂，制造成本高。

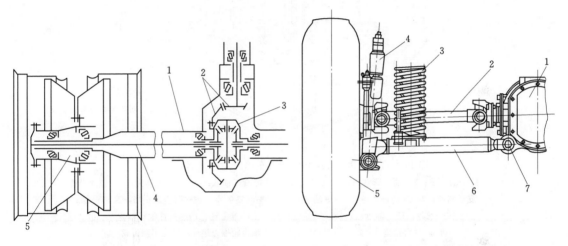

图 11 - 52　非断开式驱动桥

1—驱动桥壳；2—主减速器；3—差速器；

4—半轴；5—轮毂

图 11 - 53　断开式驱动桥的构造

1—主减速器；2—半轴；3—弹性元件；4—减速器；5—车轮；6—摆臂；7—摆臂轴

一、主减速器

主减速器的功用是将输入的转矩增大并相应降低转速，以及当发动机纵置时还具有改变转矩旋转方向的作用。

1. 单级主减速器

目前，轿车和一般轻、中型轿车上采用单级主减速器。它具有结构简单、体积小、重量轻和效率高等优点。但对速比较大的主减速器，主动锥齿轮容易发生根切现象，从而降低齿轮强度。

图 11 - 54 所示为东风 EQ1090E 型汽车单级主减速器。主减速器的减速传动机构为一对准双曲面齿轮，主传动比为 6.33。

在主减速器的啮合传动过程中，为使主、从动齿轮啮合传动时冲击噪声较小，且沿长度方向磨损较均匀，则必须保证主动和从动齿轮之间正确的相对位置。为此，在结构上一方面要使主、从动锥齿轮有足够的支承刚度，使其在传动过程中不至于发生较大变形而影

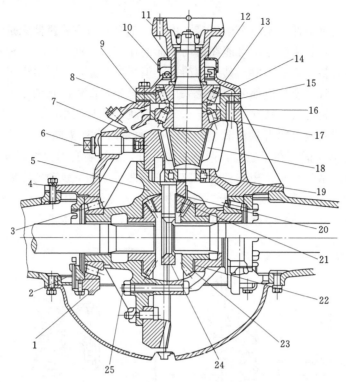

图 11-54 东风 EQ1090E 型汽车单级主减速器及差速器

1—差速器轴承盖；2—轴承调整螺母；3、13、17—圆锥滚子轴承；4—主减速器壳；5—差速器壳；
6—支承螺栓；7—从动锥齿轮；8—进油道；9、14—调整垫片；10—防尘罩；11—叉形凸缘；
12—油封；15—轴承座；16—回油道；18—主动锥齿轮；19—圆柱滚子轴承；
20—行星齿轮垫片；21—行星齿轮；22—半轴齿轮推力垫片；23—半轴齿轮；
24—行星齿轮轴（十字轴）；25—螺栓

响正常啮合；另一方面应有必要的啮合调整装置。

主动锥齿轮的支承方式采用跨置式支承。主动锥齿轮 18 与轴制成一体，前端制成在互相贴近而小端相向的两个圆锥滚子轴承 13 和 17 上。环状的从动锥齿轮 7 连接在差速器壳 5 上，而差速器壳则用两个圆锥滚子轴承 3 分别支承在主减速器壳 4 的座孔中。在从动锥齿轮的背面，装有支承螺栓 6，以限制从动锥齿轮过度变形而影响齿轮的正常工作。装配时，支承螺栓与从动锥齿轮端面之间的间隙应为 0.3~0.5mm。

调整垫片 14 可以用来调整圆锥滚子轴承的装配预紧度，其目的是为了减小在锥齿轮传动过程中产生的轴向力所引起的齿轮轴的轴向位移，以提高轴的支承刚度，保证锥齿轮的正常啮合。但预紧度也不能过大，过大则传动效率低，且加速轴承磨损。若预紧力过大，则增加调整垫片的总厚度；反之，则减少调整垫片的总厚度。

主减速器的润滑采用飞溅润滑，即主减速器壳中所贮齿轮油，靠从动锥齿轮转动时甩溅到各齿轮、轴和轴承上进行润滑。主动齿轮轴前端的圆锥滚子轴承 13 和 17 远离从动齿轮，润滑困难，在主减速器壳体中铸出进油道 8 和回油道 16 以便润滑。主减速器壳体上装有通气塞防止壳内气压过高而使润滑油渗漏。

2. 双级主减速器

根据发动机特性和汽车使用条件，要求主减速器具有较大的传动比时，由一对锥齿轮构成的单级主减速器已不能保证足够的离地间隙，这时则需要用两对齿轮降速的双级主减速器。双级主减速器一般第一级采用螺旋锥齿轮或准双曲面齿轮，第二级采用圆柱齿轮。解放 CA1091 型汽车的驱动桥即为双级主减速器，如图 11-55 所示。

第一级主动锥齿轮与轴 9 制成一体，采用悬臂式支承，即主动锥齿轮轴支承位于齿轮同一侧的两个相距较远的圆锥滚子轴承上，而主动锥齿轮悬伸在轴承之外。这种支承形式结构比较简单，但支承刚度不如跨置式的大。主动锥齿轮采用悬臂式支承的原因有两点：一是第一级齿轮传动比较小，相应的从动锥齿轮直径较小，因而在主动锥齿轮外端要再加一个支承，布置上很困难；二是因传动比小，主动锥齿轮及轴径尺寸有可能做得较大，同时尽可能将两轴承间的距离加大，同样可得到足够的支承刚度。

主动锥齿轮轴轴承的预紧度，可借增减调整垫片 8 的厚度来调整，中间轴圆锥滚子轴承预紧度则借改变两边侧向轴承盖 4、15 和主减器壳 12 间的调整垫片 6 和 13 的总厚度来调整。支承差速器壳的滚子轴承的预紧度是靠旋动调节螺母 3 调整的。

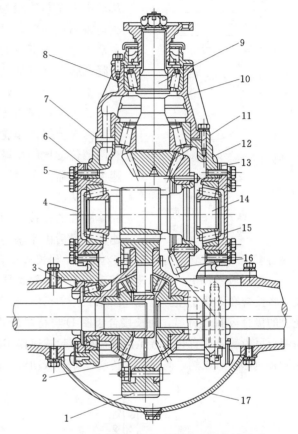

图 11-55　解放 CA1091 型汽车双级主减速器
及差速器剖面图

1—第二级从动齿轮；2—差速器壳；3—调整螺母；4、15—轴承盖；5—第二级主动齿轮；6、7、8、13—调整垫片；9—第一级主动锥齿轮轴；10—轴承座；11—第一级主动锥齿轮；12—主减速器壳；14—中间轴；16—第一级从动锥齿轮；17—后盖

3. 轮边减速器

在重型载货车、越野汽车和大型客车上，当要求有较大的主传动比和较大的离地间隙时，往往将双级主减速器中的第二级减速齿轮机构制成同样的两套，分别安装在两侧驱动齿轮的近旁，称为轮边减速器，而第一级即称为主减速器。轮边减速器可采用行星齿轮传动，也可采用圆柱齿轮传动。

图 11-56 为行星齿轮式汽车轮边减速器的结构示意图。齿圈 6 和半轴套筒 1 固定在一起，半轴 2 传来的动力经太阳轮 3，行星齿轮 4，行星齿轮轴 5 及行星架 7 传给车轮。其传动比 $i_o = 1 + \dfrac{z_2}{z_1}$。其中 z_2 为齿圈齿数，z_1 为太阳轮齿数。该行星齿轮系以太阳轮为输

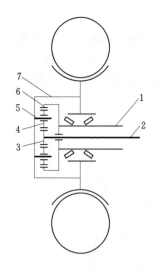

图 11-56 汽车轮边减速器
结构示意图

1—半轴套管；2—半轴；3—太阳轮；
4—行星齿轮；5—行星齿轮轴；
6—齿圈；7—行星架

入、行星架为输出。在获得较大主减速比的同时，使驱动桥主减速器尺寸减小，相应增大了离地间隙。但需要两套轮边减速器，结构较复杂，制造成本也较高。

在大型客车和同级越野汽车上，还常采用由一对外啮合圆柱齿轮组成的轮边减速器。主动小齿轮与半轴相连，从动大齿轮与轮毂相连。当主动齿轮位于上方时，可增大驱动桥离地间隙，以适应提高越野汽车通过性的需要；当主动齿轮位于下方时，能降低驱动桥壳的离地高度，以利于降低客车底盘的高度。但采用这种布置时，由于轴向和径向空间的限制，轮边减速器的传动比是有限的。

4. 双速主减速器

为充分提高车轮的动力性和经济性，有些汽车装用具有两挡传动比的主减速器，如图 11-57 所示。通常这种双速主减速器由一对圆锥齿轮和一个行星齿轮机构组成。齿圈 8 与从动锥齿轮 7 联在一起，行星架 9 则与差速器 6 的壳体刚性的连接。动力由锥齿轮副经行星齿轮机构传给差速器，最后由半轴传输给驱动轮。在左半轴 2 上滑套着一个接合套 1。接合套上有短齿结合齿圈 A 和长齿接合齿圈 D（即太阳轮）。

一般行驶条件下，用高速挡传动。此时，驾驶员可以通过气压或电动控制方式靠换挡拨叉 3 将接合套 1 置于左方位置［图 11-57（a）］。接合套短齿接合齿圈 A 与固定在主减速器壳上的接合齿圈 B 分离，而长接合齿圈 D 与行星齿轮 4 和行星架 9 的齿圈 C 同时啮合，从而使行星齿轮不能自转，行星齿轮机构不起减速作用。于是，差速器壳体和从动锥齿轮 7 以相同转速运转。显然，高速挡主传动比即为从动锥齿轮齿数与主动锥齿轮齿数之比。

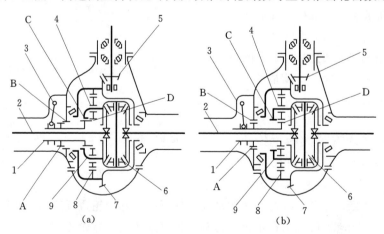

图 11-57 行星齿轮式双速主减速器结构示意图

（a）高速挡单级传动；（b）低速挡双级传动

1—接合套；2—半轴；3—拨叉；4—行星齿轮；5—主动锥齿轮；6—差速器；
7—从动锥齿轮；8—齿圈；9—行星架；
A—接合套短齿接合齿圈；B—主减速器壳上的接合齿圈；C—行星架齿圈；D—长齿接合齿圈

当行驶条件有较大的牵引力时，驾驶员可通过气压或电动操纵系统转动拨叉 3，将接合套 1 推向右方，见图 11-57（b），使接合套的短齿接合齿圈 A 与齿圈 B 接合，接合套即与主减速器壳连成一体；其长齿接合齿圈 D 与行星架的内齿圈 C 分离，而仅与行星齿轮 4 啮合，于是，行星机构的太阳轮 D 被固定。与从动锥齿轮 7 连在一起的齿圈 8 是主动件，与差速器壳连在一起的行星架 9 则是从动件，行星齿轮机构起减速作用。整个主减速器的主传动比为圆锥齿轮副的传动比与行星齿轮机构传动比的乘积。

5. 准双曲面齿轮式

准双曲面齿轮与锥齿轮相比，不仅齿轮的工作平稳性好、轮齿的弯曲强度和接触强度更高，而且主动齿轮的轴线可相对从动齿轮轴线偏移。

当主动轴线向下偏移时（图 11-58），在保证一定离地间隙的情况下，可降低主动锥齿轮和传动轴的位置，因而使车身和整个重心降低，这有利于提高汽车行驶稳定性。

准双曲面齿轮副布置上，分为上偏移和下偏移，如图 11-59 所示。上、下偏移是这样判定的：从大齿轮锥顶看，并把小齿轮置于右侧，如果小齿轮轴线位于大齿轮中心线之下为下偏移［图 11-59（a）］；如果小齿轮轴线位于大齿轮中心线之上为上偏移［图 11-59（b）］。

但准双曲面工作时，齿面间有较大的相对滑动，且齿面间压力很大，齿面油膜易被破坏。为减少摩擦，提高效率，必须用含防刮伤添加剂的准双曲面齿轮油，绝不允许用普通齿轮油代替，否则将使齿轮面迅速擦伤和磨损，大大降低使用寿命。

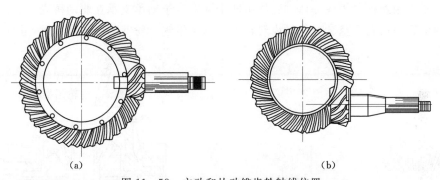

（a）　　　　　　　　　　　　　　　（b）

图 11-58　主动和从动锥齿轮轴线位置

（a）曲线齿锥齿轮传动，轴线相交；（b）准双曲面齿轮传动，轴线偏移

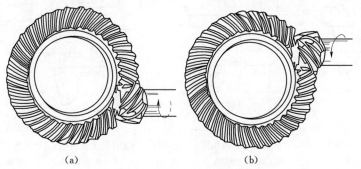

（a）　　　　　　　　　　　　（b）

图 11-59　准双曲面齿轮的偏移

（a）下偏移；（b）上偏移

二、差速器

汽车行驶过程中，车轮与路面的相对运动有滚动和滑动两种状态。

当汽车转弯行驶时，内外两侧车轮在同一时间内驶过的距离显然不同，即外侧车轮移过的距离大于内侧的车轮。若两侧车轮都固定在同一刚性转轴上，则两轮角速度必然相同，而两轮却要在相同时间内走过不同路程，因此，车轮必然不是纯滚动，此时外轮必然是边滚动边滑移，内轮必然是边滚动边滑转。

同样，汽车在不平路面上直线行驶时，两侧车轮实际移过曲线距离也不相同。即使路面非常平直，但由于轮胎制造、装配过程中的尺寸误差、磨损程度不同、承受载荷不同或充气压力不等，各个轮胎的滚动半径不可能相等。因此，只要各车轮角速度相等，车轮对地面的滑动就必然存在。

车轮对地面的滑动不仅会加速轮胎磨损，增加汽车的动力消耗，而且导致转向和制动性能的恶化。为了消除上述不良现象，汽车左、右两侧驱动轮分别通过左、右半轴驱动，中间安装差速器。

差速器的功用是根据汽车行驶需要，在传递动力的同时，使内、外侧驱动轮能以不同的转速旋转，以便车辆转弯或适应由于轮胎及路面差异而造成的内外侧驱动轮转速差。

（一）普通差速器

普通差速器中应用最为广泛的是对称式锥齿轮差速器，其结构如图 11-60 与图 11-61 所示。普通差速器由差速器壳、行星齿轮、半轴齿轮等组成。差速器壳 2 与主减速器从动锥齿轮 1 用螺栓紧固成一体，壳体由两个圆锥滚子轴承支承在驱动桥壳上。差速器壳体内的两个行星齿轮 7 空套在行星齿轮轴上，两个半轴齿轮 6 的内孔有花键，用以和半轴

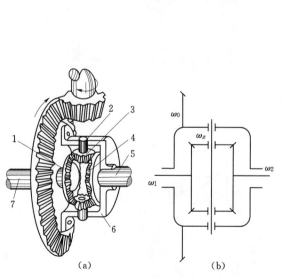

图 11-60 圆锥齿轮差速器

（a）差速器的基本构造；（b）圆锥齿轮差速器简图
1、4—半轴齿轮；2—行星齿轮；3—行星轮；
5、7—半轴；6—差速器壳

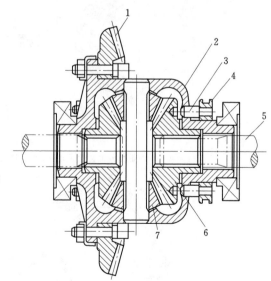

图 11-61 闭式差速器

1—主传动大锥齿轮；2—差速器壳体；3—销钉；
4—差速锁滑套；5—半轴；6—半轴
齿轮；7—行星齿轮

5连接。行星齿轮和半轴齿轮背面与差速器壳间有减磨垫片，在起差速作用时可以减轻它们之间的摩擦。差速器零件用驱动桥壳内飞溅的润滑油润滑，为了使润滑油能进入各相对运动表面，差速器壳上开有窗口；齿轮和垫片上分别开有油孔和油槽；行星齿轮轴轴颈部分经过铣平后，可保留润滑油，保证行星齿轮轴孔的润滑。

闭式差速器拆装方便，主减速器从动锥齿轮装在差速器壳上，刚度大，能保证较好地啮合。在汽车和轮式拖拉机上得到广泛应用。

某些轻型载货汽车和大部分轿车因传递的转矩不大，可用两个行星齿轮，因而行星齿轮轴相应为一根带锁止销的直销轴，差速器壳制成整体式的，其前后两侧都开有大窗孔，以便拆装行星齿轮和半轴齿轮。奥迪100型轿车差速器即为这种结构，如图11-62所示。

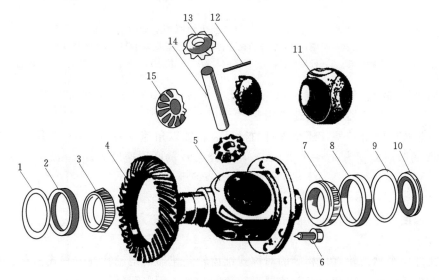

图11-62　奥迪100型轿车轮间差速器

1、9—左、右调整垫片；2、8—左、右轴承外座圈；3、7—左、右轴承架及座圈；
4—从动锥齿轮；5—差速器壳；6—从动锥齿轮螺栓；10—速度表圆磁铁；
11—球形耐磨垫片；12—弹性圆柱销；13—行星齿轮；
14—行星齿轮轴；15—半轴齿轮

（二）差速器运动学与动力学特性

1.运动学分析

对称式锥齿轮差速器的运动关系如图11-63所示。

对称式锥齿轮差速传动机构是一种行星齿轮机构。差速器壳体5与行星齿轮轴4连成一体，形成行星架。因它与中央传动或主减速器的从动齿轮6固连在一起，故为主动件，设其角速度为ω_0；半轴齿轮1和2为从动件，其角速度为ω_1和ω_2。A、B两点分别为行星齿轮4与两半轴齿轮1和2的啮合点。行星齿轮的中心点为C。A、B、C点到差速器旋转轴线的距离均为r［图11-63（a）］。

差速器之所以能够起差速作用，行星齿轮起了很重要的作用。行星齿轮的运动情况有两种，即公转和既公转又自转。

当行星齿轮3只随行星架绕差速器旋转轴线公转时，具有相同半径r的A、B、C三

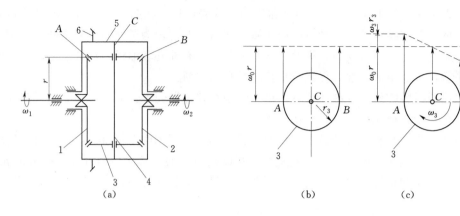

图 11-63　差速器运动原理示意图

（a）结构示意图；（b）行星齿轮公转；（c）行星齿轮同时进行公转与自动

1、2—半轴齿轮；3—行星齿轮；4—行星齿轮轴；5—差速器壳体；6—主减速器从动齿轮

点的圆周速度都相等［图 11-63（b）］，于是有 $\omega_1 r=\omega_2 r=\omega_0 r$，两半轴角速度等于差速器壳的角速度，差速器不起差速作用。

当行星齿轮除公转外，还绕本身的行星齿轮轴以角速度 ω_3 自转时［图 11-67（c）］，啮合点 A 的圆周速度为 $\omega_1 r=\omega_0 r+\omega_3 r_3$，啮合点 B 的圆周速度为 $\omega_2 r=\omega_0 r-\omega_3 r_3$。
则
$$\omega_1 r+\omega_2 r=(\omega_0 r+\omega_3 r_3)+(\omega_0 r-\omega_3 r_3)$$
$$\omega_1+\omega_2=2\omega_0$$

若角速度以每分钟转速 n 表示，则
$$n_1+n_2=2n_0$$

上式即两半轴齿轮直径相等的对称式锥齿轮差速器的运动特性方程式。它表明：左右两侧半轴齿轮的转速之和等于差速器壳转速的 2 倍，而与行星齿轮转速无关。因此，在汽车转弯行驶或其他行驶情况下，都可以借助行星齿轮以相应转速自转，使两侧驱动车轮以不同转速在地面上滚动而无滑动。

由运动特性方程还可得知：

（1）当任何一侧半轴齿轮的转速为 0 时，另一侧半轴齿轮的转速为差速器壳转速的两倍。

（2）当差速器壳转速为 0（例如用中央制动器制动传动轴时），若一侧半轴齿轮受其他外来力矩而转动，则另一侧半轴齿轮即为相同转速反向转动。

2. 动 力 学 分 析

在上述差速器中，由中央传动或主减速器传来的转矩 M_0 经差速器壳、行星齿轮轴和行星齿轮传给半轴齿轮。行星齿轮相当一个等臂杠杆，而两个半轴齿轮半径也是相等的。因此当行星齿轮没有自转时，总是将转矩 M_0 平均分配给左、右两半轴齿轮，即
$$M_1=M_2=0.5M_0$$

当两半轴齿轮以不同转速朝相同方向转动时，设左、右半轴转速 n_1、n_2，且 $n_1>n_2$。则行星齿轮将按图 11-64 上实线箭头 n_3 的方向绕行星齿轮轴 4 自转。

此时，行星齿轮孔与行星齿轮轴间以及齿轮背部与差速器壳之间都产生摩擦。行星齿

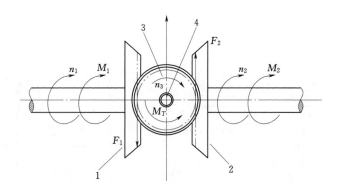

图 11-64 差速器动力分析
1、2—半轴齿轮；3—行星齿轮；4—行星齿轮轴

轮所受的摩擦力矩 M_T 方向与其转速 n_3 方向相反；如图 11-64 上虚线箭头所示，此摩擦力矩使行星齿轮分别对左右半轴齿轮附加作用了大小相等两方向相反的两个圆周力 F_1 和 F_2。F_1 使传到转得快的半轴上的转矩 M_1 减小，而 F_2 却使传到转得慢的右半轴上的转矩 M_2 增加。因此，当左右驱动车轮存在转速差时，$M_1 = 0.5(M_0 - M_T)$，$M_2 = 0.5(M_0 + M_T)$。左、右驱动轮上的转矩之差等于差速器的内摩擦力矩 M_T。

为了衡量差速器内摩擦力矩的大小及转矩分配特性，常以转矩比 K 表示：

$$K = M_2 / M_1$$

目前广泛使用的对称式锥齿轮差速器，其内摩擦力矩很小，转矩比 K 为 1.1～1.4。实际上可以认为无论左右驱动轮转速是否相等，而转矩总是平均分配的。这样的分配比例对于车辆在良好路面上直线或转弯行驶时，都是理想的。但当车辆在坏路面行驶时，却严重影响了通过能力。

例如当汽车的一个驱动车轮接触到泥泞或冰雪路面时，即使另一个车轮是在良好路面上，往往汽车仍不能前进。此时在泥泞路面上的车轮原地滑转，而在好路面上的车轮静止不动。这是因为，在泥泞路面上车轮与地面之间附着力很小，路面只能对半轴作用很小的反作用转矩，虽然另一车轮与良好路面间的附着力较大，但因对称式锥齿轮差速器平均分配转矩的特点，使这一个车轮分配到的转矩只能与传到滑转的驱动轮上的很小的转矩相等。以致总的牵引力不足以克服行驶阻力，汽车便不能前进。只有使用防滑差速器才能解决这个问题。

（三）强制锁止式差速器

简单差速器平均分配扭矩的性质对汽车的附着性能带来极为不利的影响。如当两侧驱动轮分别行驶在不同的路面上，由于差轴器平均分配扭矩的性质使得两则驱动轮的切线牵引力基本相等，这时，整个车辆所能发挥的最大驱动力受限于不良路面一侧驱动轮的附着性能。

为提高车辆通过能力可采用强制锁止式差速器，如图 11-65 所示。强制锁止式差速器的差速锁直接或间接地使差速器任意二个主要零件相连，从而使两半轴实现整体转动。以便充分利用良好地面那一侧驱动轮的附着力，提高通过性能。

强制锁止式差速器有两种形式，一种是将一根半轴与差速器壳联接，如图 11-65

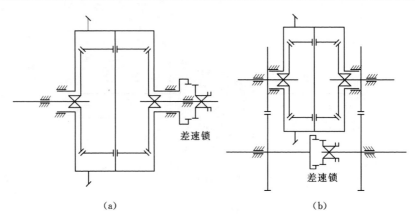

图 11-65　强制锁止式差速器
(a) 半轴与差速器壳联接；(b) 两半轴联接

(a)；另一种是连接两半轴，如图 11-65 (b)。差速锁上设有弹簧回位机构，只要松开操纵手柄或踏板，差速锁就自动分离。当强制锁止式差速器接合时，使两半轴成一体，扭矩不再平均分配给两半轴，整个车辆的驱动力将取决于两侧驱动轮的附着力之和，这时，如遇到前述路面情况，车辆就有可能前进。

强制锁止式差速器结构简单，易于制造。但操纵不便，一般要在停车时进行；而且使用中应特别注意及时分离差速锁，否则转弯时将造成极大困难。

（四）自锁差速器

在简单差速器上加一个差速锁，虽然原理与结构简单，但在汽车驱动桥上的布置以及操纵不便，必须在停车时方能接合差速锁，而且过早接合与过晚分离差速锁都会使左、右驱动轮失去差速作用，造成操纵困难。目前多数汽车采用自锁差速器。

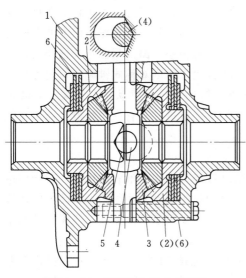

图 11-66　摩擦片自锁式差速器
1—差速器壳；2—推力压盘；3—行星齿轮；4—十字轴；
5—V 形斜面；6—主、从动摩擦片

自锁差速器可分为两类：一类为高摩擦自锁差速器，其锁紧系数 $K=3\sim15$；另一类为自由轮式差速器，其锁紧系数 $K=\infty$。

摩擦片式自锁差速器的结构如图 11-66 所示，它是在简单差速器的基础上发展而成的。为了增加差速器的内摩擦力矩，在半轴齿轮与差速器壳 1 之间装有主、从动摩擦片 6。十字轴 4 由两根互相垂直的行星齿轮轴组成，其端部均切出凸 V 形斜面 5，相应的差速器壳孔上也有凹 V 形斜面，两根行星齿轮轴的 V 形面是反向安装的。每个半轴齿轮的背面有推力压盘 2 和主、从动摩擦片，推力压盘以内花键与半轴相连，而其轴颈处用外花键与从动摩擦片相连，主动摩擦片则用花键与差速器壳相连。推力压盘和主、从动摩擦片均可作微小的轴向移动。

当车辆直线行驶，两半轴无转速差时，转矩平均分配给两半轴。由于差速器壳通过斜面对行星齿轮轴两端压紧，斜面上产生的轴向力迫使两行星齿轮轴分别向左、右方向略微移动，通过行星齿轮使推力盘压紧摩擦片。此时转矩一路经行星齿轮轴、行星齿轮和半轴齿轮将大部分转矩传给半轴，另一路则由差速器壳经主、从动摩擦片、推力压盘传给半轴。

当一侧车轮在路面上滑转或车辆转弯时，行星齿轮自转，起差速作用，左、右半轴齿轮的转速不等。由于转速差的存在和轴向力的作用，主从动摩擦片间在滑转同时产生摩擦力矩，其数值大小与差速器传递的转矩和摩擦片数量成正比，而摩擦力矩的方向与快转半轴的旋向相反，与慢转半轴的旋向相同。较大数值内摩擦力矩作用的结果，使慢半轴传递的转矩明显增加。

这种差速器结构简单、工作平稳、锁紧系数高，常用于轿车、轻型货车以及四轮驱动拖拉机前驱动桥上。

三、半轴

半轴是在差速器和驱动轮之间传递动力的实心轴，其内端与差速器的半轴齿轮联接，而外端则与驱动轮的轮毂相连，如图 11 – 67 所示。半轴与驱动轮的轮毂在桥壳上的支承形式决定了半轴的受力状况，现代汽车的半轴基本上采用全浮式或半浮式支承形式。

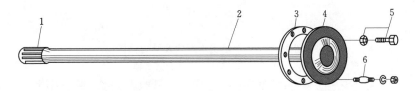

图 11 – 67 半轴
1—花键；2—杆部；3—垫圈；4—凸缘；5—半轴起拔螺栓；6—半轴紧固螺栓

1. 全浮式半轴支承

半轴外端锻出凸缘，借助轮毂螺栓和轮毂连接。轮毂通过两个相距较远的圆锥滚子轴承支承在半轴套管上。半轴套管与驱动桥壳压配成一体，组成驱动桥壳。这种支承形式的半轴与桥壳没有直接联系。全浮式半轴支承广泛应用于各种类型的载货汽车上。

半轴的内端用花键与差速器的半轴齿轮连接。半轴齿轮的轴部支承在差速器壳两侧轴颈的孔内，而差速器壳又以其两侧轴颈借助轴承直接支承在桥壳上。

图 11 – 68（a）所示为全浮式半轴受力示意图。路面对驱动轮的作用力：垂直反力 N，驱动力 F 和侧向反力 Z。垂直反力和侧向反力以及由这些力所引起的弯矩全部都经过轮毂、轴承传给半轴套管，完全不经过半轴 2 的传递，驱动力一方面造成对半轴的反转矩，另一方面也造成力图使驱动桥在水平面内弯曲的弯矩。反转矩直接由半轴承受。在内端，作用在主减速器从动齿轮上的力及弯矩全部由差速器壳直接承受，与半轴无关，因此，这样的半轴支承形式，使半轴只承受转矩，而两端均不承受任何反力和弯矩，故称为全浮式支承形式。

全浮式半轴易于拆装，只须拧下半轴凸缘上的螺钉，即可将半轴从半轴套中抽出，而车轮与车桥照样能支持住汽车。

2. 半浮式半轴支承

半浮式半轴内端的支承方法与上述相同，即半轴内端不受力及弯矩。半轴外端是锥形的，锥面上车有纵向键槽，最外端有螺纹。轮毂有相应的锥形孔与半轴配合，用键连接，并用锁紧螺母固紧。半轴用圆锥滚子轴承直接支承在桥壳凸缘内。显然，此时作用在车轮上的各反力都必须经过半轴传给驱动桥壳。因这种支承形式只能使半轴内端免受弯矩，而外端却承受全部弯矩，故称为半浮式支承。半浮式支承半浮受力示意图见图 11-68（b）。从图 11-68 中看出，车轮与桥壳无直接联系而支承于半轴外端，距支承轴承有一悬臂 a。

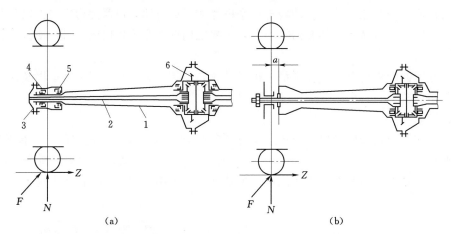

图 11-68 半轴支承型式及受力简图
（a）全浮式半轴；（b）半浮式半轴
1—桥壳；2—半轴；3—半轴凸缘；4—轮毂；5—轴承；6—主减速器从动齿轮

由此可见，半浮式半轴承受的载荷复杂，但它具有结构简单、重量轻、造价低等优点，广泛应用于反力弯矩较小的各类轿车上。

在转向驱动桥中，半轴应断开并以等角速万向节连接。在断开式驱动桥中，半轴也应分段并用万向节和滑动花键或伸缩型等速万向节连接。

四、桥壳

驱动桥壳是安装主减速器、差速器和半轴等部件的基础件，与从动桥一起支承车架及其上的各总成。汽车行驶时，由于它要承受驱动轮传来的各种反作用力和力矩，并经悬架传给车架或车身，因此要求驱动桥壳应有足够的强度和刚度，并便于主减速器的拆装和调整。由于桥壳的尺寸和质量比较大，制造比较困难，故其结构形式在满足使用要求的前提下，要尽可能便于制造。

驱动桥壳从结构上可分为整体式桥壳和分段式桥壳两类。

整体式桥壳按制造方法不同又有多种形式，常见的有整体铸造、钢板冲压焊接、中段铸造压入钢管（管式）和热胀成型等形式。

1. 整体式桥壳

图 11-69 所示为整体式汽车驱动桥壳。中间是一个环形空心梁，两锻压入钢制的半轴套管，两者之间用止动螺钉 2 限定位置。半轴套管的外端用以安装轮毂轴承。凸缘盘 1 用来固定止动底板。主减速器和差速器预先装合在主减速器壳内，然后用固定螺钉 4 将其

固定在空心梁的中部前端面上。空心梁的中部后端面上的大孔用来检查驱动桥内主减速器和差速器的工作情况。后盖 6 上装有检查油面用的螺栓 5。主减速器壳上有加油孔和放油孔。

整体式桥壳具有较大的强度和刚度，且便于主减速器的装配、调整和维修，因此普遍应用于各类汽车上。

图 11-69 所示的整体铸造桥壳，铸造过程中容易保证桥壳的等强度梁形状，但因质量大，铸造质量难以控制等因素的影响，常适用于中、重型汽车，更多是用在重型汽车上。

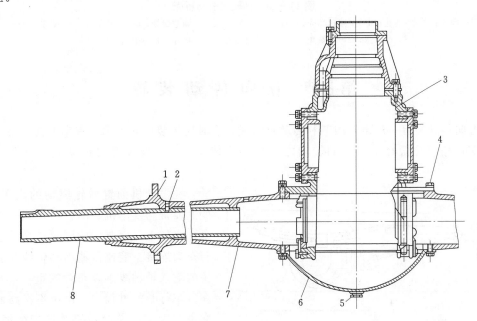

图 11-69　整体式汽车驱动桥栓

1—凸缘盘；2—止动螺钉；3—主减速器壳；4—固定螺钉；5—螺栓；
6—后盖；7—空心梁；8—半轴套管

中段铸造两锻压入钢管的桥壳，重量较轻，工艺简单且便于变型，但刚度较差，适用于批量生产。北京 BJ2020 型汽车驱动桥壳则属于整体式桥壳。

钢板冲压焊接式桥壳具有质量小，工艺简单，材料利用率高，抗冲击性好以及成本低等优点，并适于大量生产。目前，它在轻型货车和轿车上得到广泛采用。

热胀成型式桥壳具有较高的刚度和强度，且质量小。但所需加工设备昂贵，加工过程复杂，用者甚少。

2. 分段式桥壳

分段式桥壳一般分为两段，用螺栓 1 将两段连成一体（图 11-70）。它由主减速器壳 10，盖 13，两个半轴套管 4 及凸缘盘 8 等组成。

分段式桥壳比整体式桥壳易于铸造，加工简便，但维修保养不便。当拆、检主减速器时，必须把整个驱动桥从汽车上拆卸下来，故目前已很少采用。

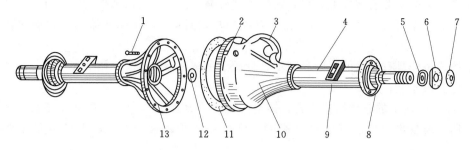

图 11 - 70 分段式驱动桥壳

1—螺栓；2—注油孔；3—主减速器壳颈部；4—半轴套管；5—调整螺母；6—止动垫片；7—锁紧螺母；
8—凸缘盘；9—弹簧座；10—主减速器壳；11—垫片；12—油封；13—盖

第七节 万向传动装置

万向传动装置一般由万向节和传动轴组成，有时还加装中间支承。汽车上任何一对轴线相交且相对位置经常变化的转轴之间的动力传递，均须通过万向传动装置（图 11 - 71）。

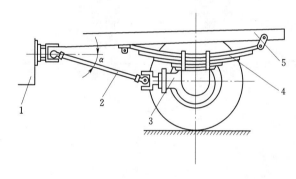

图 11 - 71 变速器与驱动桥之间的万向传动装置

1—变速器；2—万向传动装置；3—驱动桥；4—悬架；5—车架

在发动机前置后轮驱动的汽车上，变速器常与发动机、离合器连成一体支承在车架上，而驱动桥则通过弹性悬架与车架连接。变速器输出轴轴线与驱动桥的输入轴轴线难以布置的重合，并且在汽车行驶的过程中，由于不平路面的冲击等因素，弹性悬架系统产生振动，使两轴相对位置经常变化，故变速器的输出轴与驱动桥输入轴不可能刚性连接，而必须采用一般由两个万向节和一根传动轴组成的万向传动装置。

对于转向驱动桥，前轮既是转向轮又是驱动轮。作为转向轮，要求它能在最大转角范围内任意偏转某一角度；作为驱动轮，则要求半轴在车轮偏转过程中不间断的把动力从主减速器传到车轮。因此，转向驱动桥的半轴不能制成整体而要分段，且用万向节连接，以适应汽车行驶时半轴各段的交角不断变化的需要。

万向传动装置除用于汽车的传动系统外，还可用于动力输出装置和转向操纵机构。

一、万向节

万向节按其在扭转方向上是否有明显的弹性，可分为刚性万向节和挠性万向节。前者的动力是靠零件的铰链式连接传递的，而后者则靠弹性零件传递，且有缓冲减震作用。刚性万向节又可分为不等速万向节（常用的是十字轴式）、准等速万向节（双联式，三销轴式等）和等速万向节（球叉式，球笼式等）。

（一）十字轴式刚性万向节

十字轴式刚性万向节因其结构简单、传动可靠、效率高，且允许两传动轴之间在最大交角为 15°～20°情况下传递动力，故普遍用于各类汽车的传动系统中。

1. 十字轴式刚性万向节的构造及润滑

图 11-72 所示为十字轴式刚性万向节的构造。万向节叉 6 与前传动轴后端凸缘盘用螺栓连接。两万向节叉的两对孔分别活套在十字轴的两对轴颈上。这样，当主动轴转动时，从动轴既可随之转动，又可绕十字轴中心的任意方向摆动。为了减少摩擦损失，提高传动效率，在十字轴轴颈和万向节叉孔间装有由滚针 8 和套筒 9 组成的滚针轴承。然后用螺钉和轴承盖 1 将套筒 9 固定在万向节叉上，并用锁片将螺钉锁紧，以防止轴承在离心力作用下从万向节叉内脱出。为了润滑轴承，十字轴做成中空的，并有油路通向轴颈。润滑油从注油嘴 3 注入十字轴内腔。为避免将润滑油流出及灰尘进入轴承，在十字轴的轴颈上套着装在金属座圈内的毛毡油封 7。在十字轴的中部还装有带弹簧的安全阀 5。如果十字轴内腔的润滑油压力大于允许值，安全阀即被顶开而润滑油外溢，使油封不致因油压过高而损坏。

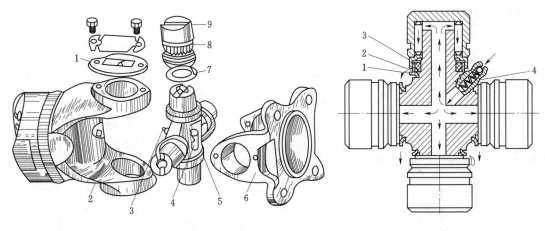

图 11-72　十字轴刚性万向节
1—轴承盖；2、6—万向节叉；3—润滑脂嘴；4—十字轴；
5—溢流阀；7—油封；8—滚针；9—套筒

图 11-73　十字轴润滑道及密封装置
1—油封挡盘；2—油封；3—油封座；
4—注油嘴

十字轴式万向节的损坏是以十字轴颈和滚针轴承的磨损为标志的，因此润滑与密封直接影响万向节的使用寿命。为了提高密封性能，近年来在十字轴式万向节多采用图 11-73 所示的橡胶油封。实践证明，橡胶油封的密封性能远优于老式的毛毡或软木垫油封。当用注油枪向十字轴内腔注入润滑油而内腔油压大于允许值时，多余的润滑油便从橡胶油封内圆表面与十字轴轴颈接触处溢出，故在十字轴上无需安装安全阀。

十字轴刚性万向节结构简单，传动可靠，效率高，因此应用较广泛。其不足之处是对于单个万向节在输入轴和输出轴之间有夹角的情况下，其两轴的角速度是不相等的，这便是单个万向节的不等速性。

2. 十字轴式刚性万向节传动的不等速性

下面就单个万向节传动过程中的两个特殊位置进行运动分析，说明它传动的不等速性。

（1）设主动叉在垂直位置，且以 ω_1 等角速旋转，十字轴平面与主动轴垂直，从动叉轴与主动叉轴之间的夹角为 α，见图 11-74（a）。主动叉与十字轴连接点 a 的线速度 v_a 在十字轴平面内；从动叉与十字轴连接点 b 的线速度 v_b 可分解为在十字轴平面内的速度 v_b' 和垂直于十字轴平面的速度 v_b''。由速度直角三角形可以看出 $v_b > v_b'$。由十字轴的特性可知 $oa = ob$。当万向节传动时，十字轴是绕 o 点转动的，其上 a、b 两点与十字轴平面内的线速度在数值上应相等，即 $v_b' = v_a$。因此 $v_b > v_a$。由此可知，当主、从动叉转到所述位置时，从动轴的转速大于主动轴的转速。

（2）设主动叉在水平位置，并且十字轴平面与从动轴垂直时的情况，见图 11-74（b）。此时主动叉与十字轴连接点 a 的线速度 v_a 在平行于从动叉的平面内，并且垂直于主动叉。线速度 v_a 可分解为在十字轴平面内的速度 v_a' 和垂直于十字轴平面的速度 v_a''。根据与上述同样的道理，在数值上，$v_a > v_a'$，而 $v_a' = v_b$。因此，$v_a > v_b$，即当主、从动叉转到所述位置时，从动轴转速小于主动轴转速。

由上述两个特殊情况的分析可以看出，十字轴式万向节在转动过程中，主、从动轴的转速是不相等的。

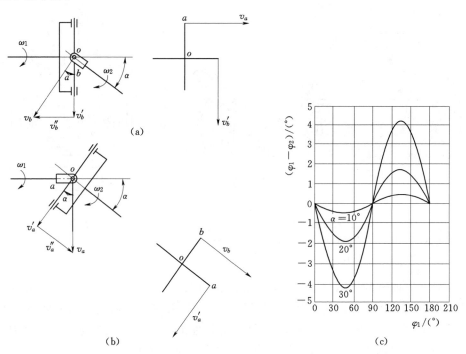

图 11-74 十字轴式刚性万向节传动的不等速性

（a）主动叉在垂直位置；（b）主动叉在水平位置；（c）主动轴转角与两轴转角差关系

图 11-74（c）表示两轴转角差 $\varphi_1 - \varphi_2$ 随主动轴转角 φ_1 的变化关系。由图可见，从动轴的角速度 ω_2 的变化以 180° 为一个周期，如果主动轴以等角速转动，而从动轴则时快时慢，且不等速程度随轴间夹角 α 的增大而增大，此即单个十字轴万向节在有夹角时转动的不等速性。必须注意的是，所谓的"传动的不等速性"，是指从动轴在一周中

角速度不均而言。而主、从动轴的平均转速是相等的，即主动轴转过一周从动轴也转过一周。

单万向节转动的不等速性，将使从动轴及与其相连的传动部件产生扭转振动，从而产生附加的交变载荷，影响部件寿命。

3. 双万向节传动的等速条件

从以上分析可以想到，在两轴（例如变速器的输出轴和驱动桥的输入轴）之间，若采用如图 11-75 所示的双（十字轴式）万向节传动，则第一万向节的不等速效应就有可能被第二万向节的不等速效应所抵消，从而实现两轴间的等角速传动。

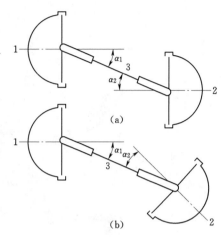

实现等角速传动必须满足以下两个条件：①第一万向节两轴间夹角 α_1 与第二万向节两轴间夹角 α_2 相等；②第一万向节的从动叉与第二万向节的主动叉处于同一平面内。

上述双万向节传动虽能近似的解决等速传动问题，但在某些情况下，例如转向驱动桥的分段半轴间，在布置上受轴向尺寸的限制，而且转向轮要去偏转角度大（$30°\sim40°$），因而上述双万向节传动已难以适应。在长期实践过程中，人们创造了各种等速和准等速万向节。只要用一个这样的万向节，

图 11-75 双十字轴刚性万向节等速
传动布置示意图
(a) 平行排列；(b) 等腰三角形排列
1—输入轴；2—输出轴；3—传动轴

即能实现或基本实现等角速传动。在转向驱动桥及独立悬架的后驱动桥中，广泛采用等角速万向节。

（二）准等速万向节

准等速万向节是根据上述双万向节实现等速传动的原理而实现的，常见的有双联式和三销轴式万向节。

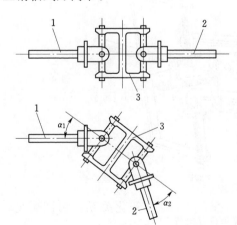

图 11-76 双联式万向节示意图
1、2—轴；3—双联叉

1. 双联式万向节

双联式万向节实际上是一套传动轴长度缩减至最小的双万向节等速传动装置。图 11-76 中双联叉 3 相当于两个在同一平面上的万向节叉。欲使轴 1 和轴 2 的角速度相同，应保证 $\alpha_1=\alpha_2$。为此，在双联式万向节结构中装有分度机构，以期双联叉的对称线平分所连两轴的夹角。

双联式万向节允许有较大的轴间夹角，且具有结构简单、制造方便、工作可靠等优点，故在转向驱动桥中的应用逐渐增多。而且在用于转向驱动桥时，可以没有分度机构，但必须保证双联式万向节中心位于主销轴线的交点，以此保证准等速传动。

2. 三销轴式万向节

三销轴式万向节是双联式万向节演变而来的准等速万向节。图 11-77 所示为某汽车转向驱动桥中所采用的三销轴式万向节。它主要由两个偏心轴叉 1 和 3，两个三销轴 2 和 4 以及 6 个轴承，密封件等组成。主、从动偏心轴叉分别与转向驱动桥内、外半轴制成一

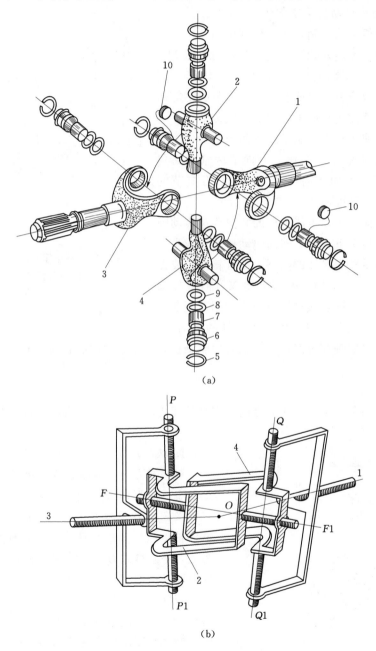

(a)

(b)

图 11-77 三销轴式准等角速万向节

（a）零件形状；（b）装配示意图

1—主动偏心轴叉；2、4—三销轴；3—从动偏心轴叉；5—卡环；6—轴承座；7—衬套；

8—毛毡圈；9—密封罩；10—推力垫片

体。叉孔中心线与叉轴中心线互相垂直但不相交。两叉由两个三销轴连接。三销轴的大端有一穿通的轴承孔，其中心线与小端轴颈中心线重合。靠近大端两侧有两轴颈，其中心线与小端轴颈中心线垂直并相交。装合时，每一偏心叉轴的两叉孔通过轴承与一个三销轴的大端两轴颈配合，而后两个三销轴的小端轴颈互相插入对方的大端轴承孔内，这样便形成了 $Q-Q1$、$P-P1$ 和 $F-F1$ 三根轴线。传递时，转矩由主动偏心轴叉经轴 $Q-Q1$、$P-P1$ 和 $F-F1$ 传到从动偏心轴叉。

在与主动偏心轴叉 1 相连的三销轴 4 的两个轴颈端面和轴承座 6 之间装有推力垫片 10。其余各轴颈端面均无推力垫片，且断面与轴承座之间留有较大的空隙，以保证在转向时三销轴万向节不致发生运动干涉现象。

三销轴式万向节的最大特点是允许相邻两轴有较大的交角，最大可达 45°。在转向驱动桥中采用这种万向节可使汽车获得较小的转弯半径，提高汽车的机动性。其缺点是占用空间较大。

国产富康轿车前转向驱动桥中的半轴和轮毂之间，也采用了这种三销轴式准等速万向节。

（三）等速万向节

等速万向节的基本原理是，从结构上保证万向节在工作过程中的传力点永远位于两轴交角的平分面上。图 11-78 为一对大小相同的锥齿轮传动示意图。两齿轮的接触点 P 位于两齿轮轴线交角 α 的平分面上，由 P 点到两轴的垂直距离都等于 r，在 P 点处两齿轮的圆周速度是相等的，因而两齿轮旋转的角速度也相等。与此相似，若万向节的传力点在其交角变化时始终位于角平分面内，则可使两万向节保持等角速度的关系。

目前采用较广的球叉式万向节和球笼式万向节均根据这一原理制成。

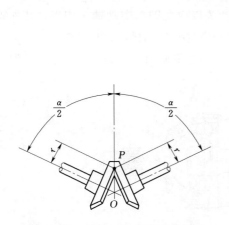

图 11-78 等速万向节的工作原理

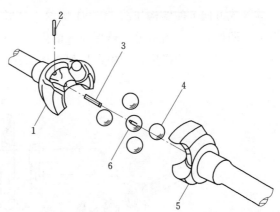

图 11-79 球叉式万向节
1—从动叉；2—锁止销；3—定位销；4—传动钢球；
5—主动叉；6—中心钢球

1. 球叉式万向节

球叉式万向节的构造如图 11-79 所示。主动叉 5 与从动叉 1 分别与内外半轴制成一体。在主、从动叉上，各有四个曲面凹槽，装合后形成两个相交的环形槽作为钢球滚道。

四个传动钢球 4 放在槽中,中心钢球 6 放在两叉中心的凹槽内,以定中心。

为顺利地将钢球装入槽中,在中心钢球 6 上铣出一个凹面,凹面中央有深孔。装合时,先将定位销 3 装入从动叉内,放入中心钢球,然后在两球叉槽中陆续装入三个从动钢球,在将中心钢球的凹面对向未放钢球的凹槽,以便装入第四个传动钢球,提起从动叉轴使定位销 3 插入球孔中,最后将锁止销 2 插入从动叉上与定位销垂直的孔中,以限制定位销轴向移动,保证中心钢球的正确位置。

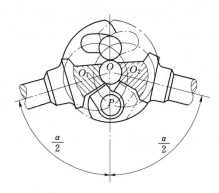

图 11-80 球叉式万向节等角
速传动原理

这种结构的等角速传动原理可按图 11-80 来说明:主动叉和从动叉的中心线是以 O_1、O_2 为圆心的两个半径相等的圆,而圆心 O_1、O_2 与万向节中心 O 的距离相等。因此,在主动轴和从动轴以任何角度相交的情况下,传动钢球中心都位于两圆的交点上,即所有传动钢球都位于角平分面上,因而保证了等角速传动。

球叉式万向节结构简单,允许最大交角为 32°~33°,一般应用于转向驱动桥中。

近年来,有些球叉式万向节中省去了定位销和锁止销,中心钢球上也没有凹面,靠压力装配。这样结构更为简单,但拆装不便。

球叉式万向节工作时,只有两个钢球传力,反转时,则由另两个钢球传力。因此,钢球与曲面凹槽之间的单位压力越大,磨损较快,影响使用寿命。

2. 球笼式万向节

球笼式万向节的结构如图 11-81 所示。星形套 7 以内花键与主动轴 1 相连,其外表面有 6 条凹槽,形成内滚道。球形壳 8 的内表面有相应的 6 条凹槽,形成外滚道。6 个钢球 6 分别装在各条凹槽中,并由保持架 4 使之保持在一个平面内,动力由主动轴 1 经钢球 6,球形壳 8 输出。

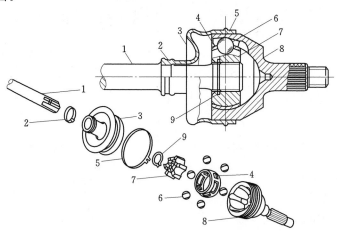

图 11-81 球笼式等速万向节

1—主动轴;2、5—钢带箍;3—外罩;4—保持架(球笼);6—钢球;
7—星形套(内滚道);8—球形壳(外滚道);9—卡环

球笼式万向节的等速传动原理，如图11-82所示。外滚道的中心 A 与内滚道的中心 B 分别位于万向节中心 O 的两侧。因此，当两轴交角变化时，保持架可沿内、外球面滑动，以保持钢球在一定位置。

由于 $OA = OB$，$CA = CB$，CO 是共边，则 $\triangle COA$ 与 $\triangle COB$ 全等。因此，$\angle COA = \angle COB$，即两轴相交任意角 α 时，其传力钢球 C 都位于交角平分面上。此时，钢球到主动轴和从动轴的距离 a 和 b 相等，从而保证了从动轴与主动轴以相等的角速度旋转。

球笼式等角速万向节在两轴最大交角 $42°$ 的情况下，仍可传递转矩，且在工作时，无论传动方向如何，6个钢球全部传力。与球叉式万向节相比，其承载能力强、结构紧凑、拆装方便，因此应用越来越广泛。例如，国产红旗牌CA7220型、捷达、桑塔纳、夏利等轿车，其前转向驱动桥的转向节处均采用这种球笼式等速万向节。

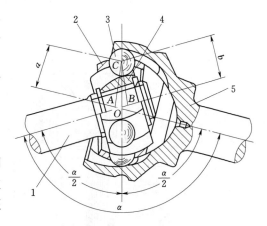

图11-82 球笼式万向节等角速传动原理
1—主动轴；2—保持架；3—钢球；4—星形套
（内滚道）；5—球形壳（外滚道）
O—万向节中心；A—外滚道中心；B—内滚道中心；
C—钢球中心；α—两轴交角（指钝角）

（四）挠性万向节

挠性万向节的特点是其传力元件采用夹布橡胶盘、橡胶块、橡胶环等弹性元件，从而保证在相交两轴间传动时不发生机械干涉。图11-83是上海SH3540A型自卸汽车发动机与变速器之间安装的万向传动装置，它由一个十字轴式刚性万向节、传动轴和一个挠性万向节组成。由于弹性元件的变形量有限，故挠性万向节一般用于夹角较小（$3°\sim 5°$）的两轴间和有微量轴向位移的传动场合。例如，安装在车架上的两个部件之间，可使装配方便不需轴向严格对正，并能消除工作中车架变形对传动的不利影响，挠性万向节不仅结构简单、无需润滑，而且具有缓冲和减振作用。

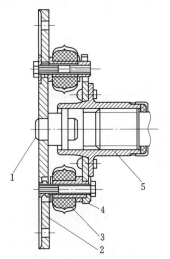

图11-83 挠性万向节
1—中心轴；2—大圆盘；3—弹性连接件；4—连接圆盘；5—花键毂

二、传动轴和中间支撑

传动轴的作用是把变速器的转矩传递到驱动桥上。汽车行驶过程中，变速器与驱动桥的相对位置经常变化，为避免运动干涉，传动轴中设有由滑动叉和花键轴组成的滑动花键连接，以实现传动轴长度的变化。为减少磨损，还装有用以加注滑脂的油嘴、油封、堵塞和防尘套。

常见的轻中型货车中，连接变速器与驱动桥的传动轴部件由传动轴及其两端焊接的花键轴和万向节叉组成。

传动轴在高速旋转时，由于离心力作用将产生剧烈振动。因此，当传动轴与万向节装配后，必须满足动平衡要求。图11-84中的零件3即为平衡用的平衡片。

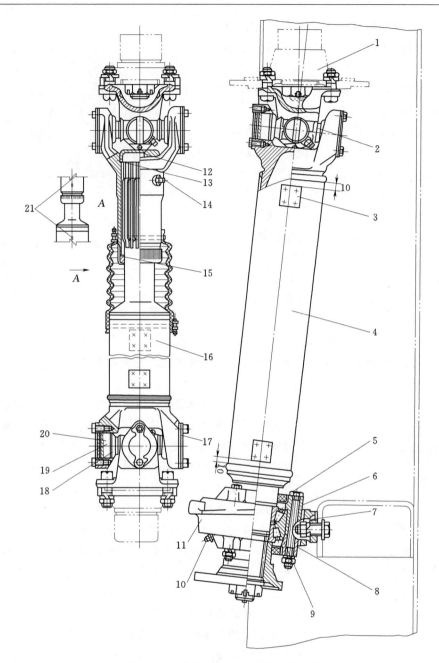

图 11-84 解放 CA1091 型汽车传动轴

1—凸缘叉；2—万向节十字轴；3—平衡片；4—中间传动轴；5、15—油封；6—中间支承前盖；7—橡胶垫环；
8—中间支承后盖；9—双列圆锥滚子轴承；10、14—注油嘴；11—支架；12—堵盖；13—万向节滑动叉；
16—主传动轴；17—锁片；18—滚针轴承油封；19—万向节滚针轴承；20—滚针轴承轴承盖；
21—装配位置标记

平衡后，在万向节滑动叉 13 与主传动轴 16 上刻有装配位置标记 21，以便拆卸后重装时保持二者的相对角位置不变。传动轴过长时，自振频率降低，易产生共振，故常将其分为两段并加中间支承。前段称中间传动轴 4，后段为主传动轴 16。

　　为了得到较高的强度和刚度，传动轴多做成空心的，一般用厚度为 1.5～3.0mm 的薄钢板卷焊成。超重型货车的传动轴则直接采用无缝钢管。

　　在转向驱动桥，断开式驱动桥或微型汽车的万向传动装置中，通常将传动轴制成实心轴。

　　传动轴分段时需加中间支承。通常中间支承安装在车架横梁上，应能补偿传动轴轴向和角度方向的安装误差，以及车辆行驶过程中由于发动机窜动或车架等变形所引起的位移。

　　中间支承的结构见图 11-85。东风 EQ1090E 型汽车的中间传动轴采用蜂窝软垫式中间支承，与车架相连接。轴承 3 可在轴承座 2 内滑动。由于蜂窝软垫 5 的弹性作用，能适应上述安装误差和行驶中出现的位移。此外，还可吸收振动，减小噪声。蜂窝软垫式中间支承结构简单，效果良好，应用较为广泛。

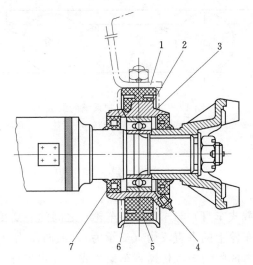

图 11-85　中间支承
1—车架横梁；2—轴承座；3—轴承；4—注油嘴；
5—蜂窝软垫；6—U 形支架；7—油封

　　三轴驱动的越野汽车后桥传动装置的中间支承通常支承在中驱动桥上。

第十二章 汽车行驶系统

汽车行行系统一般由车架、车桥、车轮和悬架组成（图 12-1）。车架是全车的装配基体，它将汽车的各相关总成连接成一个整体。前轮和后轮分别支撑着从动桥和驱动桥。为减少汽车在不平路面上行驶时车身所受到的冲击和振动，车桥又通过弹性前悬架和后悬架与车架连接。

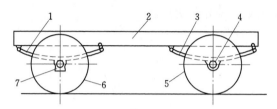

图 12-1　汽车行驶系统的组成

1—前悬架；2—车架；3—后悬架；4—驱动桥；5—后轮；6—前轮；7—从动桥

第一节　悬　架

悬架是车架（或承载式车身）与车桥（或车轮）之间的一切传力连接装置的总称。它的作用是把路面作用于车轮上的垂直反力（支承力）、纵向反力（驱动力和制动力）和侧向反力以及这些反力所造成的力矩都传递到车架（或承载式车身）上，以保证汽车的正常行驶。

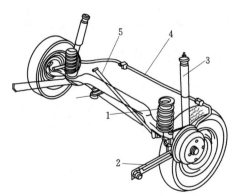

图 12-2　汽车悬架组成示意图

1—弹性元件；2—纵向推力杆；3—减振器；
4—横向稳定器；5—横向推力杆

现代汽车的悬架尽管有各种不同的结构形式，但是一般都由弹性元件 1、减振器 3 和导向机构（纵、横向推力杆 2、5）三部分组成，如图 12-2 所示。

一、减振器

在大多数汽车的悬架系统内部装有减振器，以加速车架与车身振动的衰减，改善汽车的行驶平顺性。

（一）双向作用筒式减振器

减振器一般由几个同心缸筒、活塞和若干个阀门组成（图 12-3）。

如图 12-3 所示，最外面的缸筒 7 是防尘罩，中间缸筒 2 为储油缸，内装油液，但不装

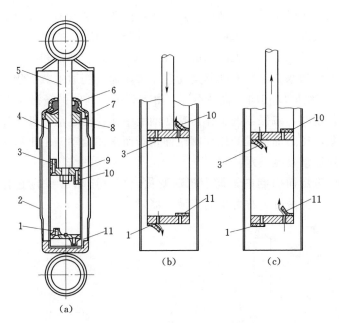

图 12-3 双向作用筒式减振器示意图
(a) 整体结构；(b) 压缩行程；(c) 伸张行程
1—压缩阀；2—储油缸；3—伸张阀；4—工作缸；5—活塞杆；6—油封；
7—防尘罩；8—导向座；9—活塞；10—流通阀；11—补偿阀

满，其下端通过底座上焊接的吊耳与车桥相连。里面的缸筒 4 叫工作缸，其内装满油液，上端密封。活塞 9 装在工作缸内，活塞杆 5 穿过密封装置，上端与防尘罩 7 和吊耳焊成一体，其下端用压紧螺母固定着活塞 9。活塞将工作缸分成上下两个腔。

活塞上装有伸张阀 3 和流通阀 10。工作缸下端的支座上装有压缩阀 1 和补偿阀 11。流通阀和补偿阀是一般的单向阀，弹簧较软，较低的油压即可使其开启。压缩阀和伸张阀弹簧较硬，需要较大的油压才能使其开启，只要油压稍降低，即可立刻关闭。双向作用筒式减振器的工作原理可分为压缩和伸张两个行程加以说明。

(1) 压缩行程。当车轮移近车架（车身），减振器受压缩，减振器活塞下移。活塞下面的腔室（下腔）容积减小，油压升高，油液经流通阀流到活塞上面的腔室（上腔）。由于上腔被活塞杆占去一部分空间，上腔内增加的容积小于下腔减小的容积，故还有一部分油液推开压缩阀，流回储油缸 2。这些阀对油液的节流便造成对悬架压缩运动的阻尼力。

(2) 伸张行程。当车轮相对车身移开，减振器受拉伸，此时减振器活塞向上移动，活塞上腔油压升高，流通阀关闭，上腔内的油液便推开伸张阀流入下腔。同样，由于活塞杆的存在，自上腔流来的油液还不足以充满下腔所增加的容积，下腔内产生一定的真空度，这时储油缸中的油液便推开补偿阀流入下腔进行补充。此时，这些阀的节流作用即造成对悬架伸张运动的阻尼力。

为更好地缓和冲击和衰减振动，压缩阀、伸张阀的节流阻力应设计成随活塞运动速度而变化，且减振器在伸张行程内产生的阻尼力比压缩行程内产生的阻尼力大。

（二）充气式减振器

充气式减振器是 20 世纪 60 年代以来发展起来的一种新型减振器。图 12-4 所示为某种轿车上使用的充气式减振器。其结构特点是在缸筒的下部装有一个浮动活塞2，在浮动活塞与缸筒一端形成的密闭气室1中，充有高压（2～3MPa）的氮气。在浮动活塞的上面是减振器油液。浮动活塞上装有大断面的O形密封圈3，它把油和气完全分开，故此活塞亦称封气活塞。工作活塞7上装有随其运动速度大小而改变通道截面积的压缩阀4和伸张阀8，此二阀均由一组厚度相同、直径不等、由大到小排列的弹簧钢片组成。

当车轮上下跳动时，减振器的工作活塞在油液中作往复运动，使工作活塞的上腔和下腔之间产生油压差，压力油便推开压缩阀或伸张阀而来回流动。由于阀对压力油产生较大的阻尼力，因此使振动衰减。

由于活塞杆的进出而引起的缸筒容积的变化，则由浮动活塞的上下运动来补偿。因此，这种减振器不需储液缸，称为单筒式减振器。

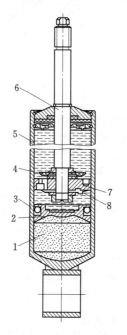 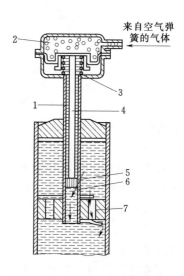

图12-4　充气式减振器示意图
1—密闭气室；2—浮动活塞；3—O形密封圈；
4—压缩阀；5—工作缸；6—活塞杆；
7—工作活塞；8—伸张阀

图12-5　阻力可调式减振器示意图
1—空心连杆；2—气室；3—弹簧；
4—柱塞杆；5—柱塞；6—节流孔；
7—活塞

（三）阻力可调式减振器

从保证悬架系统在各种工况都有良好的振动特性来讲，减振器的阻尼力应是可变的。图12-5所示为阻力可调式减振器示意图。装有这种阻力可调式减振器的悬架系统采用了刚度可变的空气弹簧。

阻力可调式减振器的工作原理是：当汽车的载荷增加时，空气囊的气压升高，则气室2内的气压也随之升高，膜片向下移动与弹簧3产生的压力相平衡。与此同时，膜片带动与它相连的柱塞杆4和柱塞5下移，因而使得柱塞相对空心连杆1上的节流孔6的位置发生变化，结果减小了节流孔的通道截面积，也就是减少了节流孔的流量，从而增加了油液流动阻力。反之，当汽车载荷减小时，柱塞上移，增大了节流孔的通道截面积，从而减小了油液的流动阻力。因此，达到了随着汽车载荷的变化而改变减振器阻力的目的。

二、弹性元件

（一）钢板弹簧

如图 12-6 所示，钢板弹簧是由若干片长度不等、宽度相等（厚度可以相等，也可以不相等）、曲率半径不等的合金弹簧片组合而成的一根近似等强度的弹性梁。

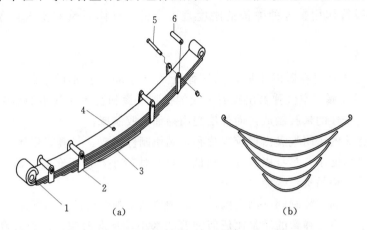

图 12-6　钢板弹簧

（a）装配后的钢板弹簧；（b）自由状态的钢板弹簧

1—卷耳；2—钢板夹；3—钢板弹簧；4—中心螺栓；5—螺栓；6—套管

钢板弹簧在载荷作用下变形时，钢板弹簧各片之间因相对滑动而产生摩擦，可以促使车架振动的衰减。但各片间的干摩擦将使车轮所受的冲击在很大程度上传给车架，降低了悬架缓和冲击的能力，并使弹簧各片加速磨损。为减少弹簧片的磨损，钢板弹簧各片间须涂上较稠的润滑剂（石墨润滑脂），并应定期进行保养。

（二）螺旋弹簧

螺旋弹簧广泛应用于独立悬架，特别是前轮独立悬架中。它与钢板弹簧比较，具有无需润滑、不忌泥污、安装所需的纵向空间小、弹簧质量小等优点。螺旋弹簧本身没有减振作用，因此在螺旋弹簧悬架中必须另装减振器。此外，它只能承受垂直载荷，故必须装设导向机构以传递垂直力以外的各种力和力矩。

螺旋弹簧用弹簧钢棒料卷制而成，可做成刚度不变的等螺距或变刚度、变螺距的弹簧。

（三）扭杆弹簧

扭杆弹簧是一根由弹簧钢制成的扭杆，如图 12-7 所示。

扭杆断面通常为圆形，少数为矩形和管形，其两端形状可以做成花键、方形、六角形或带平面的圆柱形等。扭杆弹簧一端固定在车架上，另一端固

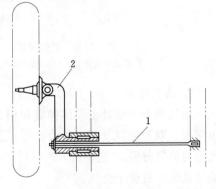

图 12-7　扭杆弹簧

1—扭杆；2—摆臂

定在悬架的摆臂 2 上,摆臂则与车轮相连。当车轮跳动时,摆臂便绕着扭杆轴线而摆动,使扭杆产生扭转弹性变形,借以保证车轮与车架的弹性联系。

扭杆弹簧单位质量的储能量是钢板弹簧的 3 倍,比螺旋弹簧也高。因此,采用扭杆弹簧的悬架质量较轻,结构比较简单,不需润滑,易实现车身高度的自动调节。

(四)气体弹簧

气体弹簧是在一个密封的容器中充入压缩气体(气压为 0.5~1MPa),利用气体的可压缩性实现其弹簧作用。这种弹簧的刚度是可变的。气体弹簧有空气弹簧和油气弹簧两种。

1. 空气弹簧

根据压缩空气所用容器的不同,空气弹簧又分为囊式 [图 12-8(a)] 和膜式 [图 12-8(b)] 两种。囊式空气弹簧由夹有帘线的橡胶气囊和密闭在其中的压缩空气所组成。气囊的内层用气密性的橡胶制成,而外层则用耐油橡胶制成。

膜式空气弹簧的密闭气囊由橡胶膜片和金属压制件组成。与囊式相比,其弹性特性曲线比较理想,其刚度小,车身固有频率较低,且尺寸较小,便于布置,故多用在轿车上。但是制造困难、价格昂贵、寿命也较短。

空气弹簧可以通过控制阀(高度阀)自动调节悬架弹簧内的原始气体压力来实现车身高度的自动调节。空气弹簧的质量比任何弹簧的都小,且寿命较长。但其高度尺寸较大,在布置上有一定的困难,密封环节多,容易漏气。空气弹簧在高档大客车上广泛应用。

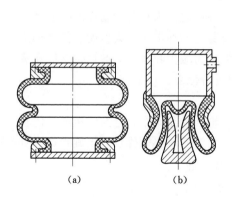

图 12-8 空气弹簧
(a)囊式空气弹簧;(b)膜式空气弹簧

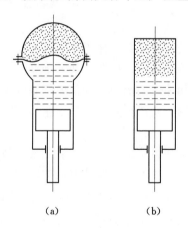

图 12-9 单气室油气弹簧示意图
(a)油气分隔式;(b)油气不分隔式

2. 油气弹簧

油气弹簧一般是由气体弹簧和相当于液力减振器的工作缸所组成。油气弹簧的形式有单气室、双气室以及两级压力式等,图 12-9 是单气室油气弹簧示意图。单气室油气弹簧又分为油气分隔式 [图 12-9(a)] 和油气不分隔式 [图 12-9(b)] 两种。前者可防止油液乳化,且便于充气。

由于氮气储存在密闭的球形气室内,其压力随外载荷的大小而变化,故油气弹簧具有变刚度的特性,同时又起液力减振器的作用。

空气弹簧、油气弹簧和螺旋弹簧一样，只能承受轴向载荷，故悬架中必须设置纵向和横向推力杆等导向机构和减振器。

油气弹簧应用于重型汽车上时，其体积和质量都较钢板弹簧小（质量可减小50％以上）。但油气弹簧对气体和油液的密封要求很高，因而对加工和装配的精度要求和对相对滑动的工作表面的表面粗糙度和耐磨性要求都很高。

（五）橡胶弹簧

橡胶弹簧是利用橡胶本身的弹性来起弹性元件的作用。可以承受压缩载荷［图12-10（a）］与扭转载荷［图12-10（b）］。其优点是单位质量的储能量较金属弹簧多，隔声性能好，工作无噪声，不需要润滑。橡胶弹簧具有一定的减振能力。橡胶弹簧多用作悬架的副弹簧和缓冲块。

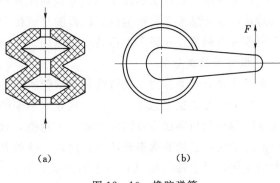

(a)   (b)

图12-10 橡胶弹簧
(a) 受压缩载荷；(b) 受扭转载荷

三、导向机构

控制车轮按一定轨迹相对车身运动，同时用来传递纵向力、侧向力及其力矩，并保证车轮相对于车身有正确的运动关系。

通常导向装置由控制摆臂式杆件组成，其结构如图12-2所示的纵、横向推力杆2、5。钢板弹簧作为弹性元件时，它本身兼导向作用，可不另设导向装置。

四、悬架类型

悬架根据导向机构不同可分为非独立悬架和独立悬架两大类，如图12-11所示。

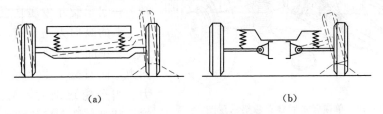

(a)   (b)

图12-11 悬架的类型
(a) 非独立悬架；(b) 独立悬架

（一）独立悬架

独立悬架的特点是两侧的车轮各自独立地与车架或车身弹性连接［图12-11（b）］，因而具有以下优点：

（1）在悬架弹性元件一定的变形范围内，两侧车轮可以单独运动而互不影响，可以减少汽车在不平路面上行驶的振动，而且有助于消除转向轮不断偏摆的不良现象。

（2）减少了汽车非簧载质量（即不由弹簧支承的质量）。在道路条件和车速相同时，非簧载质量愈小，则悬架所受到的冲击愈小。故采用独立悬架可以提高汽车的平均行驶速度及车轮的附着性能。

（3）采用断开式车桥，发动机位置便可以降低和前移，使汽车重心下降，提高了汽车行驶稳定性，并使结构紧凑。同时独立悬架允许前轮有较大的跳动空间，因而可以将悬架刚度设计得较小（便于选择较软的弹性元件），使车身振动频率降低，以改善行驶平顺性。

独立悬架的结构形式类型很多，主要可按车轮运动形式分成三类：

（1）车轮在汽车横向平面内摆动的悬架（横臂式独立悬架）。

（2）车轮在汽车纵向平面内摆动的悬架（纵臂式独立悬架）。

（3）车轮沿主销移动的悬架，其中包括烛式悬架和麦弗逊式悬架（滑柱连杆式悬架）。

另外，独立悬架车轮接地性好，行驶平顺性和操纵稳定性都优于非独立悬架，其转向轮定位角可以调节，在轿车上得到广泛应用。

1. 横臂式独立悬架

横臂式独立悬架分为单横臂式和双横臂式两种。

（1）单横臂式独立悬架。单横臂式独立悬架的特点是当悬架变形时，车轮将产生倾斜而改变两侧车轮与路面接点间的距离——轮距，致使轮胎相对于地面侧向滑移，破坏轮胎和地面的附着，且轮胎磨损较严重。此外，这种悬架用于转向轮时，会使主销内倾角发生较大的变化，对于转向操纵有一定的影响，故目前很少采用。但是，由于结构简单、紧凑，布置方便，在车速不高的重型越野汽车上也有采用的。

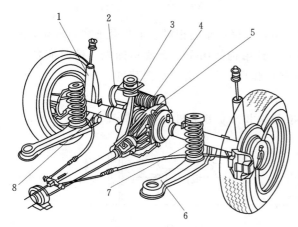

图 12-12　单横臂式后独立悬架示意图

1—减振器；2—油气弹性元件；3—中间支承；4—单铰链；5—主减速器壳；6—纵向推力杆；7—螺旋弹簧；8—半轴套管

图 12-12 是某轿车的单横臂后独立悬架示意图。在该结构中，后桥半轴套管是断开的，主减速器的右面有一个单铰链 4，半轴可绕其摆动。在主减速器上面安置可以调节车身水平作用的油气弹性元件 2，它和螺旋弹簧 7 一起承受并传递垂直力。作用在车轮上的纵向力主要有纵向推力杆 6 承受。中间支承轴 3 不仅可以承受侧向力，而且还可以部分的承受纵向力。当车轮跳动时，为避免运动干涉，其纵向推力杆的前段用球铰链与车身连接。

（2）双横臂式独立悬架。双横臂式独立悬架（图 12-13）的两个摆臂长度可以相等，也可以不等。在两摆臂等长的悬架中，当车轮上下跳动时，车轮平面没有倾斜，但轮距发生了较大的变化，这将增加车轮侧向滑移的可能性。在两摆臂不等长的悬架中，如两横臂长度选择适当，可以使车轮和主销的角度以及轮距的变化都不太大。不大的轮距变化在轮胎较软时可以由轮胎变形来适应，目前轿车的轮胎可容许轮距的改变在每个轮胎上达到 4～5mm 而不致沿路面滑移。因此，不等长的双横臂式独立悬架在轿车前轮上的应用较为广泛。

2. 纵臂式独立悬架

纵臂式独立悬架有单纵臂和双纵臂式两种。

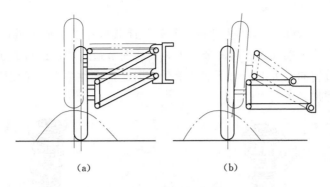

图 12-13 双横臂式独立悬架示意图

(a) 两摆臂等长的悬架；(b) 两摆臂不等长的悬架

(1) 单纵臂式独立悬架。转向轮采用单纵臂式独立悬架时，车轮上下跳动时主销的后倾角产生很大的变化。因此，单纵臂式独立悬架一般不用于转向轮。

(2) 双纵臂式独立悬架。这种悬架的两个纵臂长度一般做成相等，形成平行四连杆机构。这样，在车轮上下跳动时，主销的后倾角保持不变，故这种形式的悬架适用于转向轮。

双纵臂扭杆弹簧前独立悬架如图 12-14 所示。转向节和两个等长的纵臂 1 作铰链式连接。在车架的两根管式横梁 4 内部都装有若干层矩形断面的薄弹簧钢片叠成的扭杆弹簧 6。两根扭杆弹簧的内端用螺钉 5 固定在横梁 4 的中部，而外端则插入摆臂轴 2 的矩形孔内。摆臂轴用衬套 3 支承在管式横梁内。摆臂轴和纵臂为刚性连接。另一侧车轮的悬架与之完全相同而且对称。

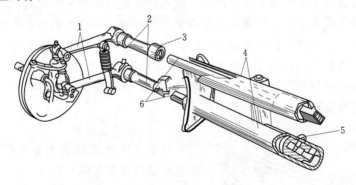

图 12-14 双纵臂式扭杆弹簧独立悬架

1—纵臂；2—摆臂轴；3—衬套；4—横梁；5—螺钉；6—扭杆弹簧

3. 车轮沿主销移动的悬架

车轮沿主销移动的悬架目前大致分为两种类型，一种是车轮沿固定不动的主销轴线移动的烛式悬架（目前很少采用），另一种是车轮沿摆动的主销轴线移动的麦弗逊式悬架。

烛式悬架的特点是当车轮上下跳动时，车轮的转向节沿着刚性地固定在车架上的主销上下移动，因而主销不发生变化，仅轮距和轴距稍有改变，因此有利于汽车的转向操纵和行驶稳定性，但是侧向力全部由主销承受，导致摩擦阻力大，磨损严重。所以这种结构形式目前很少采用。

图 12-15 所示为富康轿车的麦弗逊式悬架。筒式减振器 2 的上端用螺栓和橡胶垫圈与车身连接，减振器下端固定在转向节 3 上，而转向节通过球铰链与下摆臂 6 连结。车轮所受的侧向力通过转向节大部分由下摆臂承受。因此，这种结构形式较烛式悬架在一定程度上减少了滑动磨损。

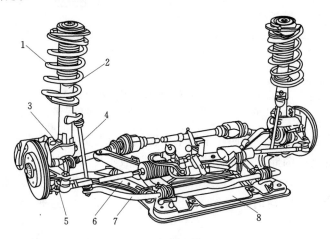

图 12-15 富康轿车前悬架

1—螺旋弹簧；2—筒式减振器；3—转向节；4—连接杆；5—球头销；
6—下摆臂；7—横向稳定杆；8—前拖架

螺旋弹簧 1 套在筒式减振器的外面，主销的轴线为上下铰链的中心连线。当车轮上下跳动时，因减振器的下支点随下摆臂摆动，故主销轴线的角度是变化的。这说明车轮是沿着摆动的主销轴线而运动的。因此，这种悬架在变形时，使得主销的定位角和轮距都有些变化。然而，如果适当调整杆系的位置，可使车轮的这些定位参数变化极小。该悬架的突出优点是增大了两前轮内侧的空间，便于发动机和其他一些部件的布置，因此多用在前置、前驱的轿车和微型汽车上。一汽大众的捷达、上海桑塔纳和红旗 CA7220 型等轿车的前悬架，都是这种麦弗逊式独立悬架。

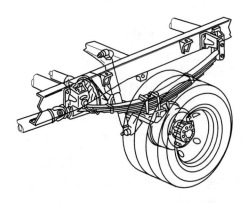

图 12-16 平行钢板弹簧式非独立悬架

（二）非独立悬架

汽车非独立式悬架主要有平行钢板弹簧式和连杆螺旋弹簧式两种。

1. 平行钢板弹簧式非独立式悬架

平行钢板弹簧式非独立悬架（图 12-16）是非独立式悬架中最为普遍的方式。用 U 形螺栓将钢板弹簧固定在装有左右车轮车轴的桥壳上。

钢板弹簧兼起车轴定位的作用，结构简单，基本上不需要悬臂。另外，它具有耐久性，可降低高度，使驾驶室及车箱；底板平坦，适用于卡车及厢式车。

借助钢板弹簧连接车轮与车身，若弹簧过软，会因驱动力和制动力大而引起钢板弹簧的卷曲（弹簧卷曲产生震动）现象，以及车轮的弹跳现象。此外，钢板弹簧还存在着板间摩擦的缺点，有时容易传播微震。

2. 连杆螺旋弹簧式非独立式悬架

这种螺旋弹簧代替钢板弹簧的悬架方式是为了改善乘坐舒适性而诞生的。它大多采用于前置后驱动（FR）车的后轮悬架装置。

由于钢板弹簧式悬架装置具有弹簧卷曲引起车轮回震的现象，所以不能使用软弹簧。但是，若只采用纵置的螺旋弹簧，也不能够得到支承桥壳的刚性。

因此，用连杆或支杆支承桥壳的前后左右受载荷的部位，只有上下方向是可动的，在中间加入螺旋弹簧支承，经过这种改进，便出现了连杆螺旋弹簧式悬架装置（图12-17）。

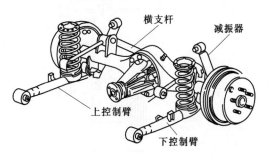

图 12-17 连杆螺旋弹簧式非独立悬架

（三）电子控制悬架

汽车的行驶平顺性和稳定性是衡量悬架性能好坏的主要指标，但是汽车在行驶过程中，载质量、路面情况及车速是变化不定的，因此刚度和阻尼一定的悬架不可能在改善汽车行驶平顺性和操纵稳定性方面有所提高。已不能适应现代汽车对乘坐舒适性和操纵稳定性的更高要求。

电子控制悬架是在悬架系统（弹性元件、减振器、导向装置）中附加一个可控制作用力的装置。这种悬架具有车身高度调节、阻尼力控制和悬架刚度控制的功能，可以分为主动悬架系统和半主动悬架系统两大类。

电子控制悬架系统与其他电子控制系统相同，都是由各种传感器、ECU、执行器组成。

电控悬架系统中使用的传感器主要有车身加速度传感器、车身位移传感器、车速传感器和转向盘转角传感器。这些传感器将汽车行驶的路面情况和车速及汽车起步、加速、转向、制动等工况变为电信号，输送给控制器。

控制器由微处理器和传感器、电源电路、执行器的驱动电路及监控电路等组成。它将传感器输入的电信号进行综合处理，输出对悬架的刚度和阻尼及车身高度进行调节的控制信号。

电控悬架使用的执行器通常是电磁阀和步进电机，执行机构按照电子控制器的控制信号，准确地动作，及时地调节悬架的刚度和阻尼系数及车身的高度。

1. 半主动悬架

传统悬架的弹簧刚度一旦选定后，很难改变。而半主动悬架可以根据路面的激励和车身的响应，对悬架的阻尼系数进行自适应调整，使车身的振动被控制在某个范围之内。由于半主动悬架结构简单，工作时几乎不消耗车辆动力，而且还能获得与全主动悬架相近的性能，故有较好的应用前景。

半主动悬架按阻尼级可分为有级式和无级式两种。

图 12-18 为一种无级式半主动悬架示意图。ECU 从速度、位移、加速度等传感器处接收信号，计算出系统相应的阻尼值，并发出控制指令到步进电动机，通过控制步进电动机驱动可调阻尼减振器中的调节阀门，改变阻尼孔的通道截面积，从而改变系统的阻尼。

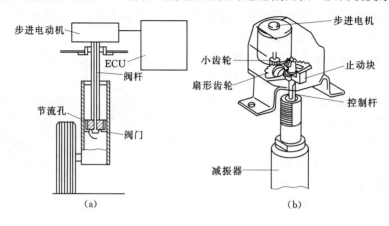

图 12-18 半主动悬架系统组成
（a）组成；（b）驱动机构

2. 主动悬架

主动悬架是一种具有做功能力的悬架，不同于单纯地吸收能量、缓和冲击的传统悬架系统。当汽车载荷、行驶速度、路面状况等行驶条件发生变化时，主动悬架系统能自动调整悬架的刚度，从而同时满足汽车的行驶平顺性、操纵稳定性等各方面的要求。图 12-19 所示为一些日本高级轿车上使用的压力控制型油气悬架系统的工作示意图。它由一个压力控制阀、液控液压缸和一个单作用油气弹簧构成，压力控制阀实际上由一个电控液压比例阀和一个机械式压力伺服滑阀组成，油气弹簧则是一个具有弹性元件和阻尼元件的特殊液压缸。

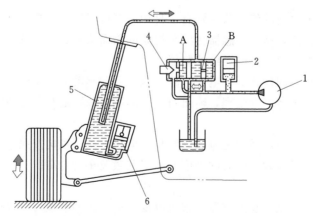

图 12-19 电控油气悬架系统工作示意图
1—液压泵；2—储能器；3—机械式压力伺服滑阀；4—电控液压
比例阀；5—液控液压缸；6—油气弹簧

电控油气悬架根据 ECU 的指令信号控制液压比例阀中磁化线圈的电流大小，改变液压比例阀的位置，以此产生最佳的阻尼力。在正常行驶状态，伺服阀两侧 A 室与 B 室的反馈油压平衡，伺服阀处于主油路与液压缸相通的位置，控制车体的振动。当路面不平使悬架处于压缩行程时，悬架液压缸内压力上升，通过比例阀的调节使伺服阀 B 室反馈压力超过 A 室压力，推动滑腔向左侧移动，液压缸与回油通道接通，排出机油，阻尼下降，从而车轮振动被吸收而衰减。在悬架伸张行程，液压缸内的压力下降，比例阀的调节使滑阀右移，主油路与液压缸接通，来自系统的压力油又进入液压缸，增大系统的阻尼力。

油气弹簧式主动悬架具有良好的响应性与较大的控制力，但消耗能量大、重量重。现在也多采用空气式主动悬架。它一般由一组传感器、ECU、空气悬架和高度控制器组成。高度控制器按照 ECU 的控制信号完成开闭动作，以改变空气悬架的充气量，及时改变悬架的刚度、阻尼系数和车身高度，以确保汽车行驶过程中的操作稳定性和乘坐舒适性。

主动悬架按其控制功能，可分为车速与路面感应控制、车身姿态控制和车身高度控制。

（1）车速与路面感应控制。在这种控制中，悬架的刚度与阻尼有两种控制模式，即"软"模式与"标准"模式，每种模式中又按刚度与阻尼的大小依次有低、中、高三种状态。使用何种模式一般是根据路面情况通过选择开关由手动决定。模式一经确定，就由 ECU 对悬架的刚度和阻尼进行控制，在三种状态间自动进行调节，使车身维持在可能的最佳状态。

通常车速路面感应控制又可分为高速感应控制、前后车轮相关控制和坏路面控制三种控制功能。

1）车速感应控制：在车速很高时，控制器输出的控制信号，使悬架的刚度和阻尼相应增大，以提高汽车高速行驶时的操纵稳定性。

2）前后轮相关控制：当汽车前轮在遇到路面接缝等单个的突起时，控制器输出控制信号，相应减小后轮悬架的刚度和阻尼，以减小车身的振动和冲击。

3）坏路面感应控制：当汽车进入坏路面行驶时，为抑制车身产生大的振动，控制器输出控制信号，相应增大悬架的刚度和阻尼。

车速与路面感应控制的逻辑关系见表 12-1。

表 12-1　　　　　　　　　　车速与路面感应控制逻辑关系

控制功能	汽车行驶工况	悬架的刚度与阻尼					
		"软"模式			"标准"模式		
		低	中	高	低	中	高
高速感应控制	车速≥100km/h	△→△			△		
前后轮相关控制	30km/h≤车速≤80km/h，车高在 0.03s 内急剧变化	△			△←△		
坏路面感应控制	40km/h≤车速≤100km/h，车高在 0.5s 内大幅度变化	△→△			△		
	车速>100km/h，车高在 0.5s 内多次大幅度变化	△→ △ △→△			△→△		

（2）车身姿态控制。车身姿态控制是从驾驶员的操作中来预测车身姿态的变化，使悬

架的刚度、阻尼暂时处于刚性较大的状态，以减少车辆姿态变化。车身姿态控制包括：抑制转向时车身侧倾、制动车身点头、起步车身俯仰以及换挡或坏路面上行驶时的纵向摆动或跳动。

1) 转向车身侧倾控制：急转弯时，应增大悬架的刚度和阻尼，以抑制车身的侧倾。

2) 制动车身点头控制：在汽车紧急制动时，应增大悬架的刚度和阻尼，以抑制车身的点头。

3) 起步车身俯仰控制：在突然起步或突然加速时，也应增加悬架的刚度和阻尼，以抑制车身的俯仰。

车身姿态控制的逻辑关系见表 12-2。

表 12-2 车身姿态控制逻辑关系

控制功能	汽车行驶工况	悬架的刚度与阻尼				
		"软"模式			"标准"模式	
		低	中	高	低 中 高	
控制侧倾	急打转向盘	△→△			△→△	
		△→		△		
抑制点头	车速≥60km/h 时制动	△→△			△→△	
		△		△		
抑制俯仰	车速≤20km/h 时猛加速	△→△			△→△	
		△	→△			

（3）车身高度控制。高度控制是控制器在汽车行驶车速和路面变化时，控制器对悬架输出控制信号，调整车身的高度，以确保汽车行驶的稳定性和通过性。车身高度控制也分"标准"模式和"高"模式两种情况，在每种模式中又分"低"、"中"、"高"三种状态。

控制方式包括高速感应控制连续坏路面行驶控制和驻车控制。车身模式一旦选定，通常状态下，车身的高度不受乘员和装载质量变化的影响，在 ECU 控制下保持在所选定模式的经常状态高度。当汽车在高速行驶或在颠簸路面行驶时，车身高度则由 ECU 在低、中、高三种状态之间调节，使汽车经常稳定在最佳行驶状态。当汽车处于驻车控制模式时，为了使车身外观平衡，保持良好的驻车姿势，当点火开关关闭后，ECU 即发出指令，使车身高度处于常规值模式的低控制模式。

车身高度控制逻辑关系见表 12-3。

表 12-3 车身高度控制逻辑关系

控制功能	汽车行驶工况	悬架的刚度与阻尼					
		"软"模式			"硬"模式		
		低	中	高	低	中	高
高速感应控制	车速≥90km/h	△←△			△←△		
连续坏路面控制	车速 40～90km/h，车高持续 2.5s 以上大幅度变化	△→△				△	
	车速≥90km/h，车高持续 2.5s 以上大幅度变化		△		△←△		
驻车控制	车速＝0	△			△		

第二节　车　　架

车架的功用是支承连接汽车的各零部件，并承受来自车内外的各种载荷。目前，汽车车架的结构形式基本上有四种：边梁式车架、中梁式车架（或称脊骨式车架）、综合式车架和无梁式车架。

一、边梁式车架

边梁式车架由两根位于两边的纵梁和若干根横梁组成，用铆接法或焊接法将纵梁与横梁连接成坚固的刚性构架（图 12 - 20）。

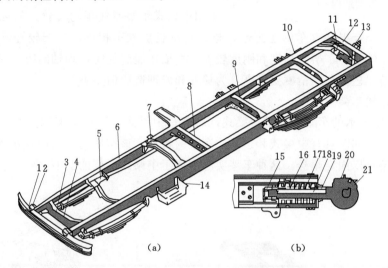

图 12 - 20　东风 EQ1090E 型汽车车架

(a) 车架总成；(b) 拖钩部件

1—保险杠；2—挂钩；3—前横梁；4—发动机前悬置横梁；5—发动机后悬置右（左）支架和横梁；
6—纵梁；7—驾驶室后悬置横梁；8—第四横梁；9—后钢板弹簧前支架横梁；10—后钢板
弹簧后支架横梁；11—角撑横梁组件；12—后横梁；13—拖钩部件；14—蓄电池拖架；
15—螺母；16、18—衬套；17—弹簧；19—拖钩；20—锁块；21—锁扣

纵梁通常用低合金钢板冲压而成，断面形状一般为槽形，也有的做成 Z 字形或箱形断面。根据汽车形式不同和结构布置的要求，纵梁可以在水平面内或纵向平面内做成弯曲的，以及断面或非等断面的。纵梁的形式繁多，有前窄后宽结构、前宽后窄结构和前后等宽结构，还有平行式结构和弯曲式结构等。

横梁不仅用来保证车架的扭转刚度和承受纵向载荷，而且还可以支承汽车上的主要部件。通常载货车有 5～6 根横梁，有时会更多。边梁式车架的结构特点是便于安装驾驶室、车厢及一些特种装备和布置其他总成，有利于改装变型车和发展多品种汽车，因此被广泛用在载货汽车和大多数的特种汽车上。载货汽车和部分大型客车的车架后端一般装有拖钩。大多数拖钩通过螺旋弹簧与车架横梁弹性相连，并用加强梁和角撑加固。拖钩可以在车架平面内绕轴销摆动，其上装有防脱装置，牵引时拖钩具有缓冲、转向和防脱作用。

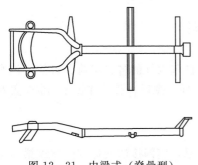

图 12-21 中梁式（脊骨型）
车架结构

二、中梁式车架

中梁式车架只有一根位于中央贯穿前后的纵梁，也称为脊骨式车架，如图 12-21 所示。中梁的断面可以做成管形或箱形。中梁的前端做成伸出支架用以固定发动机，而主减速器壳通常固定在中梁的尾端，形成断开式后驱动桥。中梁上悬伸的拖架用以支撑汽车车身和安装其他机件。这种结构的车架有较大的扭转刚度，使车轮有较大的运动空间，因此被采用在某些轿车和货车上。

采用中梁式车架能使车轮有较大的运动空间，便于采用独立悬架，提高汽车的越野性；与同吨位载货汽车相比，车架较轻，同时重心较低，行驶稳定性好；车架的强度和刚度较大；脊梁还能起封闭传动轴的防尘套作用。但这种车架的制造工艺复杂，精度要求高，为保养和修理造成诸多不便。

三、综合式车架

图 12-22 所示的车架前部是边梁式，后部是中梁式，这种车架称为综合式车架，也称为 式车架。它同时具有中梁式和边梁式车架的特点。该车架的边梁用以安装发动机，悬伸出来的支架可以固定车身。这种车架实际上属于中梁式车架的变型。

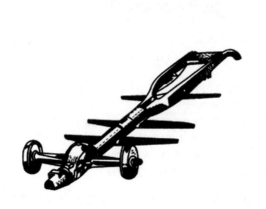

图 12-22 综合式车架

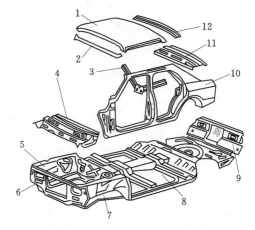

图 12-23 承载式轿车车身壳体零件分解图
1—顶盖；2—前风窗框上部；3—加强撑；4—前围外板；
5—前挡泥板；6—散热器框架；7—底板前纵梁；
8—底板部件；9—行李箱后板；10—侧门框
部件；11—后围板；12—后风窗框上部

四、无梁式车架

无梁式车架是以车身兼代车架，如图 12-23 所示。车身底板用纵梁和横梁进行加固，所有部件固定在车身上，所有的力也由车身来承受，所以这种车身称为承载式车身。这种结构的车身刚度较好、质量较小，但制造要求较高。目前，大多数轿车都是采用承载式车身，如上海桑塔纳轿车、一汽大众的捷达和奥迪 100 以及一汽的红旗 CA7220 型轿车等，车身均为这种结构形式。

第三节 车 桥

车桥（也称车轴）通过悬架和车架（或承载式车身）相连，它的两端安装车轮，车架所承受的垂直载荷通过悬架和车桥传到车轮，车轮上的滚动阻力、驱动力、制动力和侧向力及其弯矩、扭矩又通过车桥传递给悬架和车架。即车桥的功用是传递车架与车轮之间的各向作用力及其所产生的弯矩和扭矩。

根据悬架结构的不同，车桥分为整体式和断开式两种。整体式车桥是刚性的实心或空心梁，它与非独立悬架配用。断开式车桥为活动关节式结构，它与独立悬架配用。

根据车桥上车轮的作用不同，车桥又可分为转向桥、驱动桥、转向驱动桥和支持桥四种类中，其中转向桥和支持桥都属于从动桥。一般汽车多以前桥为转向桥，后桥为驱动桥。有些现代轿车和越野汽车的前桥则为转向驱动桥，还有单桥驱动的三轴汽车（6×2汽车）的中桥（或后桥）为驱动桥，则后桥（或中桥）为支持。

驱动桥在传动系统中已介绍，支持桥除不能转向外，其他功能和结构与转向桥基本相同。故本节主要介绍转向桥和转向驱动桥。

一、转向桥

转向桥是利用车桥中的转向节使车轮可以偏转一定角度，以实现汽车的转向。它除承受荷外，还承受纵向力和侧向力及这些力造成的力矩。转向桥通常位于汽车前部，因此为前桥。

各类车型的整体式转向桥结构基本相同，它主要由前轴、转向节和轮毂等三部分组成（图 12-24）。

1. 前轴

前轴是转向桥的主体，通常用碳钢经模锻和热处理而制成。其断面是工字形，其两端向上翘起呈拳形，并有上下相通的圆孔，主销插入孔内，将前轴与转向节连接起来。

2. 转向节

转向节是车轮转向的铰链，它是一个叉形件，上下两叉有安装主销的两个同轴孔，转向节轴颈用来安装车轮。转向节上销孔的两耳通过主销与前轴两端的拳形部分相连，使前轮可以绕主销偏转一定角度而使汽车转向。

3. 主销

主销的作用是铰接前轴与转向节，使转向节绕着主销摆动，以实现车轮的转向。

二、转向驱动桥

在很多轿车和全轮驱动的越野汽车上，前桥除作为转向桥外，还兼起驱动桥作用，故称为转向驱动桥（图 12-25），它与单功能的驱动桥或转向桥的不同之处是：由于转向时转向车轮需要绕主销偏转一个角度，故与转向轮相连的半轴必须分成内外两段，其间用等角速万向节连接，主销也分成上下两段，分别固定在万向节的球形支座上。转向节轴做成中空的，以便半轴穿过其中。转向节的连接叉是球状壳体，套装在万向节球形支座的主销上。上述结构既能满足转向的需要，又实现了转矩传递功能。因此，广泛应用于发动机前

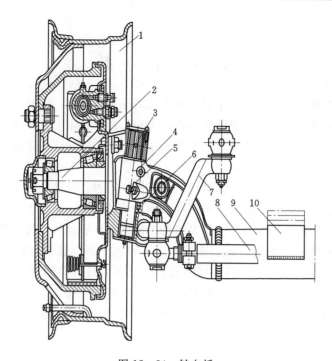

图 12-24 转向桥

1—轮毂；2—转向节；3—主销；4—前轴拳形部分；5—车轮转角限位螺钉；
6—止推轴承；7—直拉杆臂；8—横拉杆；9—前轴；10—钢板弹簧支座

置前驱的轿车和四轮驱动的越野汽车上。

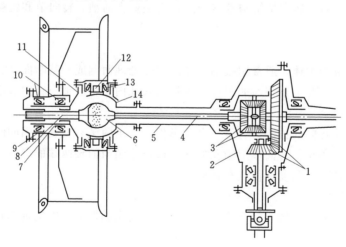

图 12-25 转向驱动桥

1—主减速器；2—主减速器壳体；3—差速器；4—内半轴；5—半轴套管；
6—万向节；7—转向节轴；8—外半轴；9—轮毂；10—轮毂轴承；
11—转向节壳体；12—主销；13—主销轴承；14—球形支座

三、四轮定位

转向桥在保证汽车转向功能的同时，还应满足操纵稳定性的要求，即转向轮在遇外力作用发生偏转时，一旦作用的外力消失，应能立即自动回到原来直线行驶的位置。这种自动回正作用是由转向轮的定位参数来保证的。转向轮的定位参数有主销后倾角、主销内倾角、前轮外倾角和前轮前束。后轮的定位参数有后轮外倾角和后轮前束。

1. 主销后倾角

在汽车的纵向平面内，主销上部有向后倾斜的现象叫主销后倾。主销轴线和地面垂直线在汽车纵向平面内的夹角 γ 叫主销后倾角，如图 12－26 所示。

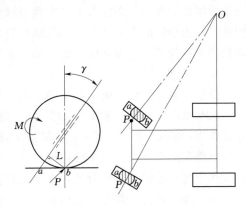

主销具有后倾角 γ 时，主销轴线的延长线与路面的交点 a 位于轮胎与地面接触点 b 的前面。当前轮偏转而汽车绕一转向轴线 O 转向时，在前轮上就作用有一个使汽车转向的侧向力 P，此力作用在轮胎支承面的中心 b。如果转向节主销后倾，其轴线与地面的交点 a，将位于 b 点的前方，这样，侧向力 P 将对 a 点产生一个回正力矩 $M = PL$，其方向与车轮偏转方向相反，驱使前轮回到居中位置。前轮的这种自动回正作用，有利于保持汽车直线行驶的稳定性。因此，当汽车在行驶中若遇到较小的侧向力，前轮会在回正力矩的作用下面自动回正。

图 12－26　转向节主销后倾

车速越高，则 P 值越大；后倾角越大，则 L 值越大，前轮的稳定效应也越强，特别是在高速和大转弯时，其作用尤为突出。但主销后倾角并不是越大越好，过大会造成转向沉重。一般汽车的转向节主销后倾角为 $\gamma = 0° \sim 3°$。

主销后倾角的获得一般是前轴、钢板弹簧和车架三者装配在一起时，由于钢板弹簧前高后低，使前轴向后倾斜而形成。由此可知，车架变形、钢板弹簧疲劳、转向节松旷、车桥扭转变形等均将使主销后倾角发生变化。

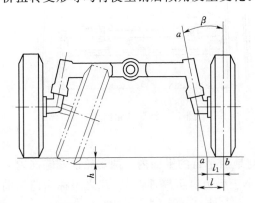

图 12－27　转向节主销内倾

2. 主销内倾角

在汽车的横向平面内主销上部向内倾斜的现象叫主销内倾。主销轴线与地面垂直线在汽车横向平面内的夹角 β 称为主销内倾角，如图 12－27 所示。

主销内倾角 β 也有使车轮自动回正的作用，当转向轮在外力作用下由中间位置偏转一个角度（如图中双点画线所示位置），理论上车轮的最低点将陷入路面以下 h 距离。但实际上这是不可能的，而是将转向车轮连同整个汽车前部向上抬起一个相应的高度。此时汽车本身的重力将使转向轮回到原来的中间位置。

主销内倾还使主销轴线与路面交点到车轮中心平面与地面交线的距离减小，这可减少转向时加在转向盘上的力，使转向操纵轻便，同时减小从转向轮传到转向盘上的冲击力。

但 l_1 值也不宜过小，即主销内倾角不宜过大，否则在车轮绕主销偏转的转向过程中，轮胎与路面间将产生较大的滑动，轮胎与路面间的摩擦阻力将增大。造成转向沉重，轮胎磨损加剧。一般内倾角 β 不大于 $8°$，距离 l_1 一般为 $40\sim60\text{mm}$。

主销内倾角是在前梁设计中保证的。机械加工时，将前梁两端主销孔轴线上端向内倾斜就形成内倾角 β。

如前所述，主销后倾和主销内倾都有使汽车转向自动回正，保持直线行驶的作用。但主销后倾角的作用与车速有关，主销内倾角的作用几乎与车速无关。因此，高速时主销后倾角的回正作用居主导地位，而低速时则主要靠内倾起回正作用。此外，汽车直线行驶时前轮偶尔遇到冲击而偏转时，也主要靠主销内倾起回正作用。

3. 前轮外倾角

前轮安装在车桥上时，其旋转平面上方略向外倾斜的现象称为前轮外倾。通过车轮中心的汽车横向平面与车轮平面的交线与地面垂线之间的夹角 α 称为前轮外倾角，α 也具有一定位作用，如图 12-28 所示。如果空车时车轮的安装正好垂直于路面，则满载时，车桥将因承载变形而可能出现车轮内倾，这将加速汽车轮胎的偏磨损。另外，路面对车轮的垂直反作用力沿轮毂的轴向分力，将使轮毂压向轮毂外端的小轴承，加重了外端小轴承及轮毂紧固螺母的负荷，降低了它们的使用寿命。因此，为了使轮胎磨损均匀和减轻轮毂外轴承的负荷，安装车轮时应使车轮有一定的外倾角，以防止车轮内倾。同时，车轮有了外倾角也可以与拱形路面相适应。但是，外倾角也不宜过大，否则会使轮胎产生偏磨损。

前轮的外倾角是在设计转向节时确定的。设计时使转向节轴颈的轴线与水平面成一角度而获得（一般 α 为 $1°$ 左右）。

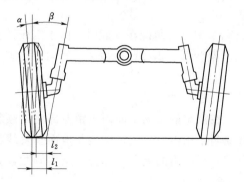

图 12-28　前轮外倾

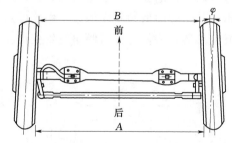

图 12-29　前轮前束

4. 前轮前束

汽车两个前轮安装后，在通过车轮轴线而与地面平行的平面内，两车轮前端略向内束的现象称为前轮前束。左右两轮前边缘距离 B 小于后边缘距离 A，$A-B$ 之差称为前轮前束值，如图 12-29 所示。

前轮前束是为了消除车轮外倾带来的不良影响。因前轮外倾，在滚动时将导致两侧车轮向外滚开。由于转向横拉杆和车桥的约束使车轮不可能向外滚开，车轮将在地面上出现边滚边滑的现象，从而增加了轮胎的磨损。当两车轮具有前束时，两车轮向前滚动时会产生向内侧的滑动。这样前束引起的滑动可以抵消外倾引起的滑动，从而基本保证两前轮无滑动的向前运动。

前轮前束可通过改变横拉杆的长度来调整。检查调整时可根据规定的测量位置和测量方法使两前轮的前后距离之差符合要求。

5. 后轮的外倾角和前束

随着道路条件的改善，现代轿车的行驶速度愈来愈高，对前轮驱动汽车和独立后悬架汽车，如果后轮定位不当，即使前轮定位良好，仍然会有不良的操纵性和轮胎早期磨损。后轮定位的内容主要包括后轮外倾与后轮前束。其作用与原理与前轮定位相同，目的是为了实现车轮与路面间的纯滚动，使前后轮胎行驶轨迹重合，提高高速行驶的操纵稳定性。

第四节　车轮与轮胎

一、车轮

车轮介于轮胎和车桥之间承受负荷的旋转件，通常由轮毂、轮辋和轮辐三部分组成，如图12-30所示。轮毂通过圆锥滚子轴承装在半轴套管或转向节轴颈上，轮辋用来安装和支承轮胎，轮辐用来连接轮毂和轮辋。轮辋和轮辐可以是整体式的、永久连接式的或可卸式的。

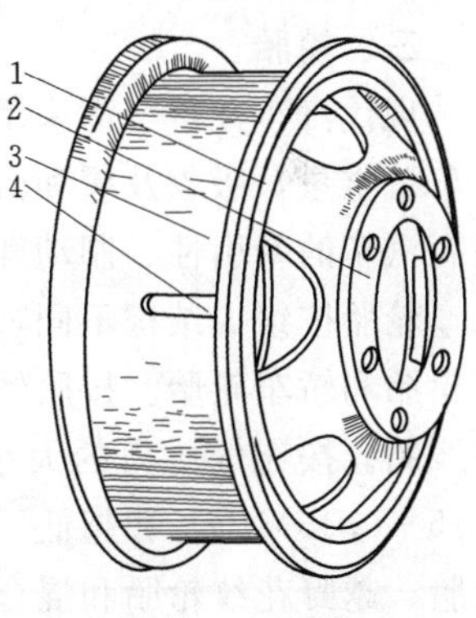

图12-30　辐板式车轮
1—挡圈；2—辐板；3—轮辋；
4—气门嘴孔

二、轮辋类型

轮辋按其断面结构型式可分为深槽轮辋、平底轮辋、对开式轮辋。

1. 深槽轮辋

深槽轮辋如图12-31（a）所示，它多用在小轿车及轻型越野车上。这种轮辋一般采用钢板冲压成形的整体结构，有带肩的凸缘，用以安放外胎的胎圈，凸缘倾斜角一般是5°±1°，便于外胎拆装。深槽轮辋结构简单、刚度大、重量较轻，对于小尺寸弹性较大的轮胎最适宜。但对于轮胎尺寸较大、胎圈较硬的轮胎，则不易装入这种整体式轮辋内。

2. 平底轮辋

平底轮辋如图12-31（b）所示。挡圈1是整体的，而用开口弹性锁圈2来防止挡圈脱出。安装轮胎时，先将轮胎套在轮辋上，然后套上挡圈，并将它向内推，直到越过轮辋上的环形槽，再将开口的弹性锁圈嵌入环形槽中。拆卸时，先将内胎放气，然后使外胎向里移动，用撬胎棒撬下锁圈2，取下挡圈1后即可拆下轮胎。东风、解放等载重车车轮，均采用这种形式的轮辋。

3. 对开式轮辋

对开式轮辋也称为对拆平底式轮辋，如图12-31（c）所示。轮辋由内外两部分组成。两部分轮辋可以是等宽度，也可以是不等宽度，靠螺栓固紧在一起。拆卸轮胎时，拆卸螺母即可。图12-31（c）所示挡圈3是可拆的。有的无挡圈，而由与内轮辋制成一体的轮缘代替挡圈的作用，内轮辋与辐板焊接在一起。

近年来，为了适应提高轮胎负荷能力的需要，开始采用宽轮辋。试验表明，宽轮辋可以提高轮胎的使用寿命，并可以改善汽车的通过性和行驶稳定性。

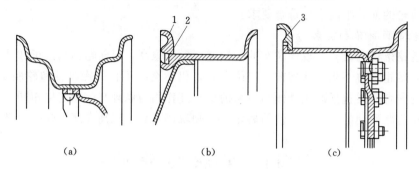

(a)　　　　　　　　(b)　　　　　　　　(c)

图 12-31　轮辋断面型式

(a) 深槽轮辋；(b) 平式轮辋；(c) 对开式轮辋

1、3—挡圈；2—锁圈

三、轮胎

现代汽车几乎全部采用充气轮胎。它安装在轮辋上，直接与路面接触，其功用是支承汽车总重量，吸收及缓和由路面传来的冲击和振动，保证车轮与路面有良好的附着性，以提高汽车的牵引性、制动性和通过性。

轮胎按组成结构不同，可分为有内胎轮胎和无内胎轮胎。按用途不同，可分为载货汽车轮胎和轿车轮胎。按胎体中帘线排列的方向不同，可分为普通斜交胎、带束斜交胎和子午线胎。按充气压力的大小，可分为高压胎（气压为 0.5～0.7MPa）、低压胎（气压为 0.15～0.45MPa）和超低压胎（气压低于 0.15MPa）。按胎面花纹的不同可分为普通花纹轮胎、越野花纹轮胎和混合花纹轮胎。

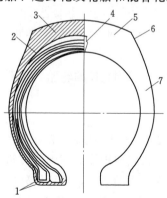

图 12-32　外胎的结构

1—胎圈；2—缓冲层；3—胎面；
4—帘布层；5—胎冠；6—胎肩；7—胎侧

目前，普通斜交胎和子午线胎在汽车广泛应用，特别是子午线胎的应用最为广泛。

帘布层和缓冲层各相邻层帘线交叉，各帘布层与胎冠中心线呈小于 35°～40°角排列的充气轮胎，称为普通斜交胎。图 12-32 所示为有内胎的普通斜交胎构造。

外胎由胎冠 5、帘布层 4、缓冲层 2 及胎圈 1 组成。帘布层是外胎的骨架，用以保持外胎的形状和尺寸，通常由成双数的多层挂胶布（帘布）用橡胶贴合而成。帘布的帘线与轮胎子午断面的交角（胎冠角）一般为 52°～54°，相邻层帘线相交排列。帘布层数越多，强度越大，但弹性降低。在外胎表面上注有帘布层数。

图 12-33（b）所示子午线胎帘布层帘线排列方向与轮胎子午断面一致（即与胎面中心线成 90°），各层帘线彼此不相交。帘线这种排列使其强度被充分利用，故它的帘布层数比普通轮胎可减少近一半。使轮胎重量减轻，胎体较柔软。带束层通常采用很小的织物帘布（玻璃纤维、聚酰胺纤维等高强度材料）或钢丝帘布制造。带束层像钢丝带一样，紧紧镶在胎体上，极大地提

高了胎面的刚性、驱动性及耐磨性。

　　无内胎充气轮胎近年来在轿车和一些载货车上的使用日益广泛。它没有内胎，空气直接压入外胎中，因此要求外胎和轮辋之间有很好的密封性。

　　无内胎轮胎在外观和结构上与有内胎轮胎近似，所不同的是无内胎轮胎的外胎内壁上附加了一层厚约 2～3mm 的专门用来封气的橡胶密封层（图 12－34）。它是用硫化的方法黏附上去的。在密封层正对着胎面的下面贴着一层用未硫化橡胶的特殊混合物制成的自黏层。当轮胎穿孔时，自黏层能自行将刺穿的孔黏合，故又名自黏层的无内胎轮胎。

　　充气式轮胎尺寸代号如图 12－35 所示：

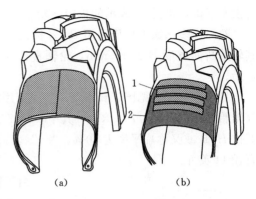

图 12－33　帘布层和缓冲层帘线的排列
（a）普通斜线外胎；（b）子午线轮胎
1—帘布层；2—缓冲层

D 为轮胎外径，d 为轮胎内径，H 为轮胎断面高度，B 为轮胎断面宽度。目前，充气轮胎一般习惯用英制计量单位表示，但欧洲国家则常用米制表示法。个别国家也有用字母作代号来表示轮胎的规格尺寸。

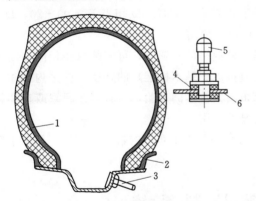

图 12－34　无内胎轮胎
1—硫化橡胶密封层；2—胎圈橡胶密封层；3—气门嘴；
4—橡胶密封垫；5—气门嘴帽；6—轮辋

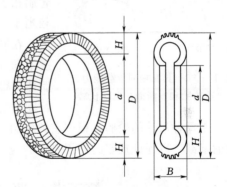

图 12－35　轮胎尺寸标记
D—轮胎外径；d—轮辋的直径；
B—断面宽度；H—断面高度

　　我国轮胎规格标记也采用英制计量单位。高压胎用 $D \times B$ 表示，D 为轮胎名义外径，B 为轮胎断面宽度，单位均为英寸，"$\times$"表示高压胎（汽车上很少采用）。

　　低压胎用 $B-d$ 表示，B 为轮胎断面宽度，d 为轮辋直径，单位均为英寸，"—"为低压胎。例如，东风 EQ1141G 型汽车轮胎标记为 10.0R—20，表示轮胎断面宽度 10 英寸，轮辋直径 20 英寸的子午线轮胎（用"R"表示）。

　　随着轮胎工业的发展和新型轮胎帘线材料的出现，又有新的补充表示方法。如国内曾以汉语拼音第一个字母来区别各种纤维材料轮胎，如"M"表示棉帘线轮胎，"R"表示人造丝帘线轮胎，"N"表示尼龙帘线轮胎，"G"表示钢丝线普通轮胎，"Z"表示子午线结构轮胎。这些字母写在轮胎尺寸标记的后面,如 9.00-20ZG 表示钢丝子午线轮胎。有时没有字母,也是 M 表示的棉帘线轮胎。

欧洲许多国家的低压胎用 $B\times d$ 标记,尺寸单位用 mm。例如,185×400 轮胎,表示其轮胎断面宽度 B 为 185mm,轮辋直径 d 为 400mm。这种规格的轮胎相当于 7.50-16 轮胎。

目前,美国、德国、日本等一些国家用如下的表示方法,如德国的奥迪轿车无内胎充气轮胎的标记:185/70-R14,其中,"185"表示轮胎宽度 185mm,"70"表示轮胎的高宽比 H/B 或又称扁平率为 70%,"-"表示低压胎,"R"为子午线轮胎,"14"表示轮辋直径 14 英寸。

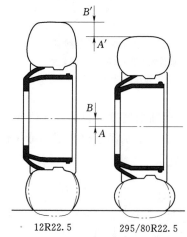

12R22.5　　295/80R22.5

图 12-36　具有相同承载能力的普通轮胎和宽断面轮胎之比较

由于宽断面轮胎具有断面宽、接地面积大、接地比压小、磨损小、滚动阻力低以及抗侧滑能力强的优点,在相同的承载能力下,其直径可以减小。如图 12-36 所示,扁平率为 80% 的宽断面轮胎,车轮中心下降了 B、A 之差,从而降低了整车重心,提高了汽车的行驶稳定型,因而在高速轿车上广泛采用。

法国钢丝轮胎的表示方法是字母代号和数字的混合,例如,$A-20$ 轮胎就相当于 7.50-20 轮胎,$B-20$ 轮胎相当于 8.25-20,$C-20$ 相当于 9.00-20,$D-20$ 相当于 10.00-20 等。

在同一种规格的轮辋上,可安装内径相同而断面高度不同(但接近于基本标准)的外胎,或是内径相同但胎体的帘布层数较多的外胎,后者多在超载或在坏路上行驶的情况下采用。

对于每种尺寸的轮胎,根据它的内胎压力和外胎中帘布层的数目,制造厂提供了容许载荷的限额,以保证规定的使用寿命。

第五节　巡航控制系统

一、简介

1. 作用

汽车巡航控制系统(CRUISE CONTROL SYSTEM,缩写为 CCS),又称为恒速行驶系统或定速控制系统,能自动调节节气门开度,使车辆按设定的速度行驶。在高速公路上以巡航车速行驶时,巡航控制系统将根据行车阻力的变化自动增减节气门开度,而驾驶员无须频繁踩油门踏板,即可保证汽车以设定车速行驶。从而大大减轻了驾驶员的疲劳强度,由于油门踏板人为变动少,进而改善了汽车的燃料经济性和发动机的排放性能。

2. 优点

巡航系统的优点主要有:

(1)提高汽车行驶时的舒适性。随着高速公路的发展,汽车已经成为长距离运行的主要交通工具，在高速公路上长时间高速行使时，巡航系统可以大大减轻驾驶员的负担，使驾驶更为轻松。

（2）节省燃料，具有一定的经济性和环保性。运行该系统后，可使汽车燃料的供给与发动机功率之间处于最佳的配合状态，并减少废气的排放。

（3）保持车速的稳定。在汽车行驶的过程中，可以保持其速度的恒定不变。

二、电子巡航控制系统的构成

图12-37为汽车电子巡航控制系统的结构组成示意图。电子巡航控制系统主要由操纵开关、车速传感器、电子控制器和油门执行器四部分组成。各种开关和计算机被配置在驾驶室内；执行元件、真空泵则配置在发动机室内，执行元件的控制线缆与加速踏板相连接。

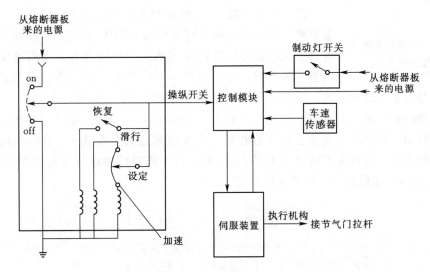

图12-37 电子巡航控制系统的构成

1. 操作开关

操作开关主要用于巡航车速设置，车速重置或取消，包括主开关、控制开关和退出巡航控制开关。

（1）主开关。主开关是巡航系统的电源开关，只有在发动机工作时接合电源才能实现巡航系统电源接合。发动机停转断电，巡航系统电源也自然切断。

（2）控制开关。手柄式控制开关有五个功能：设置（SET）、减速（COAST）、重置（RES）、加速（ACC）和取消（CANCEL）。如图12-38所示，将设置与减速（SET/COAST）合用一个开关，重置与加速（RES/ACC）合用另一开关，按图12-38指示方向进行操作。主开关在中间位置为按键式，按图上A的指向操作。取消开关（CANCEL），沿D向操作。重置与加速开关（RES/ACC）沿B向操作；设置与减速开关（SET/COAST）沿C向操作。每个开关均为操作接通，松开关断的自动回位开关。

（3）退出巡航开关。退出巡航开关包括取消开关、停车灯开关、驻车制动开关、离合器开关和空挡启动开关。任何一开关接通，巡航控制自动取消。注意在巡航控制取消的瞬间，只要当时车速高于35km/h，此车速会记录于巡航控制的ECU中，按通设置（SET）

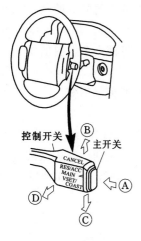

图 12 - 38 巡航系统的
操作开关

时，就默认为按已记录在 ECU 的车速作为巡航车速。

2．传感器

（1）车速传感器。车速传感器装于变速器输出轴端，由输出轴齿轮传动，用来提供与汽车实际车速成比例的交变振荡脉冲信号。车速传感器类型有磁脉冲式、霍尔式、光电式、磁阻式等，该传感器与发动机电控系统共用。

（2）气门位置传感器。节气门位置传感器给巡航控制 ECU 提供一个与节气门位置成正比的电信号，该传感器与发动机电控系统共用。

3．巡航控制系统 ECU

巡航控制系统 ECU 由处理器芯片、A/D、D/A、IC 及输出重置驱动和保护电路等模块组成，ECU 接收来自车速传感器和各种开关的信号，按照存储的程序进行处理。当车速偏离设定的巡航车速时，给执行器一个电信号，控制执行器的动作，使实际车速与设定车速相一致。图 12 - 39 是巡航控制系统 ECU 方框图。

汽车在巡航控制状态时，一般当车速低于 40km/h 时，ECU 将取消巡航控制，这样使汽车在制动、转弯时，巡航控制不起作用。当车速超过设定车速 6～8km/h 时，ECU 将巡航控制取消；当汽车的减速度大于 2m/s 时，以及汽车的制动灯开关动作等情况时，ECU 也自动取消巡航控制，以确保行车安全。

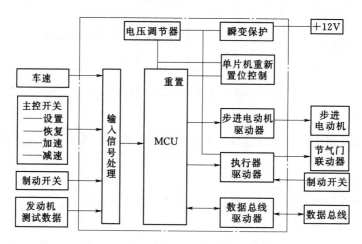

图 12 - 39 巡航控制系统 ECU 方框图

4．执行器

执行器是将 ECU 送来的信号转变为节气门开度调节机械动作的器件。通常有真空驱动式和电动机驱动式两种。

（1）真空驱动式执行器。真空驱动式执行器的工作原理如图 12 - 40 所示。执行器活塞经连杆与节气门拉杆相连，活塞受真空作用向前克服节气门回位弹簧拉力，使节气门开度加大，活塞前端的真空度由快速通断的控制阀调节。当 ECU 给执行器一个加大真空度脉冲,控制阀电磁线圈为高电压,电磁力克服控制阀弹簧阻力而开启,反之控制阀关闭。控制阀的通电情况由ECU对其占空比进行调节,占空比越大,阀口打开的时间越长,空气室空气量越小,真空度越大,节气门在真空作用下的开度也越大。

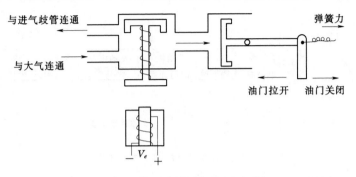

图 12-40　真空驱动式执行器的工作原理

(2) 电动机驱动式执行器。电动机驱动式执行器利用电动机经蜗轮减速器和离合器啮合,而离合器输出齿轮又与控制臂轴上的扇形齿啮合,借此传动驱动控制臂转动从而拉动相连的节气门拉线,实现节气门开度控制。为防止节气门全开或全关时,电动机仍通电过载而损坏,在电动机线路上设限位开关。电动机按巡航控制ECU信号进行节气门开度调节,任一个取消开关起作用,立刻将电磁离合器分离,ECU无法再调节节气门。电动机驱动式执行机构简图如图12-41所示。

三、巡航控制系统的工作原理

如图12-42所示,控制器有两个信号输入,一个是驾驶员按要求设定的指令速度信号,一个是实际行车中车速的反馈信号。ECU检测这两个输入信号间的误差后,输出一个节气门的开度控制信号,从而使节气门执行器根据节气门控制信号来调节发动机节气门的开度,以修正电子式控制装置所检测到的误差,从而使车速保持恒定。实际车速由车速传感器测得,并将它转换成与车速成正比的电信号反馈至电子控制装置。实际车速与设定车速信号的误差始终都存在,并且保持在一定的范

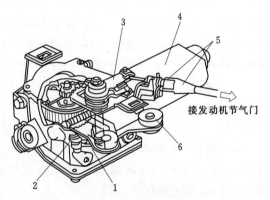

图 12-41　电动机驱动式执行器
1—外壳;2—电位计;3—控制臂;4—电动机;
5—钢索;6—支架

围之内。因为它们的误差值一旦为0时,行驶阻力的微小变化,都会使得油门的开度得到变化,从而产生"游车"的现象。

电子巡航控制系统的控制内容很多,归纳起来,主要有以下控制功能。

(1) 匀速控制功能。当主开关接通,车辆在巡航控制车速范围(约40~200km/h)内行驶时,若SET/COAST开关接通后松开,巡航控制ECU将此车速存储于ECU存储器内,并使车辆保持这个速度行驶。ECU将实际车速与设定车速进行比较,若车速高于

设定车速，控制执行器将节气门适当关小；若车速低于设定车速，控制执行器将节气门适当开大。

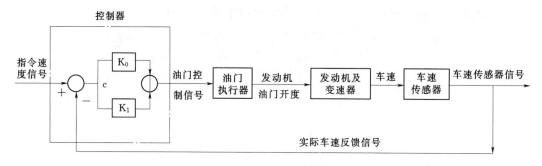

图 12-42　电子巡航控制系统的工作框图

（2）车速限制控制功能。车速下限是巡航控制所能设定的最低车速，约为 40km/h，巡航控制不能低于这个速度。当车辆以巡航控制模式行驶时，若车速降至 40km/h 以下，巡航控制就会自动取消，设置在存储器内的车速也被清除。车速上限是巡航控制所能设定的最高车速，约为 200km/h，操作 ACC 开关，也不能使车速超过 200km/h。

（3）恢复功能。只要车速没有降至 40km/h 以下，若用任一个取消开关以手动的方法将巡航控制模式取消后，接通 RES/ACC 开关，即可恢复设定车速。车速一旦处于 40km/h 以下，设定车速就不能恢复，因为存储器中的车速已被清除。

（4）手动取消功能。当车辆以巡航控制模式行驶时，如下列信号中任一个传送至巡航控制 ECU，巡航控制就会取消：真空驱动执行器内的释放阀和控制阀同时关断，就会取消巡航控制模式（大气压进入）；电机驱动执行器关断执行器内的电磁离合器，巡航控制模式即取消。

（5）自动取消功能。当车辆以巡航控制模式行驶时，若出现伺服调速电动机或安全电磁阀晶体管驱动电流过大，伺服电动机始终朝节气门打开方向转动时，存储器中设置的车速被清除，安全电磁阀离合器断电，巡航控制方式取消，主控开关同时关闭。

在巡航控制行驶期间，若出现车速下降低于 40km/h，巡航控制系统的电源中断时间超过 5ms，巡航控制也被取消，但存储器中设定的速度尚未取消，巡航控制功能可用 SET 或 RES 开关恢复。

（6）诊断功能。巡航控制系统发生故障，ECU 确定故障并使组合仪表上的指示灯闪烁，以提醒驾驶员；同时，ECU 存储相应的故障代码，故障代码可通过指示灯读取。

第十三章　汽车转向系统

汽车在行驶过程中需要经常改变行驶方向，行驶方向的改变是通过转向轮在路面上偏转一定的角度来实现的。而控制转向轮偏转的一整套机构被称为汽车转向系统。因此，车辆转向系统的功用是保证车辆能按驾驶员的意志而进行转向行驶。

第一节　车辆转向方式与原理

一、车辆转向方式

车辆之所以能够在转向机构的操纵下实现转向，是由于转向动作使地面与行走装置之间的相互作用产生了与转变方向一致的转向力矩，克服阻止车辆转向的阻力矩而实现的。

轮式车辆主要采用偏转车轮的方式实现转向。偏转车轮转向的具体实现方式有四种，如图 13-1 所示。即前轮偏转、后轮偏转、四轮偏转和折腰偏转。

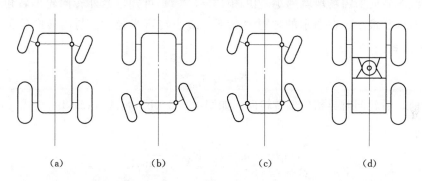

图 13-1　偏转车轮转向的几种型式

（a）前轮偏转；（b）后轮偏转；（c）四轮偏转；（d）折腰偏转

转向系统的具体结构随车辆行走系统的类型、采用的转向方式而不同。

二、汽车转向基本原理

要保证汽车在转向时每个车轮都是纯滚动而不发生侧向滑动，要求车辆在转向时各车轮轴心线应通过同一瞬心轴线，此轴线垂直于地面，其投影点如图 13-2 中 O 点，水平投影车辆转向时车身绕瞬心 O 点转动。所以 O 点称为瞬时转向中心。

由图可见，要实现正确的转向，同时保证两前轮作纯滚动，则要求内侧前轮偏转角 α 比外侧前轮偏转角 β 要大，内、外侧前轮偏转角 α 和 β 的关系为

$$\cot\beta - \cot\alpha = \frac{M}{L} = 常数 \tag{13-1}$$

式中：M 为两转向节立轴与前轮轴心线交点之间距离（轮距）；L 为车辆前后轴距。

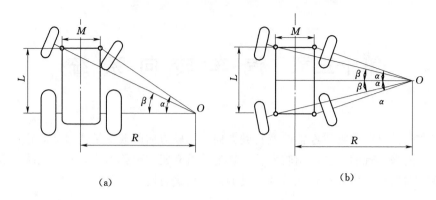

图 13-2　轮式车辆转向过程

(a) 前轮转向；(b) 四轮异相位转向

这样才能保证转向时，车轮轴的轴线都交于一个共同的转向轴线 O，导向轮做纯滚动、无滑移，以减少轮胎的磨损和转向阻力。

上述关系式由转向梯形的几何参数保证。但所有汽车的转向梯形实际上都只能设计得在一定的车轮偏转角范围内，使两侧车轮偏转角的关系大体上接近于理想关系。

由转向中心 O 到外转向轮与地面接触点的距离，称为汽车转弯半径 R。转弯半径 R 越小，则汽车转向所需场地就越小。由图 13-2（a）可知，当外转向轮偏转角达到最大值时，转弯半径最小。在图示的理想情况下，最小转弯半径 R_{min} 与内转向轮最大偏转角 α_{max} 的关系为：

$$R_{min} = \frac{L}{\sin\alpha_{max}} \qquad\qquad (13-2)$$

若为前、后轮同时异相位偏转转向，如图 13-2（b）则式（13-1）与式（13-2）分别为

$$\cot\beta - \cot\alpha = \frac{M}{2L}, R_{min} = \frac{L}{2\sin\alpha_{max}}$$

第二节　轮式车辆转向系统

一、转向系统组成

根据转向操作的主要动力来源不同，转向机构可分为机械转向机构和动力转向机构两大类。机械转向机构是以驾驶员的操纵力为转向动力，通过转向传动机构的机械传动使转向轮偏转。动力转向机构是由驾驶员操纵、大部分或全部操纵力是由发动机驱动的液压系统或电动系统（即转向加力装置）提供。转向机构组成如图 13-3 所示。机械转向系统由转向操纵机构、转向器和转向传动机构三大部分组成。

二、转向操纵机构与转向器

从转向盘到转向传动轴这一系列零部件都属于转向操纵机构。如图 13-4 所示，它包括转向盘、转向柱管、传动轴等。其主要作用是增大转向盘传到转向垂臂的力，并改变力

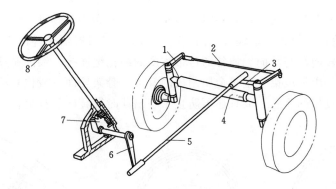

图 13-3　转向机构组成

1—转向节臂；2—横拉杆；3—转向拉杆；4—前轴；5—纵拉杆；

6—转向摇臂；7—转向器；8—方向盘

的传递方向。转向轴上部与转向盘固定连接，下部装有转向器。转向轴与转向器的连接方式，一种是与转向器的输入轴直接连接，另一种是通过万向传动装置间接与转向器的输入轴相连接。

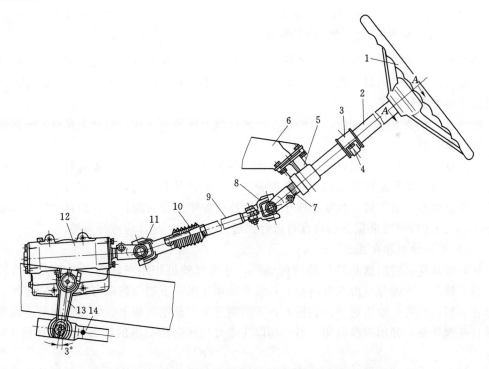

图 13-4　东风 EQ1090E 型汽车转向操纵机构和转向器

1—转向盘；2—转向柱管；3—橡胶垫；4—转向柱管支架；5—转向柱管支座；6—转向操纵机构支架；

7—转向轴限位弹簧；8—上万向节；9—转向传动轴；10—花键防护套；11—下万向节；

12—转向器；13—转向摇臂；14—转向直拉杆

（一）转向盘

转向盘又称方向盘，安装在驾驶室内的左侧。转向盘由轮缘 1、轮辐 2 和轮毂 3（图 13-5）组成。轮辐一般为三根辐条［图 13-5（a）］或四根辐条［图 13-5（b）］，也有用两根辐条的。转向盘与转向轴通常通过带锥度的细花键连接，端部通过螺母轴向压紧固定。转向盘内部是由钢或铝合金等金属制成的骨架。骨架外面一般包有柔软的合成橡胶或树脂，这样可有良好的手感，而且还可防止手心出汗时握转向盘打滑。

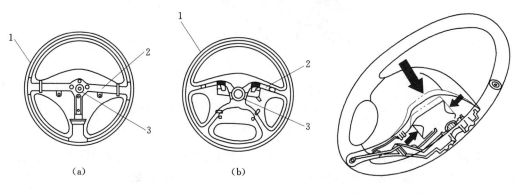

图 13-5　转向盘轮辐的形式　　　　　　　图 13-6　吸能式转向盘骨架
（a）三根辐条；（b）四根辐条　　　　　　　　　　变形示意图
1—轮缘；2—轮辐；3—轮毂

当汽车发生碰撞时，从安全性考虑，不仅要求转向盘应具有柔软的外表皮，可起缓冲作用，而且还要求转向盘在撞车时，其骨架也能产生变形（图 13-6），以吸收冲击能量，减轻驾驶员受伤的程度。

转向盘上都装有喇叭按钮，有些轿车的转向盘上还装有车速控制开关和撞车时保护驾驶员的气囊装置。

转向盘自由行程是指用以消除转向系统中各传动件运动副间的间隙所对应的转向盘的角行程。它对于缓和路面冲击以及避免驾驶员过度紧张是有利的，但不宜过大，以免过分影响转向灵敏性。通常转向盘从相应于汽车直线行驶中间位置向任一方的自由行程不超过 10°～15°，当零件严重磨损到转向盘自由行程超过 25°～30°时，应进行调整。

（二）转向轴和转向柱管

转向轴是连接转向盘和转向器的传动件，并将驾驶员作用在转向盘上的力传给转向器。转向轴上、下端分别由套管内衬套和滚动轴承支承，下端与转向万向节花键连接，并用螺栓夹紧。套管上端固定于仪表板上，下端固定于驾驶室底板上。伸缩万向节一端与转向螺杆花键连接，并用螺栓固定，另一端以花键套与转向传动轴的花键啮合，如图 13-4 所示。

近年来，为有效地缓和汽车高速撞车时转向盘对驾驶员的冲击，并减轻驾驶员受伤害的程度，现代汽车除要求装有吸能式转向盘外，还要求转向柱管也必须备有缓和冲击的吸能装置。

图 13-7 所示为红旗 CA7220 型轿车转向轴的吸能装置示意图。转向轴分为上、下两段，上段下部弯曲并在端面上焊有半月形凸缘盘，盘上装有两个驱动销，与下段转向柱上

端的孔配合，孔中压装有尼龙衬套和橡胶圈，形成吸收冲击的吸能装置。一旦发生撞车事故，在惯性作用下驾驶员人体向前冲，致使转向轴上的上、下凸缘盘的销子与销孔脱开，从而缓和了冲击，吸收了冲击能量。有效地减轻了驾驶员受伤的程度。

当发生猛烈撞车时，人体冲撞到转向盘上的力超过允许值时，若汽车上采用的是图 13-8 所示的吸能装置，则转向柱管的支架将产生弯曲变形，从而吸收冲击能量；如果汽车上装的是图 13-9 所示的吸能装置，则网格状转向柱管的网格部分将被压缩而产生塑性变形。吸收冲击能量，以减轻对人体的伤害。

（三）转向器

转向器的功用是将方向盘的转动通过传动副变为转向摇臂的摆动，改变力的传递方向并

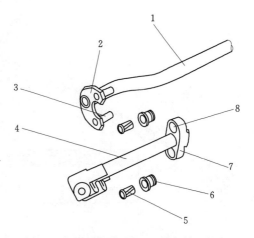

图 13-7　红旗 CA7220 型轿车转向轴的吸能装置示意图

1—上转向轴；2—上凸缘盘；3—销子；4—下转向轴；
5—聚四氟乙烯衬套；6—橡胶衬套；7—下凸
缘盘；8—销孔

增力，再通过转向传动机构拉动转向轮偏转。转向器实质上是一个减速器，用来放大作用在方向盘上的操纵力矩。

转向器传动效率是指转向器的输出功率与输入功率之比。由转向操纵机构（方向盘及转向轴）输入，转向摇臂输出的情况下求得的传动效率为正效率，而传动方向相反时求得的效率则称为逆效率。对转向器要求有一定的可逆性，即从操纵省力、转向轮自动回正和传递适当路感这三个因素综合考虑。转向器应有合适的传动比和较高的传动效率，以便操纵省力，转向盘的转动量合适；它还应具有合适的传动可逆性，这样，当导向轮受到地面冲击作用时，能将地面的作用力部分地反传至转向盘，使驾驶员具有路面感觉，并使导向轮有自动回正的可能性。

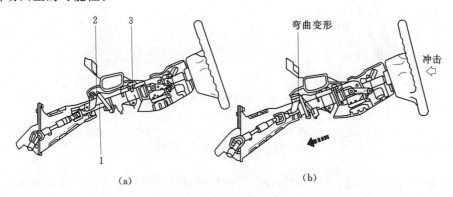

（a）　　　　　　　　　　　　（b）

图 13-8　转向柱管支架产生变形的吸能装置示意图
（a）碰撞前；（b）碰撞后
1—转向轴；2—可弯曲支架；3—可断裂支架

转向器类型很多，目前在汽车、拖拉机上常用的有球面蜗杆滚轮式转向器、循环球式转向器、齿轮齿条式转向器和曲柄指销式转向器等。

1. 球面蜗杆滚轮式转向器

球面蜗杆滚轮式转向器如图 13 - 10 所示，其传动副由一个球面蜗杆和带有几个齿的滚轮构成。转动转向盘，使蜗杆转动，滚轮便沿蜗杆螺旋槽滚动，从而带动摇臂轴转动，使摇臂摆动。

这种转向器有较高的传动效率，操纵轻便，传动可逆性合适，磨损较小，磨损后间隙可调整；虽球面蜗杆加工复杂，仍应用较广。

2. 循环球式转向器

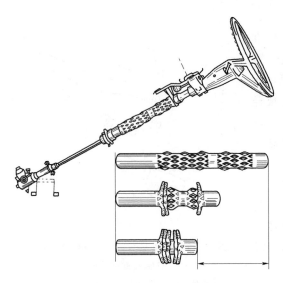

图 13 - 9　网络状转向柱管吸能装置示意图

循环球式转向器一般有两级传动副，第一级是螺杆螺母传动副，另一级是齿条齿扇传动副。如图 13 - 11 所示。

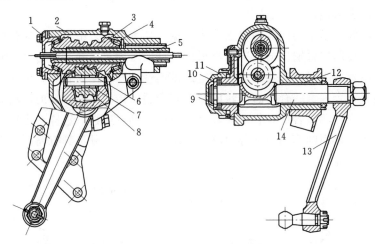

图 13 - 10　环面蜗杆滚轮式转向器

1—下盖；2—壳体；3—球面蜗杆；4—锥轴承；5—转向轴；6—滚轮轴；
7—滚针；8—三齿滚轮；9—调整垫片；10—U 形垫圈；11—螺母；
12—铜套；13—摇臂；14—摇臂轴

当驾驶员转动转向盘，带万向传动装置的转向柱使转向螺杆转动，通过钢球将力传给转向螺母，螺母即沿轴向移动。其下面的齿条便带动齿扇绕垂臂轴转动，并带动转向垂臂摆动，再通过转向传动机构使车轮偏转，从而实现汽车转向。与此同时，所有钢球在摩擦力的作用下，通过螺杆与螺母之间的通道进行循环流动，形成"球流"。

这种转向器使用可靠、调整方便、工作平稳。但其逆效率也很高，容易将路面冲击力

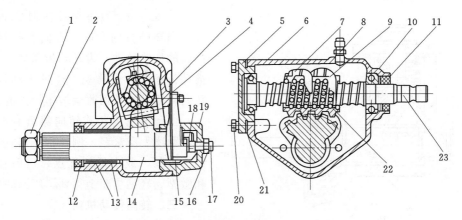

图 13-11　螺杆螺母循环球式转向器

1—螺母；2—弹簧垫圈；3—转向螺母；4—壳体垫片；5—壳体底盖；6—壳体；7—导管卡子；
8—加油螺塞；9—钢球导管；10—轴承；11、12—油封；13、15—滚针轴承；14—摇臂轴；
16—锁紧螺母；17—调整螺钉；18、21—调整垫片；19—侧盖；20—螺栓；
22—钢环；23—转向螺杆

传到转向盘。汽车和农用运输车上大多采用这种转向器。

3. 蜗杆曲柄指销式转向器

蜗杆曲柄指销式转向器的传动副如图 13-12 所示。转向蜗杆 5 为主动件，装在摇臂轴 2 上曲柄 4 端部的指销 3 为从动件。转向时蜗杆转动，使曲柄销绕摇臂轴作圆弧运动，同时带动摇臂轴转动。

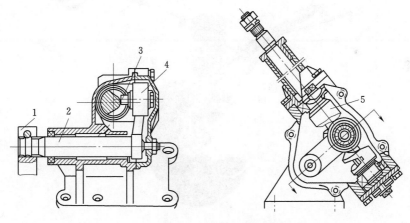

图 13-12　曲柄指销式转向器

1—垂臂；2—摇臂轴；3—锥形销；4—曲柄；5—蜗杆

这种转向器的性能与球面蜗杆滚轮式、螺杆螺母循环球式转向器相似，但加工却容易得多。

4. 齿轮齿条式转向器

齿轮齿条式转向器由转向齿条、转向齿轮和齿条压紧装置等组成，如图 13-13 所示。转向齿轮 1 为主动件，通过无内圈的球轴承支承在转向器壳中。与转向齿轮啮合的转向齿条水平布置，齿条一端与左、右横拉杆相连。

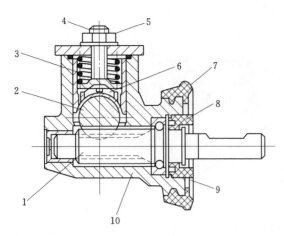

图 13 - 13　齿轮齿条转向器
1—转向齿轮；2—转向齿条；3—弹簧；4—调整螺钉；
5—锁紧螺母；6—压块；7—防尘罩；8—油封；
9—轴承；10—壳体

图 13 - 14 为轿车转向器的布置方式。当转动方向盘时，方向盘操纵转向器内的齿轮转动，齿轮与齿条紧密啮合，推动齿条左、右移动，通过传动杆带动转向轮摆动，从而改变轿车行驶的方向。

由于齿轮齿条式转向器具有结构简单、紧凑、质量轻、刚性大、转向灵敏、制造容易、成本低等优点，目前在轿车和微型、轻型货车上得到了广泛的应用。

三、转向传动机构

转向传动机构的功用是将转向器输出的力和运动传到转向桥两侧的转向节，使两侧转向轮偏转，并使两转向轮偏转角按一定关系变化，以保证汽车转向时车轮与地面的相对滑动尽可能小。转向传动机构的主要零部件包括：转向摇臂、转向纵拉杆和转向横拉杆。

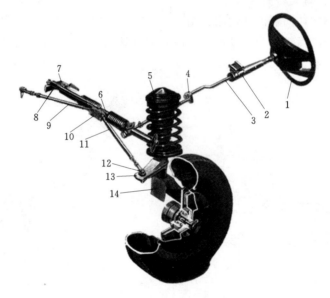

图 13 - 14　轿车转向器的布置
1—转向盘；2—转向柱管；3—转向轴；4—柔性联轴器；5—悬架总成；
6—转向器；7—支架；8—转向减振器；9—右横拉杆；10—拖架；
11—左横拉杆；12—球铰链；13—转向节臂；14—转向节

转向传动机构的组成和布置因转向器位置和转向轮悬架类型而异，按悬架的不同可分为与非独立悬架配用的转向传动机构和与独立悬架配用的转向传动机构。

（一）与非独立悬架配用的转向传动机构

与非独立悬架配用的转向梯形传动机构如图 13 - 15 所示，包括转向摇臂 2、转向纵

拉杆3、转向节臂4和转向梯形。转向横拉杆、两个
梯形臂和前桥构成转向梯形结构。前桥为转向桥的
汽车大多采用转向梯形后置式结构。前桥既为转向
桥同时又为驱动桥的汽车，为避免运动干涉，往往
将转向梯形布置在前桥的前面。

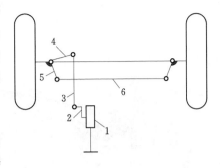

图 13 - 15　配合非独立悬架的转向
传动机构
1—转向器；2—摇臂；3—纵拉杆；4—节
臂；5—梯形臂；6—横拉杆

1. 转向摇臂

转向摇臂是把转向器输出的力和运动传给转向
纵拉杆或转向横拉杆的传动件，其结构如图 13 - 4
所示。转向摇臂大端内锥面的三角形细花键孔与转
向垂臂轴外端花键配合，并用螺母紧固。其小端的
锥形孔与球头销柄部连接，也用螺母紧固，并用开
口销锁住，球头销与转向纵拉杆作铰链连接。

2. 纵拉杆

转向纵拉杆是把转向摇臂传来的力和运动传给转向梯形或转向节臂。它与转向节臂及
横拉杆之间都是通过球形铰链相连接的，从而使它们之间可以作相对的空间运动，以免发
生运动干涉。纵拉杆结构上一般具有缓冲及磨损补偿功能，如图 13 - 16 所示。压缩弹簧
6 随时补偿球头与座的磨损，保证两者之间无间隙，并可缓和经车轮和转向节传来的路面
冲击。当球头销作用在内球头座上的冲击力超过压缩弹簧的预紧力时，弹簧便进一步变形
而吸收冲击能量。

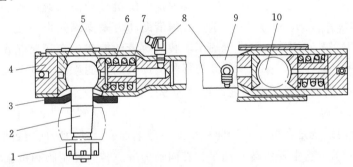

图 13 - 16　转向纵拉杆结构
1—螺母；2—球头销；3—防尘罩；4—螺塞；5—球头座；6—弹簧；
7—弹簧座；8—油嘴；9—纵拉杆体；10—转向节臂球头

3. 横拉杆

转向横拉杆是转向梯形机构的底边，它用来连接左、右梯形臂。如图 13 - 17 所示，
转向横拉杆由横拉杆体2和旋装在两端的横拉杆接头1组成。两端的接头结构相同，用螺
纹与横拉杆体联接。接头螺纹部分有切口，故具有弹性。接头旋装到横拉杆体上后，用夹
紧螺栓3夹紧。横拉杆两端的螺纹，一端为右旋，一端为左旋。因此，转动横拉杆体，即
可改变转向横拉杆的总长度，从而可调整转向轮前束。

（二）与独立悬架配用的转向传动机构

当转向桥采用独立悬架时，每个转向轮都需要相对于车架作独立运动，因而与两边转

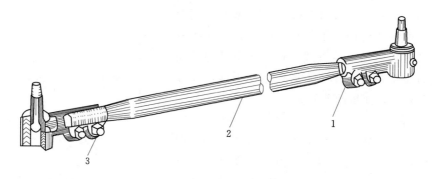

图 13-17 转向横拉杆

1—横拉杆接头；2—横拉杆体；3—夹紧螺栓

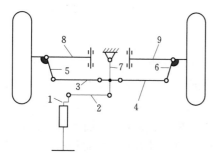

图 13-18 配合独立悬架转向传动机构

1—摇臂；2—直拉杆；3、4—左右横
拉杆；5、6—左右梯形臂；7—摇
杆；8、9—悬架左右摆臂

向轮相连的横拉杆必须分成若干段，才能正常传递转向力，如图 13-18 所示。左、右横拉杆和转向减振器的内端通过托架用螺栓固定在转向齿条上。转向减振器外端固定在车身支架上。为防止运动干涉，左、右横拉杆的外端与左、右转向臂分别用球头铰链连接，如图 13-14 所示。

四、转向助力装置

当汽车前轴负荷增加到一定程度时，完全靠驾驶员受力操纵的机械转向系统已经不能满足转向要求，必须借助动力来操纵转向系统。采用动力转向的车辆转向所需的能量，在正常情况下，只有小部分是驾驶员提供的体能，而大部分是发动机所提供的其他动力，动力转向装置按动力能源可分为液压式和电控式两类。

1. 液压助力转向

液压动力转向系统是在机械式转向系统的基础上加一套动力转向装置而成的，一般组成如图 13-19 所示。它主要由转向油泵、转向动力缸、转向控制阀和机械转向器组成。

当汽车直线行驶时的工况如图 13-19（a）所示。滑阀依靠装在控制阀体中的回位弹簧保持在中间位置。由油泵输出的工作油，一部分从滑阀和阀体环槽边缘的环行缝隙进入动力缸的左、右腔室，另一部分通过回油管回到油箱。

向右转动方向盘时，由于前轮上的转向阻力很大，开始时转向螺母 12 不动，当转向盘施加的力使转向螺杆所受轴向力大于回位弹簧的预紧力和反作用柱塞上的油压作用力时，转向螺杆连同滑阀产生轴向移动。这时，油泵来油经 C 环槽进入油缸 L 腔，推动活塞右移，R 腔内的油经 B 环槽排回油箱。如图 13-19（b）所示。活塞杆推动转向摇臂摆动，使前轮向右偏转，同时使螺杆左移，滑阀回到中立位置，这时活塞就停止在此位置不再右移，即方向盘对车轮实现伺服控制。若需连续向右转向，就应继续向右转动方向盘。

汽车向左转向时的工作情况与上述过程类似，如图 13-19（c）所示。此时滑阀左移，动力缸加力方向相反。

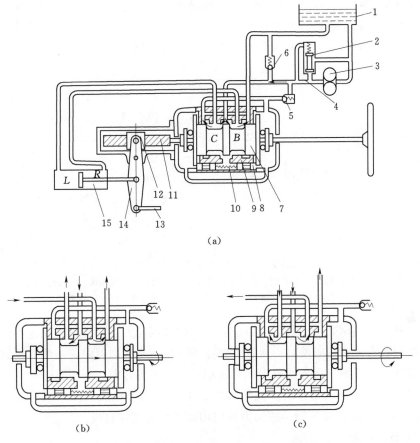

图 13-19 具有路感反馈功能的转向助力器

(a) 直行；(b) 右转弯；(c) 左转弯

1—液压油箱；2—溢流阀；3—齿轮泵；4—量孔；5—单向阀；6—安全阀；7—滑阀；

8—反作用柱塞；9—阀体；10—回位弹簧；11—转向螺杆；12—转向螺母；

13—纵拉杆；14—转向摇臂；15—油缸

单向阀 5 布置在进油道与回油道之间。正常转向时，进油道为高压，回油道为低压，单向阀被油压和弹簧力所关闭。若油泵失效，人力转向时，进油道变为低压，回油道则由于活塞的泵油作用而具有一定的油压，在此压力差的作用下，使单向阀 5 打开，进、回油道相通，油自油缸的一腔流向另一腔，可减小人力转向时的操纵力。

目前在轿车上采用的动力转向装置广泛采用旋转式控制阀。图 13-20 是旋转式控制阀全液压动力转向液压系统原理图。由油泵总成 1、转阀式全液压转阀总成 3 和转向油缸 7 等组成。

图示位置为控制阀处于中立位置，车辆以直线或以某一定偏转角行驶，这时油缸两腔和计量泵 11 各齿腔均被封闭，油泵来油经单向阀 2、阀体、阀套和控制阀上的油孔通道、滤清器 8 流回油箱 9。

左转弯时，控制阀 5 在方向盘带动下逆时针转到"左"油路位置，而阀套 6 在计量泵的控制下暂不转动，油泵来油经单向阀 2、阀体、阀套和控制阀上相应油孔通道进入计量泵，使计量泵转动，迫使一部分油液经控制阀进入转向油缸的下腔，推动活塞上移，实现向左转向。转向油缸上腔的油液经控制阀上的油道排回油箱。计量泵转动工作时，通过连接轴带动阀套逆时针转动，消除阀套与控制阀之间的转角，使控制阀又处于中立位置。

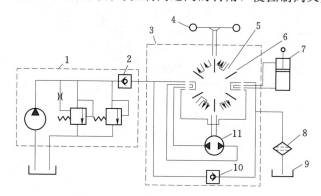

图 13-20　全液压动力转向系统
1—油泵总成；2—单向阀；3—转向阀总成；4—方向盘；5—控制阀；6—阀套；
7—转向油缸；8—滤清器；9—油缸；10—止回阀；11—计量泵

右转弯时，控制阀处于"右"油路位置，工作过程与上述左转弯相反。在前、后车体铰链处的两侧各有一个转向油缸，通过方向盘操纵全液压转向器时，一侧的油缸进油，另一侧的油缸排油，使前、后车架发生相对转动并实现车辆转向。

旋转式控制阀具有结构紧凑、操作可靠、工作灵敏等特点，国产轿车桑塔纳 2000、红旗 CA7220E、上海奇瑞等轿车的动力转向均采用旋转式控制阀。

2. 电动助力转向

动力转向系统由于使转向操纵灵活、轻便，在设计汽车时对转向器结构形式的选择灵活性大，能吸收路面对前轮产生的冲击等优点，因此动力转向系统在中型载货汽车，尤其是重型载货汽车上得到广泛使用。但传统的动力转向系统所具有的固定放大倍率不能随汽车不同工况予以调整，其助力作用不协调。

电动助力转向近年在轻型车上发展较快，它是一种直接依靠电机提供辅助扭矩的电动助力式转向系统。该系统仅需要控制电机电流的方向和幅值，不需要复杂的控制机构。它能在低速时使转向轻便、灵活；在中、高速时能提供最优的动力放大倍率和稳定的转向手感，提高了高速行驶的操纵稳定性。电动式助力转向系统主要特点如下：

（1）电动机、减速机、转向柱和转向齿轮箱可以制成一个整体，管道、油泵等不需单独占据空间，易于装车。

（2）基本上只增加电动机和减速机，没有了液压管道等部件，使整个系统趋于小型轻量化。

（3）油泵仅在必要时使电动机运转，故可以节能。

（4）因为零件数目少，不需要加油和抽空气，所以在生产线上的装配性好。

如图 13-21 所示为一种电子控制电动助力转向系统的示意图。转矩传感器 1 通过扭杆连接在转向轴 2 中间。当转向轴转动时，转矩传感器开始工作，把两段转向轴在扭杆作用下产生的相对转角转变成电信号传给 ECU7，ECU 根据车速传感器和转矩传感器的信号决定电动机 6 的旋转方向和助力电流的大小，并将指令传递给电动机，通过离合器 5 和减速机构 3 将辅助动力施加到转向系统中，从而完成实时控制的助力转向。它可以方便地实现在不同车速下提供不同的助力效果，保证汽车在低速转向行驶时轻便灵活，高速转向行驶时稳定可靠。

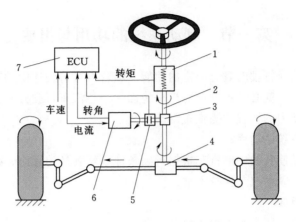

图 13-21 电动助力转向系统示意图
1—转矩传感器；2—转向轴；3—减速机构；4—齿轮齿条式
转向器；5—离合器；6—电动机；7—电子
控制单元（ECU）

第十四章 汽车制动系统

第一节 制动系统的功用与组成

汽车以一定的车速行驶时具有一定的动能。随着汽车行驶速度的不断提高，要使行驶中的汽车减速或停车，就必须强制地对汽车施加一个与汽车行驶方向相反的力，这个力叫做制动力。产生制动力的装置称为汽车制动系统。

一、汽车制动系统的功用

制动系统功用是使行驶中的汽车根据行驶条件或驾驶员的意愿，减速、停车、保持某一稳定速度或使已停驶的汽车保持不动。

二、制动系统组成

制动系统具有以下四个基本组成部分。

(1) 制动能源供给装置。包括供给、调节制动所需能量、改善能源传递介质状态的部件。产生制动能量的部分称为制动能源。人的肌体亦可作为制动能源，如图 14-1 所示。

(2) 制动控制装置。包括一切产生制动动作和控制制动效果的各种部件。图 14-1 中的制动踏板 1 即是最简单的一种控制装置。

(3) 制动传动装置。将制动能量传输到制动器的各个部件，如图 14-1 中的制动主缸 4 和制动轮缸 6。

(4) 制动执行装置——制动器。包括一切能够产生阻碍车辆运动或运动趋势的力（能够由驾驶员控制的制动力）的部件，包括辅助制动系统中的缓速装置。

三、制动系统的工作原理

制动系统不工作时，制动鼓的内圆面和制动蹄摩擦片之间留有一定的间隙，使制动鼓随车轮可以自由旋转，制动系统不起作用。

制动时，当驾驶员踩下制动踏板，通过推杆推动主缸活塞，使主缸内的油液产生一定压力后流入制动轮缸，推动轮缸活塞使两制动蹄绕支承销转动，将摩擦片压紧在制动鼓的内圆柱面上。这样，不旋转的制动蹄就对旋转着的制动鼓作用一个摩擦力矩 M_μ，其方向与车轮旋转方向相反。制动鼓将该力矩传到车轮后，由于车轮与路面间有附着作用，车轮即对路面作用一个向前的周缘力 F_μ，与此同时，路面也给车轮一个反作用力 F_B，该力就是使汽车减速或停车的制动力。放松制动踏板后，在回位弹簧的作用下，制动蹄回到原位，制动解除。

第二节 制　动　器

制动器是制动系统中用以产生阻碍车辆运动或运动趋势的力的装置，汽车制动器几乎都是利用固定元件与旋转元件工作表面的摩擦，产生制动力矩的摩擦制动器。

摩擦制动器根据旋转元件的不同分为鼓式和盘式制动器两大类。前者的摩擦副中的旋转元件为制动鼓，其工作表面为圆柱面；后者的旋转元件为圆盘状的制动盘，以端面为工作面。

一、鼓式制动器

鼓式制动器多为内张双蹄式，但是由于制动蹄张开装置的形式、张开力作用点和制动蹄支承点的布置方式等不同，使制动器的工作性能也有所不同，按制动时两制动蹄对制动鼓径向力的平衡情况可分为领从蹄式（非平衡式）、双领蹄式和双向双领蹄式（平衡式）、单向和双向自增力式三种类型。

1. 领从蹄式制动器

图 14-2 所示为领从蹄式制动器示意。设汽车前进时制动鼓旋转方向如图中箭头所示（这称为制动鼓正向旋转）。沿箭头方向看去，前制动蹄 1 的支承点 2 在其前端，轮缸所施加的促动力 F_S 作用于其后端，因而该制动蹄张开时的旋转方向与制动鼓的旋转方向相同。这种促动力 F_S 使制动蹄张开时的旋转方向与制动鼓的旋转方向相同的制动蹄称为领蹄。与此相反，后制动蹄 4 的促动力 F_S 使制动蹄张开时的旋转方向与制动鼓的旋转方向相反，具有这种属性的制动蹄称为从蹄。当汽车倒驶，即制动鼓反向旋转时，领蹄 1 变成从蹄，而蹄 4 变成领蹄。这种在制动鼓正向旋转和反向旋转时都有一个领蹄和一个从蹄的制动器，称为领从蹄式制动器。

制动时，领蹄 1 和从蹄 4 在相等的促动力 F_S 的作用下，分别绕各自的支承点 2 和 3 旋转到紧压在制动鼓 5 上。旋转着的制动鼓即对两制动蹄分别作用着法向反力 F_{N1} 和 F_{N2}，以及相应的切向反力 F_{T1} 和 F_{T2}（这里法向反力 F_N 和切向反力 F_T 均为分布力的合力）。

两蹄上的这些力分别为各自的支点 2 和 3 的支承反力 F_{S1} 和 F_{S2} 所平衡，由图可见，领蹄上的切向合力 F_{T1} 所造成的绕支点 2 的力矩与促动力 F_S 所造成的绕同一支点的力矩是同向的。所以力 F_{T1} 的作用结果是使领蹄 1 在制动鼓上压得更紧，即力 F_{N1} 变得更大，从而力 F_{T1} 也更大。这表明领蹄具有"增势"作用。与此相反，切向合力 F_{T2} 则使从蹄 4 有放松制动鼓的趋势，即有使 F_{N2} 和 F_{T2} 本身减小的趋势，故从蹄具有

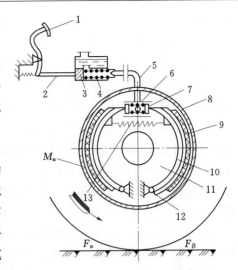

图 14-1 制动系统工作原理示意图
1—制动踏板；2—推杆；3—主缸活塞；4—制动主缸；5—油管；6—制动轮缸；7—轮缸活塞；8—制动鼓；9—摩擦片；10—制动蹄；11—制动底板；12—支承销；13—制动蹄回位弹簧

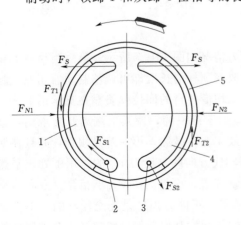

图 14-2 领从蹄式制动器示意图
1—领蹄；2、3—支点；4—从蹄；5—制动鼓

245

"减势"作用。

综上所述，虽然领蹄和从蹄所受促动力相等，但两制动蹄所受法向反力却不相等，如果两蹄摩擦衬片工作面积相等，则领蹄摩擦衬片上的单位压力较大，磨损严重。同时，由于制动鼓所受到的来自两蹄的法向力的不平衡，则此二法向力之和只能由车轮的轮毂轴承的反力来平衡。这就对轮毂轴承造成了附加径向载荷，使其寿命缩短。

2. 双领蹄式和双向双领蹄式制动器

在制动鼓正向旋转时，两蹄均为领蹄的制动器称为双领蹄式制动器，如图 14-3 所示。它在结构上与领从蹄式有两点不同，一是双领蹄式制动器的两制动蹄各用一个单活塞式轮缸促动；二是双领蹄式制动器的两套制动蹄、轮缸、支承销和调整凸轮等，在制动底板上的布置是中心对称的，以代替领从蹄式制动器中的轴对称布置。

在倒车制动时，如果上述制动器的两蹄的支承点和促动力作用点互换位置，就可以得到与前进制动时相同的制动效能。这种制动鼓正反向旋转两蹄均为领蹄的制动器称为双向双领蹄式制动器，如图 14-4 所示。

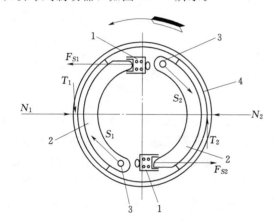

图 14-3　双领蹄式制动器示意图

1—制动轮缸；2—制动蹄；3—支承销；4—制动鼓

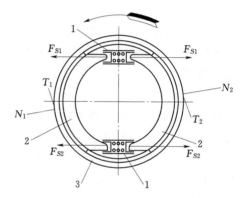

图 14-4　双向双领蹄式制动器示意图

1—制动轮缸；2—制动蹄；3—制动鼓

3. 单向和双向自增力式制动器

单向自增力式制动器的结构原理及制动蹄受力情况如图 14-5 所示。第一制动蹄 1 和第二制动蹄 3 的下端分别浮支在顶杆 2 的两端，改变顶杆的长度即可调整制动器间隙。制动器只在上方有一个支承销。不制动时，两蹄上端均借各自的回位弹簧靠在支承销上。

前进制动时，单活塞式轮缸 6 只将促动力 F_{S1} 加于第一蹄，使其上端离开支承销，整个制动蹄绕顶杆左端支承点旋转，并压靠到制动鼓 4 上。显然，第一蹄是领蹄，并且在促动力 F_{S1}、法向合力 F_{N1}、切向合力 F_{T1} 和沿顶杆轴线方向的支反力 F_{S3} 的作用下处于平衡状态。由于顶杆是浮动的，自然成为第二蹄的促动装置，而将力 F_{S1} 大小相等、方向相反的促动力 F_{S2} 施于第二蹄的下端，故第二蹄也是领蹄。正因为顶杆是完全浮动的，不受制动底板约束，作用在第一蹄上的促动力和摩擦力的作用没有如一般领蹄那样完全被制动鼓的法向反力和固定于制动底板上的支承件反力的作用所抵消，而是通过顶杆传到第二蹄上，形成第二蹄促动力 F_{S2} 大于第一蹄促动力 F_{S1}（大 3 倍左右）。此外，力 F_{S2} 对第二蹄支承点的力臂也大于力 F_{S1} 对第一蹄支承点的力臂。因此，第二蹄的制动力矩必然大于第一蹄的制动力矩。可见，在制动鼓尺寸和摩擦系数相同的条件下，这种制动器的前进制动效能不仅高于领从蹄式制动器，而且高于双领蹄式制动器。

倒车制动时，第一蹄上端压靠支承销不动。此时，第一蹄虽然仍是领蹄，且促动力 F_{S1} 仍可能与前进时相等，但其力臂却大为减小，因而第一蹄此时的制动效能比一般领蹄的低得多。第二蹄则因未受促动力而不起制动作用。故此时整个制动器的制动效能很低。

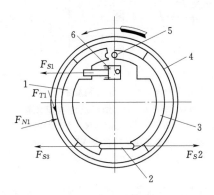

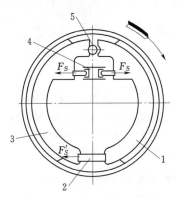

图 14-5　单向自增力式制动器示意图
1—第一制动蹄；2—顶杆；3—第二制动蹄；
4—制动鼓；5—支承销；6—轮缸

图 14-6　双向自增力式制动器示意图
1—前制动蹄；2—顶杆；3—后制
动蹄；4—轮缸；5—支承销

图 14-6 所示为双向自增力式制动器示意图。其特点是制动鼓正反向旋转时均能借蹄鼓的摩擦起自增力作用。它的结构不同于单向自增力式制动器之处主要是采用双活塞式制动轮缸 4，可向两蹄同时施加相等的促动力 F_s。制动鼓正向（如箭头所示）旋转时，前制动蹄 1 为第一蹄，后制动蹄 3 为第二蹄，制动鼓反向旋转时则情况相反。由图可见，在制动时，第一蹄只受一个促动力 F_s，而第二蹄则有两个促动力 F_s 和 F'_s，且 $F'_s > F_s$。考虑到汽车前进制动的机会远多于倒车制动，且前进时制动器工作负荷也远大于倒车制动，故后制动蹄 3 的摩擦片面积做得较大。

二、盘式制动器

盘式制动器摩擦副中的旋转元件是以端面工作的金属圆盘，被称为制动盘。其固定元件大体上可分为两类。一类是固定元件的金属背板和摩擦片呈圆盘形，制动盘的全部工作面可同时与摩擦片接触，这种制动器称为全盘式制动器。另一类是工作面积不大的摩擦块与其金属背板组成的制动块，每个制动器中有 2～4 个。这些制动块及其促动装置都装在横跨制动盘两侧的夹钳形支架中，总称为制动钳。这种由制动盘和制动钳组成的制动器，称为钳盘式制动器。钳盘式制动器又可分为定钳盘式和浮钳盘式两类。

1. 定钳盘式制动器

图 14-7 所示是定钳盘式制动器的结构示意。跨置在制动盘 1 上的制动钳体 5 固定安装在车桥 6 上，它既不能旋转也不能沿制动盘轴线方向移动，其内的两个活塞 2 分别位于制动盘的两侧。制动时，制动液由制动主缸经进油口 4 进入钳体中两个相通的液压腔中（相当于制动轮缸的液压缸），将两侧的制动块 3 压向与车轮固定连接的制动盘，从而产生制动。

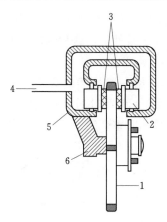

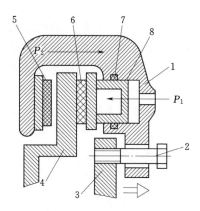

图 14-7　定钳盘式制动器示意
1—制动盘；2—活塞；3—制动块；
4—进油口；5—制动钳体；
6—车桥部分

图 14-8　浮钳盘式制动器示意
1—制动钳体；2—导向销；3—制动钳支架；
4—制动盘；5—固定制动块；6—活动制
动块（带摩擦块磨损报警装置）；7—活
塞密封圈；8—活塞

2. 浮钳盘式制动器

浮钳盘式制动器的制动钳一般设计得可以相对制动盘轴向滑动。其中，只在制动盘的内侧设置液压缸，而外侧的制动块则附装在钳体上。其工作原理见图 14-8，制动钳支架 3 固定在转向节上，制动钳体 1 与制动钳支架 3 可沿导向销 2 轴向滑动。制动时，活塞 8 在液压力的作用下，将活动制动块 6（带摩擦块磨损报警装置）推向制动盘 4。与此同时，作用在制动钳体 1 上的反作用力 P_2 推动制动钳体沿导向销 2 右移，使固定在制动钳体上的固定制动块 5 压靠到制动盘上。于是，制动盘两侧的摩擦块在 P_1 和 P_2 的作用下夹紧制动盘，使之在制动盘上产生与运动方向相反的制动力矩，促使汽车制动。

盘式制动器与鼓式制动器相比，有以下特点：

一般无摩擦助势作用，因而制动器效能受摩擦系数的影响较小，即效能较稳定；浸水后效能降低较少，而且只须经一两次制动即可恢复正常；在输出的制动力矩相同的情况下，尺寸和质量一般较小；制动盘沿厚度方向的热膨胀量极小，不会像制动鼓那样热膨胀使得制动器间隙明显增加而导致制动踏板行程过大；较容易实现间隙自动调整，维护修理作业较简便。

第三节　制动传动机构

目前，轿车上的制动传动装置有机械式和液压式两种。早期生产的汽车，行车制动系统和驻车制动系统的传动装置都是机械式的。20 世纪初，行车制动系统开始采用液压传动装置，但多数还只用于前轮制动。20 世纪 30 年代末，美国生产的汽车的行车制动系统已全部改成液压式。就世界范围而言，直到 20 世纪 50 年代初，机械式行车制动系统才被淘汰。然而，驻车制动系统至今仍采用机械传动装置。

一、机械传动装置

机械式驻车制动系统的控制装置和传动装置主要由杠杆、拉杆、轴、摇臂等机械零件组成。

图 14-9 所示为红旗 CA7220 型轿车制动系统布置图，其中驻车制动系统是机械式的，并且与真空伺服式行车制动系统共用后轮制动器。该制动器由于是机械式软轴操纵，作用于后轮，所以结构简单，可以长时间制动，不会因渗油等因素而失效。

驻车制动时，驾驶员将驻车制动操纵杆 7 向上扳起，通过一系列杆件将驻车制动操纵缆绳 9 拉紧，从而促动两后轮制动蹄向外张开压向制动鼓实现了制动。由于驻车制动操纵杆上棘爪的单向作用，使棘爪与棘爪齿板啮合，操纵杆不能反转，因此可以长时间制动而不失效。欲解除制动，须先将操纵杆 7 扳起少许，再压下操纵杆端头的压杆按钮，通过棘爪压杆使棘爪离开棘爪齿板，然后将操纵杆 7 向下推到解除制动位置。此时缆绳放松，左右制动蹄由回位弹簧作用而恢复原来位置，这样就解除了驻车制动。

驻车制动系统必须保证汽车可靠地停驻在原地，在任何情况下不致自动滑行，只有用机械锁止方法才能实现，这便是驻车制动系统采用机械式传动装置的主要原因。

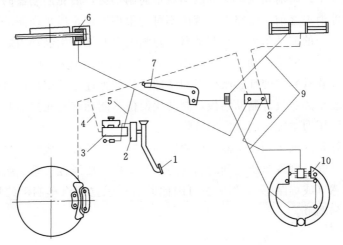

图 14-9 红旗 CA7220 型轿车制动系统布置图
1—制动踏板；2—真空助力器；3—主缸；4—通左前轮和右后轮的制动回路；
5—通右前轮和左后轮的制动回路；6—前轮盘式制动器；7—驻车制动
操纵杆；8—感载比例阀；9—驻车制动操纵缆绳；
10—后轮鼓式制动器

二、液压传动装置

人力液压制动系统利用制动液，将制动踏板力转换为液压力，通过管路传到车轮制动器，再将液压力转变为使制动蹄张开的机械推力。

目前，轿车的行车制动系统都采用于液压传动装置，如图 14-10。液压传动装置主要由制动主缸、液压管路、后轮鼓式制动器中的制动轮缸、前轮钳盘式制动器中的液压缸等组成。一般制动踏板机构和制动主缸都装在车架上，而车轮是通过弹性悬架与车架联系的，主缸与轮缸之间的相对位置经常变化，故主缸与轮缸间的连接油管除用金属管（铜管）外，还采用特制的橡胶制动软管。各液压元件之间及各段油管之间还有各种管接头。制动前，整个液压系统中应充满专门配制的制动液。

制动时，踩下制动踏板 4，制动主缸 5 利用主缸活塞的移动将制动液经油管压入制动

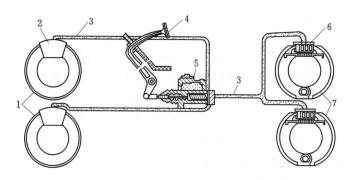

图 14-10 液压传动装置组成示意图

1—前轮制动器；2—制动钳；3—制动管路；4—制动踏板机构；
5—制动主缸；6—制动轮缸；7—后轮制动器

轮缸6和制动钳2中，将前轮制动器的制动块推向制动盘，后轮制动器的制动蹄推向制动鼓。在制动器间隙消失之前，管路中的液压不可能很高，仅足以平衡制动蹄回位弹簧的张力以及油液在管路中的流动阻力。在制动器间隙消失并开始产生制动力矩时，液压与踏板力方能继续增长，直到完全制动。从开始制动到完全制动的过程中，由于在液压作用下，油管（主要是橡胶软管）的弹性膨胀变形和摩擦元件的弹性压缩变形，踏板和轮缸活塞都可以继续移动一段距离。放开制动踏板，制动块回位，制动蹄和轮缸活塞在回位弹簧作用下回位，将制动液压回主缸，制动作用解除。

显然，制动管路的油压和制动器产生的制动力矩是与踏板力成线性关系的。若轮胎与路面间的附着力足够，则汽车所受到的制动力也与踏板力成线性关系。制动系统的这项性能称为制动踏板感（或称路感），驾驶员可因此而直接感觉到汽车制动的强度，以便及时加以必要的控制和调节。

1. 制动主缸

现代汽车的行车制动系统都采用了双回路制动系统，即采用串联双腔主缸组成的双回路液压制动系统。如图 14-11 所示即是人力液压制动系统中所采用的串联双腔制动主缸。

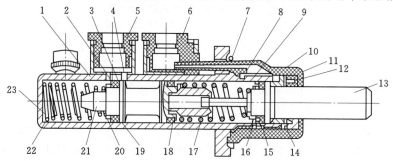

图 14-11 串列双腔等径制动主缸

1—制动主缸壳体；2、9—补偿孔；3、16、18—皮碗；4、10—回油孔；5、6—进油孔；7—密封环；
8—密封圈；11—制动主缸限位环；12—制动主缸油封；13—第一活塞；14—制动主缸密封套；
15—单向弹簧卡片；17—第一塞回位弹簧；19—垫片；20—弹簧座；21—第二活塞；
22—第二活塞主回位弹簧；23—第二活塞副回位弹簧

主缸不工作时，前、后两工作腔内的活塞头部与皮碗正好位于前、后腔内各自的旁通孔和补偿孔之间。

当踩下制动踏板时，踏板传动机构通过推杆推动第一活塞左移，直到皮碗16盖住补偿孔9后，右工作腔中液压升高，油液一方面通过腔内出油孔进入右前和左后制动管路，另一方面又推动第二活塞左移。在右腔液压和弹簧17的作用下，第二活塞向左移动，左腔压力也随之提高，油液通过腔内出油口进入右后和左前制动管路。当继续踩下制动踏板时，左、右腔的液压继续提高，使前、后制动器制动。

解除制动时，活塞在弹簧作用下回位，高压油液自制动管路流回制动主缸。如活塞回位过快，工作腔容积迅速增大，油压迅速降低，制动管路中的油液由于管路阻力的影响，来不及充分流回工作腔，使工作腔中形成一定的真空度，于是储液室中的油液便经进油口和活塞上的轴向小孔推开垫片及皮碗进入工作腔（某些车型中，油液通过皮碗的唇边进入工作腔）。当活塞完全回位时，补偿孔开放，制动管路中流回工作腔的多余油液经补偿孔流回储液室。

若与左腔连接的制动管路损坏漏油，则在踩下制动踏板时只有右腔中能建立液压，左腔中无压力，此时在压差作用下，第二活塞迅速移到其前端顶到主缸缸体上。此后，右工作腔中液压方能升高到制动所需的值。

若与右腔连接的制动管路损坏漏油，则在踩下制动踏板时，起先只是第一活塞前移，而不能推动第二活塞，因右工作腔中不能建立液压。但在第一活塞直接顶触第二活塞时，第二活塞便前移，使左工作腔建立必要的液压而制动。

由上述可见，双回路液压制动系统中任一回路失效时，主缸仍能工作，只是所需踏板行程加大，将导致汽车的制动距离增长，制动效能降低。

2. 制动轮缸

制动轮缸的作用是将从制动主缸输入的液压能转变为机械能，以使制动器进入工作状态。制动轮缸有双活塞式和单活塞式两类。图14-12所示为双活塞式制动轮缸。它既可用于领从蹄式制动器，又可用于双向双领蹄式制动器及双向自增力式制动器。缸体1用螺栓固定在制动底板上，缸内有两个活塞2，二者之间的内腔由两个皮碗3密封。制动时，制动液自油管接头和进油孔7进入，活塞2在液压作用下外移，通过顶块5推动制动器。

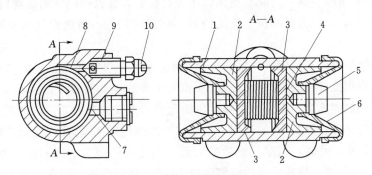

图14-12 双活塞式制动轮缸

1—缸体；2—活塞；3—皮碗；4—弹簧；5—顶块；6—防护罩；7—进油孔；
8—放气孔；9—放气阀；10—放气阀防护螺钉

弹簧4保证皮碗、活塞、制动蹄的紧密接触，并保证两活塞之间的进油间隙。防护罩6除防尘外，还可防止水分进入，以免活塞和轮缸生锈而卡住。

图14-13所示为单活塞式制动轮缸。它主要用于双领蹄式和双从蹄式制动器。为缩小轴向尺寸，液压腔密封件不用抵靠活塞端面的皮碗，而采用装在活塞导向面上的切槽内的皮碗4。进油间隙靠活塞端面的凸台保持。放气阀1的中部有螺纹，尾部有密封锥面，平时旋紧压靠在阀体上。与密封锥面相连的圆柱面两侧有径向孔，与阀中心的轴向孔道相通。需要放气时，先取下橡胶护罩2，再连踩几下制动踏板，对缸内空气加压，然后踩住踏板不放，将放气阀旋出少许，空气即行排出。空气排尽后再将放气阀旋闭。

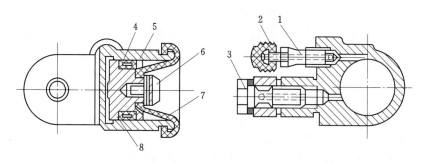

图14-13 单活塞式制动轮缸
1—放气阀；2—护罩；3—进油管接头；4—皮圈；5—缸体；6—顶块；
7—防护套；8—活塞

3. 真空助力器

真空助力器装在制动踏板和制动主缸之间，利用真空度对制动踏板进行助力，其控制装置是利用制动踏板机构直接操纵的，如图14-9所示。国产轿车大都采用这种单膜片式的真空助力器。如图14-14所示，真空伺服室用螺栓5和17固定在车身前围板上，并通过调整叉13与制动踏板机械连接。伺服气室前腔经真空单向阀通向发动机进气管。外界空气经过滤环11和14滤清后进入伺服气室后腔。

真空助力器不工作时［图14-14（b）］，控制阀推杆弹簧15将控制阀推杆12连同控制阀柱塞18推到极限位置，此时真空阀位于开启位置，橡胶阀门9则被阀门弹簧16压紧在大气阀座10上，大气阀此时位于关闭位置，伺服气室前、后两腔互相连通，并与大气隔绝。

踩下制动踏板时，起初伺服气室尚未起作用，膜片座8固定不动，故来自踏板机构的操纵力推动控制阀推杆12和控制阀柱塞18相对于膜片座8前移。当柱塞18与橡胶反作用盘7之间的间隙消除后，操纵力便经反作用盘传给制动主缸推杆2，见图14-14（c）。与此同时，阀门9也在弹簧16的作用下，随同控制阀柱塞18前移，直到与膜片座8上的真空阀座接触为止。此时，伺服气室后腔同前腔隔绝，即同真空源隔绝。然后，推杆12继续推动柱塞18前移，使其后端的空气阀座10离开阀门9一定距离，外界空气经过滤环11、14，控制阀腔和通道B充入伺服气室后腔，见图14-14（a），使其中真空度降低。在此过程中，膜片与阀座也不断前移，直到阀门重新与空气阀座接触而达到平衡状态为止。因此，在任何一个平衡状态下，伺服气室后腔中的稳定真空度均与踏板行程成递增函数关系，这就体现了控制阀的"随动作用"。

伺服气室两腔真空度差值造成的作用力，除一部分用来平衡回位弹簧 4 的作用力以外，其余部分都作用在反作用盘 7 上。因此制动主缸推杆 12 所受的力为膜片座 8 和柱塞 18 二者所施作用力之和。这意味着驾驶员所施加的踏板力不仅要足以促动控制阀，并使制动主缸产生一定液压；而且还要足以平衡与伺服气室作用力成正比的、经反作用盘反馈过来的力。这样，驾驶员便可以通过所加踏板力的大小来感知伺服气室的作用力大小，即驾驶员有一定的踏板感。

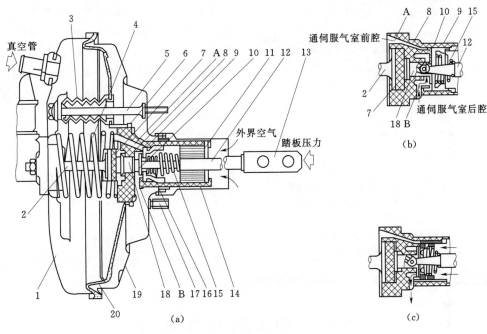

图 14-14 单膜片式真空助力器

(a) 助力器整体结构图；(b) 助力器不工作；(c) 助力器工作

1—伺服气室前壳体；2—制动主缸推杆；3—导向螺栓密封套；4—膜片回位弹簧；5—导向螺栓；
6—控制阀；7—橡胶反作用盘；8—气室膜片座；9—橡胶阀门；10—空气阀座；11—过滤环；
12—控制阀推杆；13—调整叉；14—毛毡过滤环；15—控制阀推杆弹簧；16—阀门弹簧；
17—螺栓；18—控制阀柱塞；19—伺服气室后壳体；20—伺服气室膜片

图 14-15 所示为液压助力器示意图，它与动力转向系统共用一个液压泵。液压助力器主要由储能器 2、滑阀 12、杠杆 7、反作用连杆 11 和动力活塞 10 等组成。杠杆 7 的上端与滑阀相连，中部通过杠杆销 8 与反作用连杆 11 相连，下端绕动力活塞 10 上的枢轴摆动。反作用连杆可在动力活塞后部的孔中滑动，它的运动引起杠杆的摆动，从而改变了滑阀的位置。

不制动时，在各自弹簧的作用下，动力活塞 10 位于右端，滑阀 12 位于左端。来自液压泵的油液通过滑阀与阀体的间隙沉入动力转向器，而动力腔 C 通过小孔 B 与储液室相通。

制动时，输入推杆 9 推动反作用连杆 11 往动力活塞内左移，直到连杆与活塞的中心

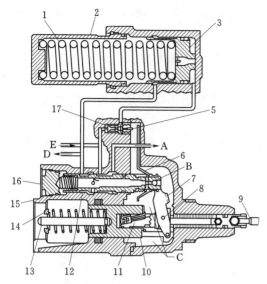

图 14-15 液压助力器示意图

1—储能器弹簧；2—储能器；3—储能器活塞；5—储能器
泵阀；6—泵阀促动杆；7—杠杆；8—杠杆销；9—输入
推杆；10—动力活塞；11—反作用连杆；12—滑阀；
13—输出推杆；14—弹簧座；15—前壳体；
16—滑阀柱塞；17—储能器加油阀；
A—去动力转向器；B—小孔；
C—动力腔；D—去储液室；
E—来自转向液压泵

孔的底面接触。在此过程中，活塞尚未移动，杠杆 7 绕与活塞的铰接点摆动，从而其上端推动滑阀 12 左移，使得动力腔 C 与储液室连通的小孔封闭，而来自转向液压泵的油液则通过滑阀的径向孔和中心孔进入动力腔 C。于是动力腔中油压升高，推动动力活塞左移，产生助力作用。

当制动踏板保持在某个位置不动时，转向液压泵与动力腔的通道仍然畅通，动力腔中的油压继续增加、推动动力活塞 10 左移。与此同时，杠杆 7 顺时针摆动，其上端拉动滑阀 12 右移，从而封闭了转向液压泵与动力腔的通道，使动力腔的油压保持恒定。

解除制动时，动力活塞 10、输入推杆 9 和反作用推杆 11 向右移动，杠杆 7 也整体向右运动，使得动力腔与转向液压泵的通道封闭，而与储液室的通道开启，动力腔油压降低，制动助力作用消失。

当在液压管路不能提供压力油的条件下进行制动时，泵阀促动杆 6 开，储能器 2 中的油液进入动力腔 C，仍可产生助力作用。

第四节 制动防抱死装置

制动防抱死系统是汽车上的一种主动安全装置。其作用是在汽车制动时防止车轮抱死拖滑，以提高汽车制动时的方向稳定性，缩短汽车的制动距离，使汽车制动更为安全有效。

一、概述

驾车经验告诉我们，当行车在湿滑路面上突遇紧急情况而实施紧急制动时，汽车会发生侧滑，严重时甚至会出现旋转调头，相当多的交通事故便由此而产生。当左右侧车轮分别行驶于不同摩擦系数的路面上时，汽车的制动也可能产生意想不到的危险。弯道上制动遇到上述情况则险情会更加严重。所有这些现象的产生，均源自于制动过程中的车轮抱死。汽车防抱死制动装置就是为了消除在紧急制动过程中出现上述非稳定因素，避免出现由此引发的各种危险状况而专门设置的制动压力调节系统。

大量试验已经证明，轮胎与路面之间的附着系数主要受到三方面要素影响，即：①路面的类型、状况；②轮胎的结构类型、花纹、气压和材料；③车轮的运动方式和车速。为能够定量地描述不同的车轮运动状态，即对车轮运动的滑动和滚动成分在比例上加以量化和区分，便定义了如下的车轮滑移率：

$$S=\frac{V-r\omega}{V}\times100\%\qquad(14-1)$$

式中：S 为车轮滑移率；V 为车速，m/s；r 为车轮半径，m；ω 为车轮角速度，rad/s。

按照上述定义可知，车轮运动特征可由滑移率的大小来表达，即：车轮纯滑动时 $S=100\%$，车轮纯滚动时 $S=0$，而当车轮处于边滚边滑状态时 $0<S<100\%$。

由图 14-16 可知，理想制动系统的特性应当是：当汽车制动时，将车轮滑移率 S 控制在 $10\%\sim30\%$ 的范围内，以保证车轮与路面有良好的纵向、侧向附着力，这样既能使汽车获得较高的制动效能，又可保证它在制动时的方向稳定性。

汽车防抱死制动系统（ABS）便是一套能在制动过程中随时监控车轮滑转程度，并依此自动调节作用在车轮上的制动力矩，防止车轮抱死的电子控制装置。它不仅能缩短制动距离，有效避免各种因制动引起的事故，还可减少轮胎磨损，使其达到使用寿命。

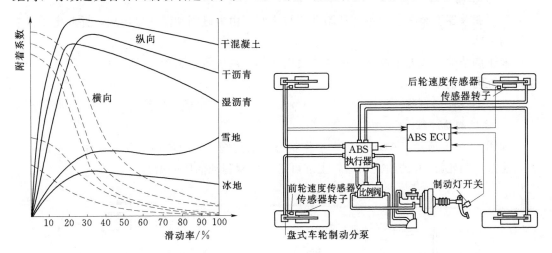

图 14-16 附着系数随滑动率变化规律　　　　图 14-17 汽车的制动力调节系统

二、ABS 的基本组成

一般来说，带有 ABS 的汽车制动系统由基本制动系统和制动力调节系统两部分组成，前者是制动主缸、制动轮缸和制动管路等构成的普通制动系统，用来实现汽车的常规制动，而后者是由传感器、控制器、执行器等组成的压力调节控制系统（图 14-17），在制动过程中用来确保车轮始终不抱死，车轮滑动率处于合理范围内。

在制动压力调节系统中，传感器承担感受系统控制所需的汽车行驶状态参数，将运动物理量转换成为电信号的任务。控制器即电子控制装置（ECU）根据传感器信号及其内部存储信号，经过计算、比较和判断后，向执行器发出控制指令，同时监控系统的工作状况。而执行器（制动压力调节器）则根据 ECU 的指令，依靠由电磁阀及相应的液压控制阀组成的液压调节系统对制动系统实施增压、保压或减压的操作，让车轮始终处于理想的运动状态。

1. 轮速传感器

轮速传感器的组成和工作原理，如图 14-18 所示。它是由永久磁铁、磁极、线圈和齿圈组成。齿圈 5 在磁场中旋转时，齿圈齿顶和电极之间的间隙就以一定的速度变化，则

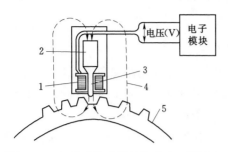

图 14-18　轮速传感器的组成及工作原理
1—线圈；2—磁铁；3—磁极；
4—磁通；5—齿圈

使磁路中的磁阻发生变化。其结果是使磁通量周期的增减，在线圈 1 的两端产生正比于磁通量增减速度的感应电压，并将该交流电压信号输送给电子控制器。

2. 电子控制器

电子控制器（ECU）具有运算功能。他接受轮速传感器的交流电压信号后，计算出车轮速度，并与参照车速进行比较，得出滑移率 S 及加、减速度；对这些信号加以分析，向液压调节器发出控制指令。此外，电子控制器对其他部件还具有监控功能。当这些部件发生异常时，由指示灯或蜂鸣器发出警报信号。

3. 液压调节器

液压调节器安装在制动主缸和制动轮缸之间，由电磁阀和液压泵组成，并与电子控制器合为一体。

液压调节器接收电子控制的指令，由电磁阀、液压泵和驱动电动机直接或间接的控制制动轮缸油压的增减。

三、ABS 制动过程

1. 常规制动过程

如图 14-19 所示，ABS 未进入工作状态，电磁阀 9 不通电，柱塞 8 处于图示的最下方，主缸 2 与轮缸 10 的油路相通，主缸可随时控制制动油压的增减。

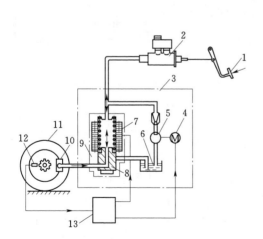

图 14-19　常规制动过程（ABS 不工作）
1—踏板；2—主缸；3—液压部件；4—电动机；
5—液压泵；6—储液器；7—线圈；8—柱塞；
9—电磁阀；10—轮缸；11—车轮；12—轮
速传感器；13—电子控制器

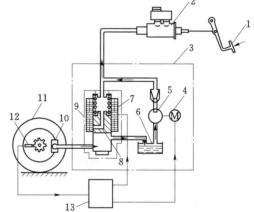

图 14-20　轮缸减压过程
1—踏板；2—主缸；3—液压部件；4—电动机；
5—液压泵；6—储液器；7—线圈；8—柱塞；
9—电磁阀；10—轮缸；11—车轮；12—轮
速传感器；13—电子控制器

2. 轮缸减压过程

如图 14-20 所示，车速传感器检测到车轮有抱死信号，感应交流电压增大，电磁阀通过较大电流。柱塞移至图示的最上方，主缸与轮缸的通路被截断。

轮缸和储液器接通，轮缸压力下降。与此同时，驱动电动机启动，带动液压泵工作，把流回储液器的制动液加压后送入主缸，为下一制动过程做好准备。

3. 轮缸保压过程

如图 14-20 所示，轮缸减压过程中，轮速传感器 12 产生的电压信号较弱，电磁阀通过较小电流，柱塞降至图 14-21 所示位置，所有油路被截断，保持轮缸压力。

4. 轮缸增压过程

如图 14-22 所示，保压过程中，车轮转速趋于 0，感应交流电压亦趋于 0，电磁阀断电，柱塞下降到初始位置，主缸与轮缸油路再次相通，主缸的高压制动液重新进入轮缸，使轮缸油压回升。车轮又趋于接近抱死状态。

上述几个过程的压力调节是脉动式的，其频率约为 4～10Hz。在汽车制动过程中，ABS 系统只在车速超过一定值时才起作用，而且只有当被控制车轮趋于抱死时，ABS 系统才会对趋于抱死车轮的制动压力进行防抱死调节；在被控制车轮还没有趋于抱死时，制动过程与常规制动系统的制动过程完全相同。ABS 系统具有自诊断功能，并能确保 ABS 系统出现故障时，常规制动系统仍能正常工作。

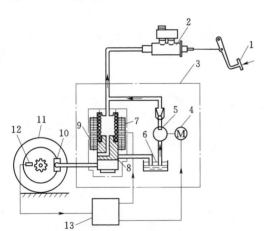

图 14-21　轮缸保压过程
1—踏板；2—主缸；3—液压部件；4—电动机；
5—液压泵；6—储液器；7—线圈；8—柱塞；
9—电磁阀；10—轮缸；11—车轮；12—轮
速传感器；13—电子控制器

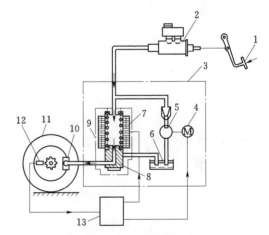

图 14-22　轮缸增压过程
1—踏板；2—主缸；3—液压部件；4—电动机；
5—液压泵；6—储液器；7—线圈；8—柱塞；
9—电磁阀；10—轮缸；11—车轮；12—轮
速传感器；13—电子控制器

参 考 文 献

［1］ 陈家瑞．汽车构造，2版．北京：机械工业出版社，2005．
［2］ 关文达．汽车构造，1版．北京：清华大学出版社，2004．
［3］ 臧杰，阎岩．汽车构造．北京：机械工业出版社，2005．
［4］ 李春明．现代汽车底盘技术．北京：北京理工大学出版社，2002．
［5］ 吴社强，吴政清，姜斯平．汽车构造．上海：上海科学技术出版社，2003．
［6］ 舒华，姚国平．汽车电子控制技术．北京：人民交通出版社，2001．
［7］ 何丹娅．汽车电器与电子设备．北京：人民交通出版社，1998．
［8］ 陈无畏．汽车车身电子与控制技术．北京：机械工业出版社，2008．
［9］ 徐石安．汽车构造（底盘工程）．北京：清华大学出版社，2008．
［10］ 肖生发，赵树鹏．汽车构造．北京：中国林业出版社，2006．